공룡학자 이융남 박사의

공룡대탐험

창비

공룡학자 이융남 박사의

공룡대탐험

초판 1쇄 발행 • 2000년 8월 10일
초판 9쇄 발행 • 2024년 4월 3일

지은이 • 이융남
펴낸이 • 염종선
책임편집 • 김성은 공병훈 염종선 이지영
펴낸곳 • (주)창비
등록 • 1986년 8월 5일 제85호
주소 • 10881 경기도 파주시 회동길 184
전화 • 031-955-3333
팩시밀리 • 영업 031-955-3399 편집 031-955-3400
홈페이지 • www.changbi.com
전자우편 • ya@changbi.com

ⓒ 이융남 2000

ISBN 978-89-364-1204-3 03490

일러두기
초판 발행된 2000년부터 2010년까지 달라진 사실 및 일부 표기법을 저자의 뜻에 따라 7쇄부터 수정·반영하였습니다.

한국 고생물학의 위대한 스승

故 이하영 교수님께 바칩니다.

공룡의 세계로 들어가며

1841년 영국의 박물학자 오언(R. Owen)이 공룡이란 이름을 처음으로 세상에 알린 지 약 160년이 되었다.

그러나 거대한 파충류, 악어와 같은 피부를 지닌 냉혈동물, 조그만 뇌를 가진 그래서 멸종하고 만

어리석은 짐승이라는 공룡의 개념은 최근까지도 지속되었다. 이러한 생각은 20년 전부터 크게 바뀌기 시작해

오늘날 공룡의 기원에서부터 그들의 생태 진화 멸종에 이르기까지 광범위한 연구가 새롭게 이루어지고 있다.

그것은 물론 전세계 대학과 자연사박물관에서 끊임없이 공룡을 발굴하고 연구한 결과이다.

공룡연구의 역사가 깊은 외국에서는 대학과 자연사박물관이 연계된 훌륭한 교육프로그램과 다양한 독자계층에 따라

전문화된 수많은 책들을 통하여 공룡에 대한 지식이 광범위하게 제공되고 있다. 이러한 풍토에서 『쥐라기 공원』과

『잃어버린 세계』라는 소설이 출판되어 베스트셀러가 되고 또한 영화화되어 공전의 흥행을 기록하게 된 것이다.

우리나라에서도 이들 영화의 상영으로 일반인들의 공룡에 대한 관심이 커지고 공룡에 대해 알고자 하는 욕구는

증폭되었지만, 유감스럽게도 이를 충족시켜줄 만한 자료는 거의 없는 실정이다.

시중에 나와 있는 공룡책들도 어린이들을 대상으로 한 그림책이 대부분이다.

유감스럽게도 이것들조차 대부분이 일본책을 번역한 것들인데 일본에 아직 공룡학자가 없다는

사실을 생각해보면 그 책의 수준은 쉽게 이해가 될 것이다. 또한 이들 책은 공룡에 대한 전문적인 지식이 부족한

번역가들에 의해 옮겨졌기 때문에 내용상 상당 부분 문제가 있는 것은 당연하다.

잘못된 지식의 전달이 얼마나 큰 교육적 부작용을 낳는가를 생각할 때 이러한 사실은 무척 우려할 만하다.

따라서 초등학생부터 일반인에 이르기까지 쉽게 공룡을 이해할 수 있도록 안내하는

지침서가 필요하다고 판단되어 이 책을 집필하게 되었다.

이 책을 읽기 전 공룡 이름을 표기하는 원칙을 이해할 필요가 있다. 학명은 라틴어 또는 라틴어화된 글로만

쓰게 되어 있다. 또한 학명은 라틴어의 원래 발음대로 읽는 것을 원칙으로 한다.

하지만 실제 영국과 미국 등 영어권에서는 영어식으로, 독일에서는 독일어식으로 발음한다.

예컨대 영미권에서 *Triceratops*와 *Pteranodon*은 '트라이세라톱스'와 '테라노돈'이라고 발음하고 있다.

그러나 이 책에서는 학명을 원음대로 읽어주는 원칙에 근거하는 한편,

우리나라 독자들의 편의를 고려해서 각각을 '트리케라톱스' '프테라노돈' 식으로 적었다.

이 책은 3부로 구성되어 있으며 지금까지의 모든 최신 정보를 포함하려고 했다. 이 책의 특징은

첫째, 분기분류학(分岐分類學, cladistics)이라는 새로운 방법에 의해 공룡을 분류한 점이다. 분기분류학은

진화관계를 가장 객관적으로 표현하는 방법으로 독자들은 자연스럽게 공룡의 분류와 진화를 이해할 수 있다.

둘째, 박물관에 전시된 죽은 공룡의 이미지를 넘어서 공룡을 살아 있는 동물로서 복원한 점이다.

그러므로 단순한 화석기록보다는 공룡들의 생태에 많은 비중을 두었다.

셋째, 공룡연구와 공룡탐사가 실제 어떻게 이루어지는지를 미국 텍사스와 몽골 고비사막 탐사의 예를 들어

설명한 점이다. 따라서 독자들은 스스로 탐험가가 되어 공룡의 실체에 좀더 가깝게 다가갈 수 있을 것이다.

제1부 '공룡, 출현에서 멸종까지'는 중생대에 출현하여 번성하다가 사라져버린 공룡의 일대기이다.

1장은 정확한 공룡의 정의에 대해 다루었다. 공룡이 얼마나 성공적이었던 동물인지를

그들의 종류와 크기, 종의 다양성을 통해 알 수 있다. 2장은 공룡이 살았던 중생대의 지질시대를 다루었다.

당시의 지구는 대륙의 분포, 그 속에 살고 있는 동식물과 기후, 모든 것이 오늘날과 달랐다

공룡을 이해하기 위해서는 당시의 생태계를 이해하는 것이 꼭 필요하다.

3장은 공룡의 기원에 대한 내용이다. 그들은 어느 조상으로부터 진화되어 나왔으며 어떻게 다른 동물들보다

빠르게 번성할 수 있었는가에 대한 의문을 풀어본다. 4장은 공룡의 사회조직과 군집생활, 사냥과 방어 등

현재까지 밝혀진 공룡의 생태에 관한 흥미로운 사실들로 구성했다. 뼈구조만으로 암컷과 수컷을

구별할 수 있는지 그리고 지금까지도 계속되고 있는 공룡의 온혈성에 대한 논쟁 등을 다루었다.

5장은 왜 새가 공룡인지를 이들의 골격학적인 특징들을 이용해 입증한다. 6장은 파충류시대인 중생대에

공룡과 함께 생태계를 이루었던 익룡과 해양파충류에 관한 내용이다. 7장은 그토록 번성한 공룡이

왜 멸종의 길을 걸을 수밖에 없었는지에 관한 의문과 가장 설득력 있는 멸종의 원인들을 고찰하였다.

제2부 '공룡백과'는 공룡에 관한 소백과사전이다. 공룡들이 계통발생학적으로 어떻게 진화되어 나갔는지를

분기도(分岐圖, cladogram)를 통해 쉽게 이해할 수 있도록 하였다. 또한 각 그룹의 대표적인 공룡들을 선정하고

그 공룡에 대한 정보를 데이터베이스화하여 쉽게 찾을 수 있게 했으며, 필요한 부분만을 떼어 읽어도

독자들이 완결적으로 이해할 수 있도록 편집하였다.

제3부 '공룡을 쫓는 사람들'은 공룡연구의 역사를 비롯하여 탐사와 복원, 전시를 하는 공룡학자들의 이야기이다.

1장은 맨텔의 이구아노돈 이빨화석에서부터 최근 남극대륙에서의 공룡 발견에 이르기까지 공룡연구사 중

가장 큰 사건들을 짚어본다. 2장은 공룡 탐사에서부터 전시에 이르기까지 공룡학자가

어떤 일을 하는지 단계적으로 설명하였다. 3장은 필자가 박사학위 과정을 수행하면서 연구한

미국 텍사스의 공룡에 관한 내용이다. 공룡학자를 꿈꾸는 청소년들에게 올바른 방향을 제시해주리라고 믿는다.

4장에서는 실제 공룡탐사가 어떻게 구성되고 진행되는가를 몽골 고비사막에서 수행된 국제공룡탐사의 예를 들어

기행문 형식으로 서술하였다. 독자들은 탐사현장에서의 경험을 실감 있게 체험할 수 있을 것이다.

5장은 한반도의 공룡에 대한 소개이다. 과거 공룡이란 남의 나라의 일로만 여겨져왔다. 그러나 우리나라에서도 단편적이나마 공룡 골격들과 풍부한 공룡알, 공룡 발자국들이 발견되고 있다. 이들 화석들이 가지는 의미와 함께 우리나라에서 공룡연구의 미래에 대해 생각해보았다.

고생물학은 이전에 알지 못했던 과거의 생물들에 대한 증거를 찾아 지층 한 페이지 한 페이지를 탐사하는 작업이다. 따라서 40억 년에 가까운 방대한 지구 생물의 진화사는 시대에 상관없이 모두 흥미롭기 마련이다. 하지만 그중에서도 1억 6000만 년 동안 새겨진 중생대 공룡의 역사는 모든 사람들에게 특별한 관심의 대상이다. 이 책은 고생물학을 이해하는 사람, 진화를 상식으로 받아들이는 사람, 공룡에 대한 관심을 가지고 있는 모든 사람들에게 큰 즐거움을 주리라 믿는다.

이 책의 기획에서부터 발간에 이르기까지 물심양면으로 도와주신 연세대 지구시스템과학과 유강민 교수님, 이 글을 창비사에 소개시켜주신 해양연구소 장순근 박사님, 필자의 공룡연구에 아낌없는 배려를 해주신 한국고생물학회 회장 양승영 교수님, 그리고 고생물학의 발전을 위해 많은 조언과 격려를 해주신 서울대 최덕근 교수님께도 감사드린다. '척추고생물학'이라는 새로운 세계를 열어준 필자의 지노교수이며 세계척추고생물학회 회장인 제이콥스(Louis L. Jacobs) 박사에게 깊은 존경과 감사의 마음을 전하며, 끝으로 이 책이 출판될 수 있도록 성심을 다해 도와주신 창비 여러분께도 감사를 드린다.

2000년 7월 서울대 관악산 기슭에서

이융남

차례

제1부

공룡, 출현에서 멸종까지

앞면 그림 / 알로사우루스의 공격을 방어하는 바로사우루스

1장 공룡이란 무엇인가

1. 공룡의 정의

사람들에게 공룡의 이미지는 거대한 몸집을 가진 특이한 모양의 괴물로 각인되어 있다. 이러한 가운데 사람마다 공룡에 대한 생각은 서로 다를 것이다. 어떤 이는 중생대에 살았던 거대한 파충류

전부를 공룡이라 생각할 수도 있고, 어떤 이는 공룡을 만화에나 존재하는 가상의 동물로 여길 수도 있다. 하지만 대부분의 사람들이 알고 있듯이 공룡은 지구상에 실존했던 동물이다. 더구나 인류의 역사를 오스트랄로피테쿠스가 나타난 400만 년 전부터 계산하더라도, 공룡은 이 기간보다 무려 41배

알베르토사우루스의 공격을 집단으로
방어하는 스티라코사우루스 무리

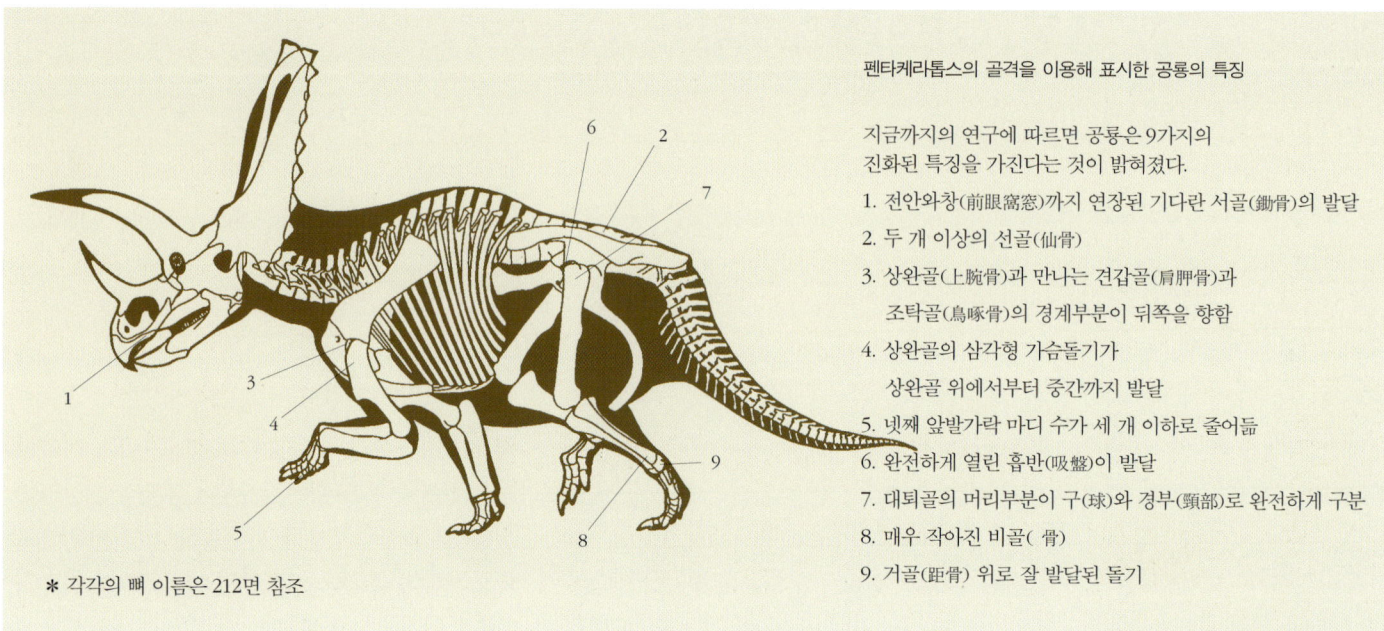

펜타케라톱스의 골격을 이용해 표시한 공룡의 특징

지금까지의 연구에 따르면 공룡은 9가지의
진화된 특징을 가진다는 것이 밝혀졌다.

1. 전안와창(前眼窩窓)까지 연장된 기다란 서골(鋤骨)의 발달
2. 두 개 이상의 선골(仙骨)
3. 상완골(上腕骨)과 만나는 견갑골(肩胛骨)과
   조탁골(鳥啄骨)의 경계부분이 뒤쪽을 향함
4. 상완골의 삼각형 가슴돌기가
   상완골 위에서부터 중간까지 발달
5. 넷째 앞발가락 마디 수가 세 개 이하로 줄어듦
6. 완전하게 열린 흡반(吸盤)이 발달
7. 대퇴골의 머리부분이 구(球)와 경부(頸部)로 완전하게 구분
8. 매우 작아진 비골(骨)
9. 거골(距骨) 위로 잘 발달된 돌기

＊ 각각의 뼈 이름은 212면 참조

나 오랜 기간 지구의 주인이었다.

1841년 영국의 고생물학자 오언(Richard Owen)이 이름 붙인 공룡(恐龍, Dinosauria)은 그리스어로 '무섭도록 거대한'이란 뜻의 'deinos' 와 '도마뱀'이라는 뜻의 'sauros'의 합성어인데 (제3부 1장 참조), 여기서는 우선 공룡을 정의하는 몇 가지 특징에 대해 알아보기로 한다.

공룡은 이미 멸종한 동물이기 때문에 공룡을 전문적으로 다루는 고생물학자들은 단지 화석으로 남아 있는 골격의 특징을 통해 정의할 수밖에 없다. 그러나 실제 동물의 뼈를 다루어보지 않은 사람들에게 골격의 해부학적 특징이 어떤 중요한 의미를 지니는지는 잘 와닿지 않을 것이다. 이보다도 쉽게 공룡을 정의하는 데 기준이 되는 세 가지 사실이 있다.

첫째, 공룡은 중생대에만 생존한 파충류이다. 2억 4500만 년 전부터 6500만 년 전까지 약 1억 8000만 년이나 지속된 이 장구한 기간 동안 오늘날 존재하는 척추동물의 대부분, 즉 도마뱀, 거북, 악어, 포유류, 새, 그리고 이미 멸종한 공룡과 익룡이 진화를 거듭하면서 번성하였다. 당시 포유류

는 지금의 쥐처럼 미미한 존재였기 때문에 중생대 생태계에 큰 영향을 줄 수 없었다. 공룡은 악어와 익룡처럼 안구 뒤에 두 쌍의 구멍이 발달한 머리뼈〔二弓型, diapsids〕를 가진 파충류이다. 공룡이 파충류라는 것은 매우 드물게 보존된 피부화석이 털이 아닌 현생 파충류와 같은 비늘로 되어 있고 또 알을 낳는다는 사실로 입증된다.

둘째, 공룡은 땅위에서 생존했던 육상동물을 가리킨다. 그러므로 당시 하늘을 나는 파충류인 익룡

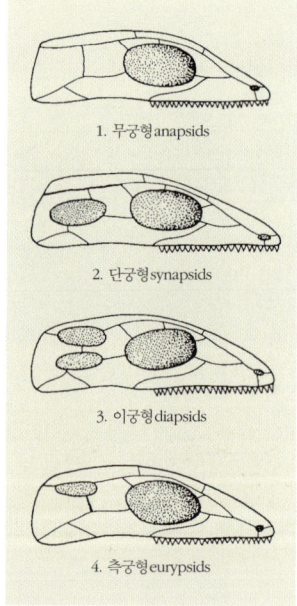

1. 무궁형 anapsids

2. 단궁형 synapsids

3. 이궁형 diapsids

4. 측궁형 eurypsids

위／머리뼈의 안구 뒤에 있는 구멍(두창)의 형태에 의한 구분 1.거북 2.포유류 3.공룡, 악어, 익룡 4.해양파충류

왼쪽／후기 백악기 호숫가에 얕게 구덩이를 파고 알을 낳고 있는 티타노사우루스

후기 백악기의 초원지대를 똑바로 뻗은 두 다리로 뛰는 두 마리의 티라노사우루스

(翼龍)과 바다파충류인 어룡(魚龍), 수장룡(首長龍)은 공룡이 아니다. 중생대에는 실로 다양한 파충류가 하늘과 땅과 바다에 서식했다. 중생대를 파충류의 시대라 부르는 것도 바로 이 때문이다.

셋째, 모든 공룡은 몸 아래로 바로 뻗은 곧은 다리를 가졌다. 이는 굽은 다리를 가진 도마뱀이나 악어, 거북 같은 원시적 파충류와 공룡을 구별하는 매우 중요한 특징이다. 도마뱀과 거북은 몸 옆에서 직각으로 꺾인 다리로 엉금엉금 기어다닌다. 따라서 전진하기 위해서는 몸통을 좌우로 틀어 다리를 움직여야 한다. 악어는 짧은 거리를 뛸 때 몸을 반쯤 들 수 있지만 역시 대부분의 시간을 기어다녀야 한다. 이러한 자세로는 몸무게를 지탱하기 위해 엄청난 에너지를 소비해야 하며 또한 걸을 때마다 발목관절의 강한 비틀림을 견뎌내야 한다. 이렇게 걷는 동물 중 거대한 크기로 진화한 동물은 없다. 약 75톤 이상의 몸무게를 가진 세이스모사우루스(*Seismosaurus*)는 악어와 같은 구부정한 다리로는 설 수도 없었을 것이다. 또한 기는 자세는 움직일 때 항상 몸이 휘어지기 때문에 폐를 압박해 호흡을 어렵게 만든다. 그러나 완전한 직립자세에서는 이러한 문제가 발생하지 않는다. 공룡은 초기 진화단계에서부터 다른 파충류와 구별되는 직립자세를 가졌다. 공룡은 포유류와 새처럼 자유롭게 호흡하면서 뛸 수 있기 때문에 기는 동물들보다 훨씬 유리한 생존조건을 가졌던 것이다. 긴 뒷다리를 가

파충류   조류   포유류
        공룡

악어류와 대부분의 파충류는 배를 땅에 끼는 자세이며 다리는 옆으로 벌어져 있다. 반면에 공룡은 몸 아래에 다리가 수직으로 뻗어나와 효과적으로 몸무게를 지탱한다. 이러한 구조는 조류나 포유류와 유사하다.

진 육식공룡들은 시속 40km로 달릴 수 있었다. 이러한 수치는 그들이 남긴 발자국화석을 통해 계산된다. 빠르게 이동할 수 있는 능력은 생존과 직결되기 때문에 매우 중요하다. 따라서 공룡은 더 크게 자라고 더 빠르게 움직일 수 있었으므로 매우 다양한 몸구조와 생활양식을 갖게 되었다.

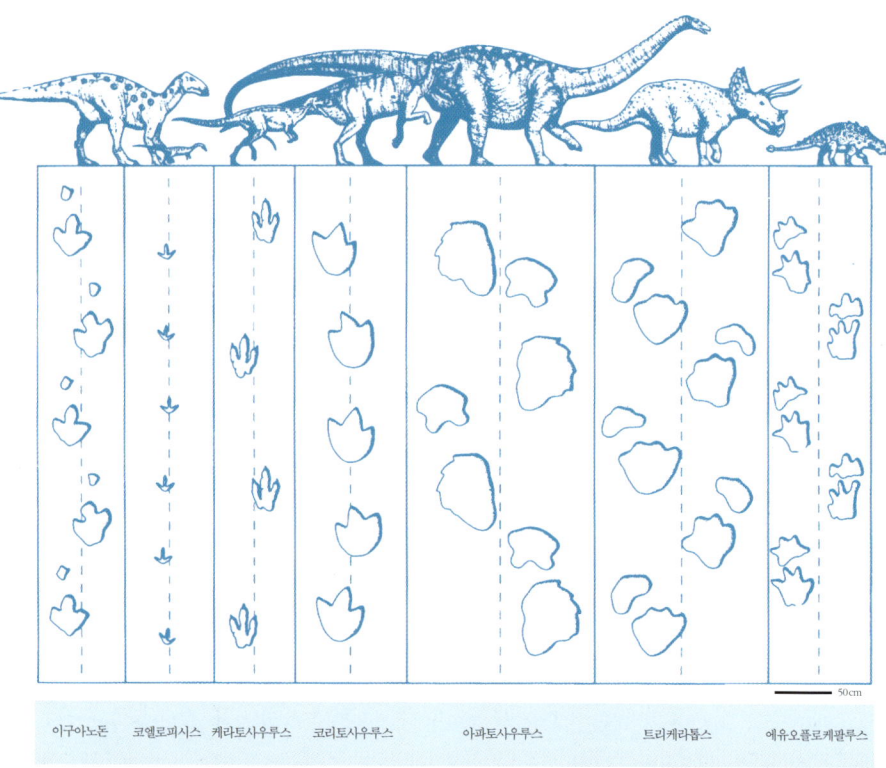

2. 걸음걸이로 본 공룡의 다양성

사족보행의 목긴 공룡, 용각류

용각류(龍脚類) 아파토사우루스(*Apatosaurus*)의 네 다리는 빌딩의 기둥처럼 곧게 요대(腰帶)와 흉대(胸帶)에 연결되어 거대한 몸무게를 지탱했다. 골반에 있는 다섯 개의 척추뼈 선골(仙骨)은 한데 붙어 있어, 움직일 때 10톤이 넘는 엄청난 몸의 압력을 골반이 지탱할 수 있도록 해준다. 아파

| 이구아노돈 | 코엘로피시스 | 케라토사우루스 | 코리토사우루스 | 아파토사우루스 | 트리케라톱스 | 에유오플로케팔루스 |

위/여러 종류의 공룡이 남긴 다양한 발자국들

사족보행을 한 아파토사우루스의 골격

아파토사우루스의 여섯 번째 경추

꼬리를 들고 다닌 용각류의 비밀

세계 곳곳에 용각류 발자국화석들이 많이 남아 있는데 흥미로운 사실은 그중 어떤 것도 꼬리를 끈 흔적이 없다는 것이다. 따라서 모든 용각류 공룡들이 지면 위로 꼬리를 든 채 걸어다녔다는 것을 알 수 있다. 그렇다면 용각류는 어떻게 그 무거운 꼬리를 항상 들고 다녔을까? 용각류는 굵은 밧줄 같은 힘줄이 척추의 신경배돌기(神經背突起)에 V자 형태로 파인 홈을 따라 목뼈에서 꼬리끝까지 길게 연결되어 있다. 이러한 힘줄이 어깨와 골반을 기둥 삼아 마치 현수교처럼 목과 꼬리를 지탱해 천칭저울처럼 균형이 잡히면서 꼬리가 땅에 끌리지 않았던 것이다. 이러한 동물이 빠르게 움직이기는 쉽지 않았을 것이다. 발자국들을 관찰해보면 대부분의 용각류는 인간과 거의 유사한 시속 6km로 걸었을 것으로 추정된다. 아마도 코끼리처럼 짧은 거리는 조금 더 빠른 걸음으로 이동할 수 있었을 테지만 빠르게 움직일 때 뼈와 근육에 가해지는 하중과 비트는 힘이 크게 증가하기 때문에 대부분의 시간은 느릿느릿 걸었을 것이다.

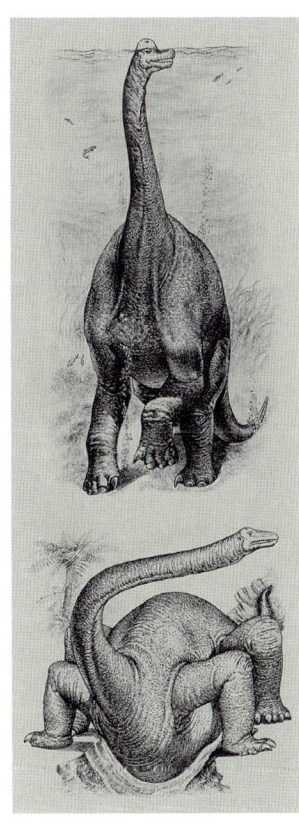

토사우루스는 코끼리처럼 뭉툭하고 넓은 발을 가졌다. 그러나 항상 뒷발이 앞발보다 크기 때문에 앞뒷발의 크기가 같은 포유류와 쉽게 구별된다. 아파토사우루스의 앞발톱은 둥그런 형태지만 맨 안쪽에 있는 것은 훨씬 길고 날카롭다. 뒷발의 안쪽 세 발가락의 발톱은 부드러운 땅에서 발이 빠지거나 미끄러지는 것을 방지하는 역할을 했다.

아파토사우루스를 포함해 모든 용각류는 높은 뒤꿈치를 갖고 있다. 우리는 걸을 때 몸을 들어올리기 위해 발을 옮기면서 발목을 들어올린다. 이것은 실제로 많은 에너지가 소비되는 일인데, 굽이 있는 신발을 신어 걸음을 좀더 편하게 하는 것은 이러한 이유 때문이다. 우리가 한 걸음 뗄 때마다 약 3cm씩 들어올리는 일에도 적지 않은 에너지가 소비되는데 10톤이 넘는 공룡이 한 걸음 움직일 때마다 소비될 에너지를 상상해보라. 이러한 문제를 해설하기 위해 용각류는 코끼리처럼 뒤꿈치에 두꺼운 근육질의 발굽을 갖게 되었다.

비정상처럼 보이는 거대한 몸집 때문에 브라키오사우루스(Brachiosaurus)는 물속에서 살았으며 콧구멍이 머리 위에 있는 것도 바로 이 때문이라는 주장이 최근까지도 있어왔다. 그러나 실제 브라키오사우루스는 땅위에서 자신을 지탱할 수 있는 몸구조를 갖고 있다. 만일 이러한 동물이 물속에서 생활했다면 공룡의 폐 구조로 보건대 폐에 작용하는 수압에 의해 즉사하고 말았을 것이다.

더 오래 전, 공룡이 거대한 도마뱀이라고 생각하던 시절 한 독일 학자는 용각류가 악어처럼 기어다니는 자세로 움직였을 거라고 잘못 생각했다. 그러나 이러한 자세로 땅위를 걸어다니기 위해선 몸이 지나갈 수 있게 땅밑 2m 깊이의 도랑이 있어야 한다. 거대한 크기로 자라기 위해선 직립자세가 선행되어야 한다는 사실을 용각류를 보면 쉽게 이해할 수 있다.

이족보행의 조각류

사족보행을 통해 거대한 몸무게를 지탱한 용각류와는 반대로 이족보행을 한 조각류(鳥脚類) 힙실로포돈(Hypsilophodon)은 직립자세의 걸음걸이가 얼마나 빠르고 민첩하게 움직일 수 있는 구조인지 보여준다.

약 1.5m 크기의 초식동물인 힙실로포돈은 사슴처럼 모든 골격들이 날씬해, 가벼운 몸무게를 유지하면서 최대한의 강도를 갖도록 몸구조가 발달해 있다. 뼈 자체도 속이 비었으며 넓적다리뼈는 매우 짧아, 긴 정강이뼈와 발뼈를 빠르게 끌어당겨 앞으로 뻗을 수 있었다.

특별한 방어무기가 없는 힙실로포돈은 적으로부터 도망가기 위해 긴 다리로 오랫동안 빠르게 뛸 수 있어야 했다. 특히 몸과 머리가 수평이 되도록

초기 공룡연구가들은 브라키오사우루스 같은 거대한 용각류는 물속에서 부력에 의존해서만 움직일 수 있고, 디플로도쿠스 또한 기는 자세로 움직였다고 믿었다.

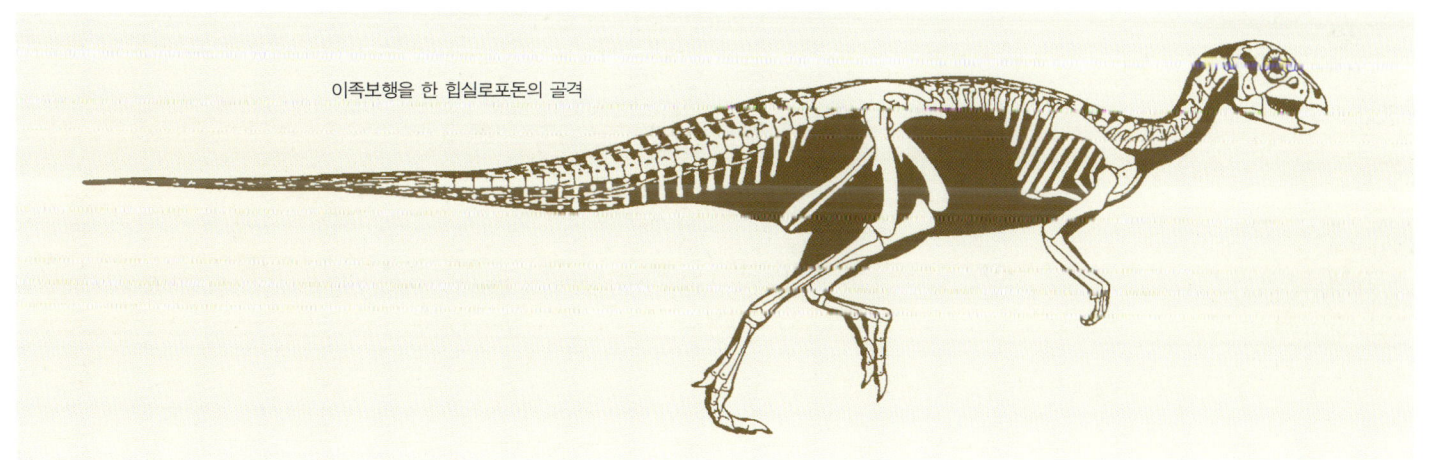

이족보행을 한 힙실로포돈의 골격

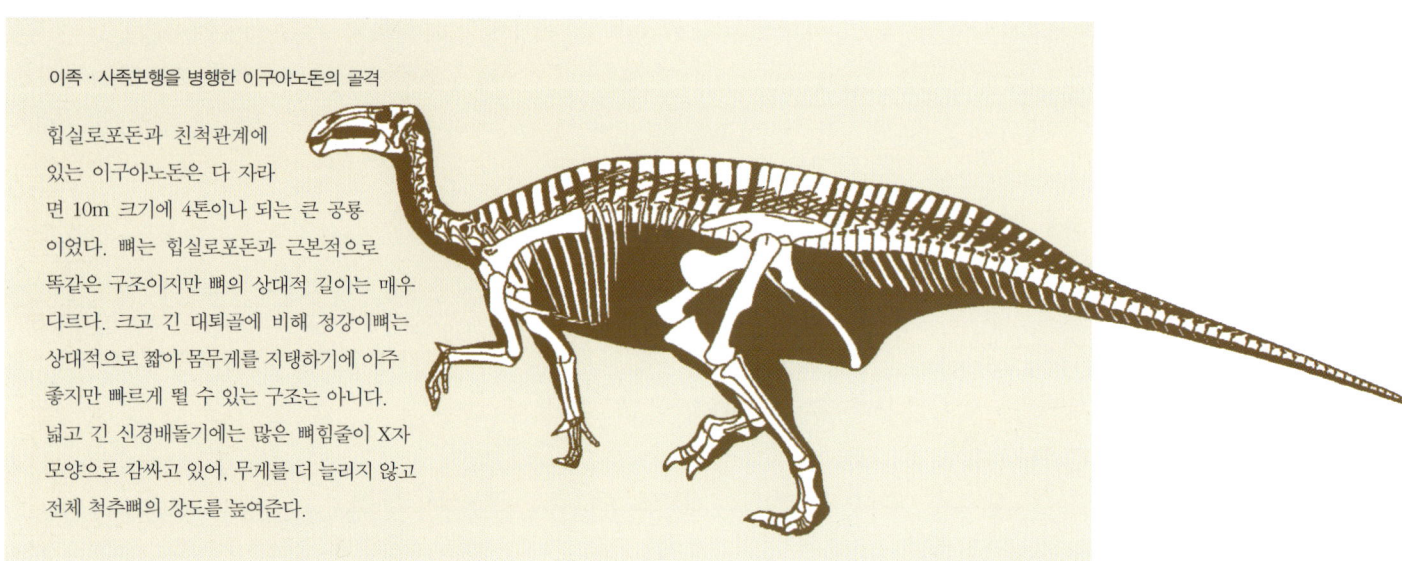

이족·사족보행을 병행한 이구아노돈의 골격

힙실로포돈과 친척관계에 있는 이구아노돈은 다 자라면 10m 크기에 4톤이나 되는 큰 공룡이었다. 뼈는 힙실로포돈과 근본적으로 똑같은 구조이지만 뼈의 상대적 길이는 매우 다르다. 크고 긴 대퇴골에 비해 정강이뼈는 상대적으로 짧아 몸무게를 지탱하기에 아주 좋지만 빠르게 뛸 수 있는 구조는 아니다. 넓고 긴 신경배돌기에는 많은 뼈힘줄이 X자 모양으로 감싸고 있어, 무게를 더 늘리지 않고 전체 척추뼈의 강도를 높여준다.

유지하면서 꼬리를 이리저리 틀어 멈추지 않은 채 빠르게 방향을 바꿔 적을 따돌릴 수 있었다.

이족보행과 사족보행을 병행한 조각류

용각류가 네 다리로 걷고 힙실로포돈이 두 다리로 걸은 반면, 곰처럼 두 가지 방법을 다 사용한 공룡도 있었다. 이런 공룡들은 먹이를 잡을 때나 적과 싸울 때 앞발을 이용하고 동시에 네 발을 땅위에 대고 낮게 자란 식물을 뜯어먹을 수도 있다. 네 발을 사용하여 쉬거나 천천히 걷다가, 달아날 때는 뒷발로 일어나서 뛰었다. 이구아노돈(*Iguanodon*)이 바로 이러한 걸음걸이를 발달시킨 공룡이다.

이구아노돈이 처음 발견되었을 때 걸음걸이에 대해 무척이나 많은 논쟁이 있었다. 도마뱀처럼 네 발로 걸었느냐 아니면 캥거루처럼 두 발로 걸었느냐? 이구아노돈은 완전히 자랐을 때 무게중심을 뒷발에 두고 두 발로 걷다가 먹이를 먹을 때나 서 성일 때 안정된 자세를 취하기 위해 자주 앞발로 땅을 디뎠을 것으로 추정된다.

이러한 진보된 뒷발을 가진 이구아노돈이 얼마나 환경에 잘 적응했는지는 앞발의 독특한 구조를 보면 다시 한번 확인된다. 커다란 어깨에 의해 지탱되는 앞발은 길고 강력하며 근육이 잘 발달되어

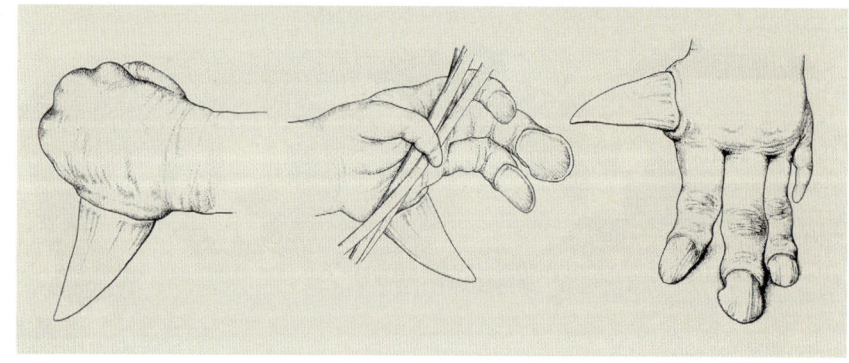

이구아노돈의 앞발은 매우 다양한 목적에 사용할 수 있다. 커다란 엄지앞발톱은 방어용 무기로 사용되었으며 잘 구부릴 수 있는 다섯째 앞발가락은 나뭇잎이나 먹이를 잡을 수 있다. 가운데 세 개의 앞발가락은 사족보행을 할 때 충분히 앞발 역할을 하였다.

이구아노돈은 이족보행과 사족보행에
모두 능한 공룡이다. 앞발은 먹이를 잡거나
걷는 데 이용되었다.

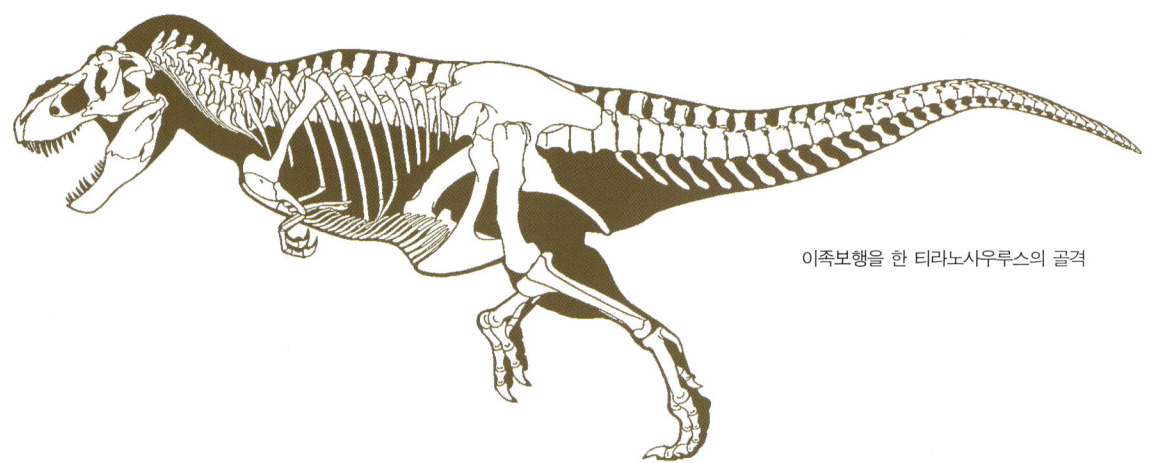

이족보행을 한 티라노사우루스의 골격

있다. 앞발목뼈를 구성하는 다섯 개의 뼈는 서로
완전히 붙어 구부러지지 않고 앞발의 무게를 효과
적으로 지지한다. 세 개의 가운데 앞발가락은 강하
고 곧게 뻗어 있으며 짧고 뭉툭한 발톱을 가졌는데
네 발로 걸을 때 말굽처럼 벌어져 충분히 몸무게를
지탱할 수 있었다.

날카로운 창 모양으로 변형되어 적에게 치명적
인 일격을 가할 수 있는 엄지는 이구아노돈의 주요
무기이다. 다섯째 앞발가락은 다른 앞발가락보다
약하지만 구부릴 수 있어서 나무에서 먹이를 잡을
때 유용하게 사용되었다.

이족보행의 수각류

수각류(獸脚類)인 큰 육식공룡 티라노사우루스
(*Tyrannosaurus*)와 알베르토사우루스(*Alberto-
saurus*)는 많은 과학자들의 관심 대상이다. 무게
가 7톤이 넘는 티라노사우루스의 뼈는 거대하고
무거우며 특히 척추와 골반, 그리고 대퇴골은 강력
한 움직임을 조정할 수 있도록 수많은 근육과 힘줄
로 감싸여 있다. 발뼈는 서로 꽉 맞물려 있어 별도
의 강한 뼈를 구성한다. 몸무게를 지탱하는 세 개
의 발가락은 짧고 강력하며 커다란 발톱이
나 있다. 거대한 몸집 때문에 티라노사
우루스가 빠르게 달릴 수 있었는지는 의심
스럽다. 그러나 잘 발달된 근육으로 감싸인 다리
뼈 하나는 3,000kg/cm² 강도의 강철 같은 내구성

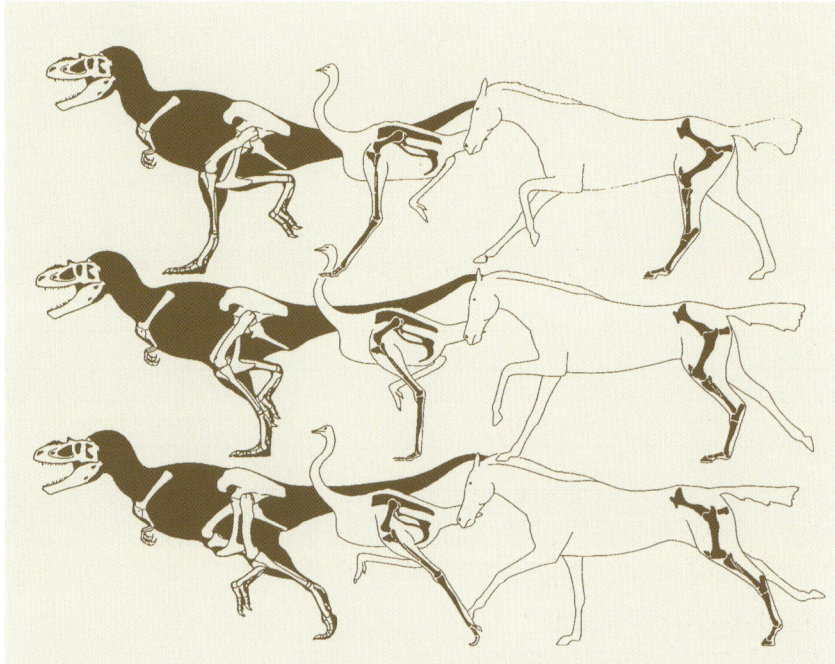

공룡의 무릎은 인간의 무릎처럼 실패 구조로 되어 있어 뒤틀림 없이 앞뒤운동만 가능하다. 포
유류의 뼈끝은 매우 경골화되어 관절의 부드러운 움직임을 위해 얇은 연골판이 있다. 반면에
공룡은 훨씬 두꺼운 연골이 발달했으며 이는 공룡의 후예인 새에서도 나타난다. 연골은 빠르
게 뛸 때 오는 충격을 완화하는 이상적인 조직으로 전체 관절에 쏠리는 무게를 분산하고 앞뒤
로 움직일 때 무릎을 부드럽게 하는 윤활작용을 한다.

위/알베르토사우루스와 타조, 말의 뒷
발 움직임을 비교한 그림. 이들 세
동물의 대퇴골의 움직임은 매우
흡사하다.

왼쪽/컴퓨터로 그린 미국 텍사스
의 아크로칸토사우루스 발자국

재빠른 동작으로 에드몬토사우루스를
공격하는 티라노사우루스

을 가진다.

수천 개의 수각류 발자국이 전세계에서 보고되
는데 그중에는 큰 수각류의 것들도 있다. 커다란
수각류의 발자국은 이들이 초식공룡과 달리 무리
를 이루지 않고 혼자 생활하였다는 것을 암시한다.
그리고 발바닥이 아니라 발가락끝으로 걸었음을
보여준다.

발자국화석으로 입증되지 않은 것은 이들이 뛸
수 있었느냐 하는 것이다. 왜냐하면 지금까지 발견
된 것들은 모두 걷고 있을 때의 발자국이기 때문이
다. 이러한 사실은 큰 수각류를 느린 동물로 보는
견해를 뒷받침할 수도 있다. 그러나 빠르게 뛸 수

있는 현생 동물들 대부분도 주로 걸어다니며 생활
하기 때문에 뛰고 있을 때의 발자국화석은 매우 드
물다. 또한 발견되지 않았다는 것이 존재하지 않았
다는 것은 의미하는 것은 아니다. 만일 티라노사우
루스가 매복이나 변장에 능숙하지 않았다면 최소
한 오리주둥이공룡(hadrosaurs)이나 뿔공룡
(ceratopsians) 같은 주된 사냥감만큼 빨리 뛸 수
있어야만 한다. 이 공룡들은 최고 시속 14~20km
로 달릴 수 있었다고 계산된다. 따라서 티라노사우
루스는 짧은 거리에서 그보다는 더 빠른 속도를 낼
수 있어야 한다. 평상시의 달리는 속도는 비록 작
은 육식공룡의 빠른 속도에는 못 미쳤겠지만 티라

딜로포사우루스　람베오사우루스　안킬로사우루스　힙실로포돈　알로사우루스　벨로키랍토르

콤프소그나투스　셀리도사우루스　프시타코사우루스　헤레라사우루스

하르피미무스　브라키오사우루스　드리오사우루스　스트루티오미무스

스테고사우루스

카르노타우루스　디플로도쿠스　파라사우롤로푸스

플라테오사우루스

티라노사우루스　휴양고사우루스

파키케팔로사우루스

사우로펠타　바리오닉스

이구아노돈　오르니토미무스

코엘로피시스　트로오돈　오르니톨레스테스　트리케라톱스　캄프토사우루스

세이스모사우루스

닭에서 고래만 한 크기까지 실로 다양
한 공룡의 크기

노사우루스의 경우 시속 9.5km 정도였을 것으로
추정된다. 커다란 육식공룡은 거대한 몸집과 빠른
속도를 가짐으로써 또다른 직립자세의 성공을 보
여준다. 사실 이러한 적응은 매우 성공적이어서 이
들은 지구에 살았던 생물 중 가장 거대한 육식동물
이 된 것이다.

3. 크기로 본 공룡의 다양성

공룡의 크기는 실로 다양하다. 닭보다 작은 공룡
부터 고래보다 큰 공룡도 있다. '공룡'이란 단어를
떠올릴 때 대부분의 사람들은 먼저 높은 가지 위의
나뭇잎을 한가롭게 뜯는 어마어마한 몸집의 용각
류 브라키오사우루스나 초식공룡을 공격해 물어뜯

위/작고 민첩한 육식공룡 코엘로피시스의 화석

가운데/완전한 플라테오사우루스 머리뼈

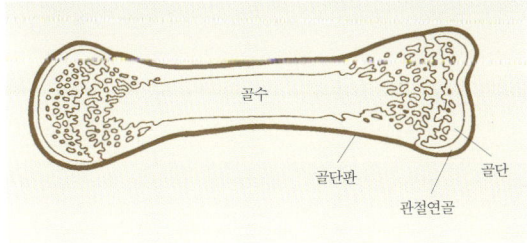

아래/두 개의 골단이 나뉜 어린 포유류의 다리뼈. 파충류는 이런 이중골단이 없어 크게 성장할 수 있다.

골수

골단판　　골단

관절연골

는 거대한 육식공룡 티라노사우루스를 생각한다. 그러나 대부분의 공룡은 이보다 더 작았고 실제 아주 작은 공룡도 있었다. 콤프소그나투스(Compsognathus)는 티라노사우루스처럼 육식공룡이시만 크기는 주둥이끝에서 꼬리끝까지 80cm밖에 안된다. 후기 쥐라기에 지음 공룡이 진화했을 때 이들은 쥐라기와 백악기의 공룡처럼 거대한 크기를 가지지 못했다. 대표적인 초기 육식공룡 코엘로피시스(Coelophysis)의 크기는 2m, 원시용각류 플라테오사우루스(Plateosaurus)의 크기는 8m 정도이나.

그렇다면 왜 공룡들은 몸집을 계속 늘려나갔을까? 어떻게 공룡들은 그렇게 거대하게 자랄 수 있었을까? 이러한 의문의 답은 분명히 공룡들이 살

던 당시의 지구환경, 그리고 먹이와 밀접한 관계가 있을 것이다.

먼저 파충류의 뼈는 포유류의 뼈와 다르다는 점을 이해할 필요가 있다. 파충류의 뼈끝, 즉 골단(骨端)은 전형적으로 연골 상태를 유지한다. 이 연골이 계속 자라기 때문에 파충류인 공룡은 살아 있는 동안 계속 자랄 수 있는 것이다. 최근 오리주둥이공룡 마이아사우라(Maiasaura) 새끼의 뼈를 조사해본 결과 공룡의 뼈는 항상 일정한 속도로 자라는 것이 아니라 새끼 때 빨리 자란다는 것이 밝혀졌다. 골단이 연골로 되어 있다는 것은 상대적으로 뼈마디 부분이 약하다는 것을 의미한다. 반면에 포유류에서는 이러한 약점을 보완하기 위해 골단의 연골을 덮어싸는 이차적 골단이 형성된다. 이차적 골단과 원래의 골단 사이에 있는 연골은 오래 지속되지 못하고, 성체가 될 때 골단과 함께 붙어 뼈는 더이상 성장하지 않게 된다. 따라서 포유류인 인간은 청년기에 이르러 성장을 멈춘다. 내부분의 파충류에는 이러한 이차적 골단이 없다.

이처럼 골격학적으로 크게 성장하는 데 아무런 제약이 없는 초식공룡들은 이산화탄소가 풍부하고 기후도 따뜻했던 중생대 기간 온 대륙에 번성한 나자식물(裸子植物, 겉씨식물)과 양치류(羊齒類, 고사리류) 들을 먹기 위해 몸집을 자꾸 늘려갔다. 중생대의 기후는 오늘날보다 훨씬 덥고 습했으며 극지방에는 빙하가 없었다. 또한 기후는 놀랍게도 일정하여 여름과 겨울의 기온차가 거의 없었다. 즉, 위도에 따른 기후대가 세분되지 않아 극지방은 적도 지방처럼 따뜻했으며 연중기온은 10～15℃ 아래로 떨어지지 않았다(제1부 2장 참조).

이러한 특수한 환경에 잘 적응한 것이 쥐라기의 초식공룡인 목긴 공룡들이다. 이들은 큰 체적의 몸을 유지하기 위하여 방대한 양의 식물을 먹어치웠다. 가장 큰 육상포유류인 아프리카코끼리는 매일 자기 몸무게의 3%가 넘는 185kg의 식물을 먹어야만 생존할 수 있다. 이 비율을 그대로 적용하면 30톤

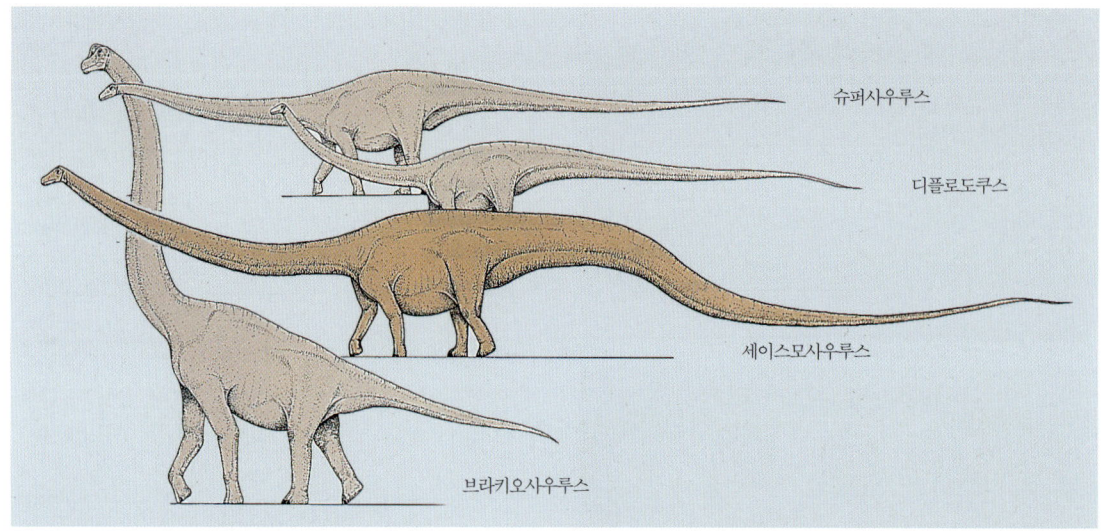

주요한 용각류 공룡들

슈퍼사우루스

디플로도쿠스

세이스모사우루스

브라키오사우루스

세이스모사우루스와 함께 발견된 가장 큰 위석과 작은 위석

이빨이 잘 발달하지 않은 용각류는 위석(胃石)에 의존한 소화방법(제1부 4장 참조)을 이용해 막대한 양의 나뭇잎을 먹어 산림을 황폐화했다. 식물들은 이러한 공룡들의 무자비한 약탈에 적응하기 시작했다. 생존주기를 짧게 하고 빠르게 성장하면서 낮게 자라는 방법을 택해 드디어 백악기에는 꽃 피는 식물인 피자식물(被子植物, 속씨식물)이 나타난다. 이로 인해 거대한 용각류들은 쇠퇴하고 대신 몸집도 작고 잘 씹을 수 있는 이빨을 가진 조각류들이 번성해 또다시 피자식물을 먹기 시작했다. 일방적으로 식물로부터 먹이를 공급받기만 한 공룡들은 중생대가 끝나면서 멸종하지만 새와 곤충들은 피자식물과 공생하면서 신생대 들어 더욱 번성한다.

무게의 브라키오사우루스는 하루 1톤의 식물을 먹었을 것이다. 그러나 이러한 엄청난 양의 식물을 섭취해야 했던 용각류의 머리는 단지 말머리보다 조금 더 큰 75cm 정도이며, 또한 말의 치아처럼 식물을 잘 씹을 수 있는 어금니 대신 전혀 씹을 수 없는 단순한 치아만 발달해 있다.

예를 들면 디플로도쿠스(Diplodocus)의 앞주둥이에는 가느다란 연필 같은 이빨만 있어 초창기의 과학자들은 이들 공룡이 부드러운 수생식물만을 먹었을 것이라고 믿었다. 그런데 물위에 떠 있는 수생식물을 먹었다면 어째서 오메이사우루스(Omeisaurus) 같은 용각류는 10m나 되는 그토록 긴 목을 발달시켰을까? 용각류는 어떤 동물도 도달할 수 없는 꼭대기의 부드러운 나뭇잎을 독점하기 위해 기린처럼 긴 목을 가지게 된 것이다.

또한 이들의 거대한 몸집은 자연스럽게 자신을 방어하는 무기가 된다. 오늘날에도 다 자란 코끼리를 사냥할 수 있는 육식포유류는 없다. 피부를 감싸는 두꺼운 골편(骨片)이나 날카로운 이빨 같은 효과적인 방어무기도 없고 빨리 달아날 수도 없는 용각류는 자신을 방어하기 위해 육식공룡보다도 훨씬 크게 체구를 늘리는 수밖에 없었다. 이것은 물론 당시 먹이가 풍부하고 좋은 기후가 계속되어 가능했다. 이러한 사실은 왜 알로사우루스(Allosaurus)나 티라노사우루스 같은 육식공룡들도 따라서 몸집이 커졌는가에 대한 해답이 될 수도 있다.

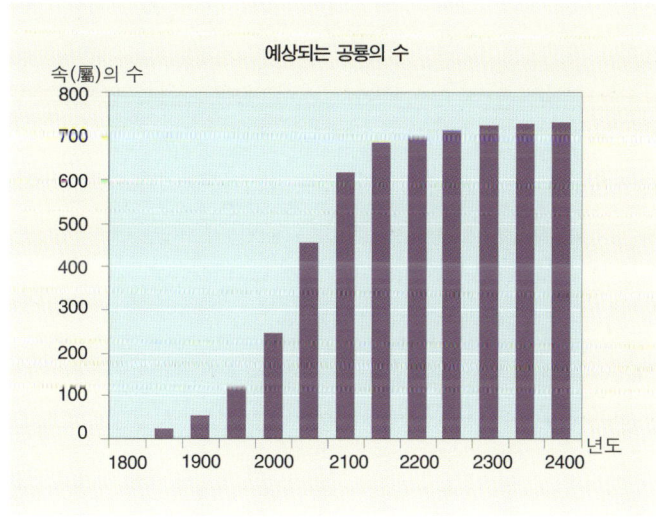

위／플레우로코엘루스와 아크로칸토사우루스. 이 복원도는 미국 텍사스 글렌로즈의 발자국화석을 해석하여 그린 것이다.

아래／새로이 발견되는 공룡의 수는 기하급수적으로 늘고 있다. 이러한 추세라면 앞으로 2400년까지 공룡은 약 800속으로 늘어날 전망이다.

예상되는 공룡의 수

속(屬)의 수

년도

4. 종(種)으로 본 공룡의 다양성

2억 2800만 년 전에 처음 출현하여 중생대가 끝날 때까지 약 1억 6300만 년 동안이나 공룡들은 환경에 잘 적응하며 실로 다양하게 진화하였다. 현재 남극을 포함하여, 전세계 모든 대륙에서 공룡이 발견되는데 지금까지 약 670속(屬, genera)이 알려져 있다.

그렇다면 중생대에 실제 얼마나 다양한 공룡들이 살았을까? 화석기록은 문자 그대로 하나의 자료이기 때문에 새로운 화석이 발견됨에 따라 역사는 진전되어간다. 1970년 이후 한 달에 한 번꼴로 새로운 공룡들이 발견되고 있다. 오언이 공룡이란 이름을 처음으로 만들 당시인 1841년에는 단지 7속의 공룡이 있었고, 실리(Harry Seeley)가 공룡을 크게 두 그룹으로 분류했던 1887년에는 37속에 불과했다. 그후 1997년까지 총 650속이 발견된 것으로 집계되었으며 최근까지 20속 이상이 더 늘어났다. 실제 한 공룡 속의 존속기간은 500만~1050만 년인데, 평균 770만 년으로 계산하고 화석으로 보존된 수에 기초해 추정하면 실제 중생대에 살았던 공룡은 900~1200속으로 판단된다.

이러한 계산이 옳다면 당분간 새로운 공룡이 고갈될 염려는 없으며, 새 공룡이 더 발견될 수 있을까 하는 걱정은 앞으로 200년 후에나 고려해볼 문제라는 결론에 도달한다.

2장 공룡시대 중생대

위/후기 트라이아스기에 모든 대륙은 한데 붙어 있었기 때문에 내륙지방은 건조했다. 그러니 강과 해안기에는 많은 식물들이 번성했는데 이늘는 낮게 자라는 고사리류와 속새류, 그리고 큰 키의 침엽수와 은행류, 소철류 등이다.

아래/트라이아스기의 대륙 분포

공룡시대라 힐킨는 중생대는 드라이아스기, 쥐라기, 백악기로 세분된다. 이리힌 구분은 공룡의 진화에 따른 것이 아니라 이미 18세기경에 행해진 각기 다른 화석을 포함하는 지층의 분류에 따른 것이다. 그러나 이 기간들은 어떤 송류의 공룡이 언제 살았는가늘 언급할 때 항상 이용된다. 중생대의 이 세 기간에 지구의 환경은 심오한 변화를 겪어 공룡이 여러 방향으로 진화할 수 있는 원동력이 되었다.

1. 트라이아스기

2억 4500만 년 전부터 2억 800만 년 전까지의 지질시대인 트라이아스기(Triassic period)에 지구상의 모든 대륙은 판게아(Pangea)라는 하나의 거대한 대륙으로 붙어 적도에 위치해 있었다. 대륙은 늘 일정하게 따뜻했으며 기후에 영향을 주는 빙하나 거나란 내륙바다도 없었다. 전기 드라이아스기에 극지방의 기온은 10~15°C를 유지했으며 석도지방은 이보다 다소 높았다. 그러나 트라이아스기 말로 가면서 점점 더워지고 또한 상당히 건조해지면서 판게아의 많은 지역이 사막환경으로 변해갔다. 이렇듯 덥고 건조한 기후는 공룡이 출현하는 데 아주 좋은 조건을 제공했다.

트라이아스기의 식물은 고생대 후반의 식물군이 중생대의 식물군을 대표하는 쥐라기와 전기 백악기의 식물로 점이되는 현상을 보여준다. 북반부 북쪽은 은행류와 나무고사리류(tree-ferns)가 주종을 이루어 숲을 형성했으며 밑에는 고사리들이 무성하게 자라고 있었다. 북반부의 남쪽과 적도지방은 특히 건조한 지역이 많았는데 주로 침엽수와 소철류로 이루어진 숲이 군데군데 형성되어 있었다. 남반부는 디크로이디움(Dicroidium) 같은 커다란 씨고사리류(seed-ferns)가 입도직으로 많았다. 이러한 식물은 커다란 활엽수로 자라 높은 숲 지붕을 형성하고 레피돕테리스(Lepidopteris) 같은 조그만 고사리류는 물가에서 자라고 있었다.

판게아가 하나의 대륙이기 때문에 육상동물인 공룡은 자유롭게 대륙 전체로 퍼져나갈 수 있었다. 따라서 같은 종류의 공룡이 전세계 여러 지역에서 나타난다. 초창기의 공룡은 작고 날렵하며 두 다리로 걷는 에오랍토르(*Eoraptor*), 헤레라사우루스(*Herrerasaurus*), 코엘로피시스(*Coelophysis*) 같은 육식공룡들이다. 이들 원시적인 공룡은 3m 정도의 크기에 날카롭고 뾰족한 이빨과 먹이를 움켜쥘 수 있는 앞발톱을 가졌다. 가장 오래된 초식공룡도 이 시기에 나타나는데 높은 곳의 나뭇잎을 먹을 때 뒷발로 설 수 있었던 마소스폰딜루스(*Massospondylus*)와 플라테오사우루스(*Plateosaurus*) 같은 원시용각류가 그들이다. 이들 공룡은 전세계적으로 매우 넓게 분포하며 효과적인 소화계 덕분에 판게아에 번성했던 다양한 식물들을 잘 섭취할 수 있었다. 쥐라기에 진화한 거대한 용각류의 크기까지 자라지는 않았지만 원시용각류는 당시까지 가장 큰 육상동물이었다.

후기 트라이아스기에 공룡이 번성함에 따라 필연적으로 이전까지 매우 성공적으로 존속했던 다른 동물들이 쇠퇴하기 시작했다. 꾸부정한 다리를 가진 파충류와 양서류, 포유류형 파충류(mammal-like reptiles)가 사라졌다(제1부 3장 참조). 공룡과 서식지를 공유했던 동물로는 곤충, 악어와 매우 작은 크기의 원시포유류가 있었다. 강과 호수에는 개구

미국 네바다주에서 발견된 어룡 쇼니사우루스의 복원도

리, 거북, 물고기 등 다양한 동물이 살고 있었으나 이들 대부분이 공룡의 먹이가 되지는 않았을 것이다. 도마뱀과 익룡이 처음으로 나타났으며 바다에는 어룡과 수장룡이 나타났다. 후기 트라이아스기는 공룡들이 판게아의 전대륙에 걸쳐 기존에 존재했던 동물들을 대체해가는 기간으로 볼 수 있다. 공룡들은 생존에 가장 중요한 활동성과 민첩성에서 다른 동물들보다 훨씬 앞서 있었기 때문이다.

판게아 전대륙에서 널리 서식한 트라이아스기의 주요 육상파충류. 왼쪽부터 포유류형 파충류인 리스트로사우루스, 초기 공룡인 코엘로피시스와 플라테오사우루스.

2. 쥐라기

2억 800만 년 전부터 1억 4500만 년 전까지의 지질시대인 쥐라기(Jurassic period)에 판게아는 서서히 두 개로 갈라져 북쪽의 로렌시아(Laurentia) 대륙과 남쪽의 곤드와나(Gondwana) 대륙으로 양분되었다. 이러한 큰 규모의 분리에도 불구하고 브라키오사우루스와 스테고사우루스 등의 공룡화석이 북미와 아프리카에서 나타나는 사실은 이들 두 대륙이 때때로 육지 다리로 서로 연결되었음을 말해준다. 대륙이 갈라지고 커다란 대양이 초대륙 사이에 놓이게 되어 전세계 기후는 변화하기 시작했다. 연평균 기온이 약간 떨어지고 강수량이 증가하였으며 온난한 기후가 형성되어 전대륙은 무성한 열대우림으로 채워진다.

트라이아스기에 서식했던 것과 유사한 형태의 식물이 전기 쥐라기에도 계속 나타난다. 그러나 곤드와나 내륙에서 번성했던 씨고사리류는 사라지고 소철류와 침엽수, 세쿼이아(sequoias)가 그 자리를 채우면서 광활한 건조지역이 사라졌다. 즉 북반

쥐라기는 전세계적으로 덥고 습했으며 해침에 의해 많은 지역에 무성한 삼림이 형성되었다. 이러한 기후는 모든 식물이 번성할 수 있는 최적의 조건을 제공하여 거대한 숲을 만들어냈다.

쥐라기의 대륙 분포

쥐라기의 주요 공룡. 비록 스테고사우루스류는 아프리카와 북미에서 함께 발견되지만 대륙이 갈라짐에 따라 서서히 다양한 공룡들이 나타났다. 왼쪽부터 켄트로사우루스, 스테고사우루스, 양추아노사우루스, 브라키오사우루스.

알로사우루스 무리가 브라키오사우루스
의 새끼를 호시탐탐 노리고 있다.

부에 번성했던 식물들이 전대륙으로 퍼져나간 것
이다. 이들과 함께 고사리류와 속새류(horsetails)
가 땅을 덮고 은행류와 나무고사리류가 강과 호수
주위에 번성하였다.

　이러한 무성한 삼림의 발달로 아주 새롭고 독특
한 공룡이 진화했는데, 지상에 걸어다녔던 동물 중
가장 큰 동물인 아파토사우루스(Apatosaurus),
디플로도쿠스(Diplodocus), 브라키오사우루스
(Brachiosaurus) 같은 목긴 용각류였다. 용각류
는 긴 목을 이용해 다른 공룡들이 도달할 수 없는

높은 곳의 나뭇잎들을 먹어 쥐라기 생태계의 주된
자리를 차지하였다. 다른 새로운 종류의 공룡도 용
각류와 함께 진화하였는데, 이들은 커다란 육식공
룡 알로사우루스(Allosaurus)와 등에 판을 가진
스테고사우루스(Stegosaurus)이다. 작은 육식공
룡인 오르니톨레스테스(Ornitholestes)는 주로 고
사리와 속새류와 이끼류 속에 사는 곤충과 개구리,
도마뱀과 포유류를 사냥했다.

　벌과 파리의 조상을 포함하여 날아다니는 곤충
류를 제외하고, 하늘에는 프레온닥틸루스(Preon-

dactylus) 같은 익룡이 번성하였다. 시조새 아르카
이옵테릭스(*Archaeopteryx*)도 후기 쥐라기에 나
타난다. 가장 원시적인 새인 시조새는 뚜렷하게 공
룡의 특징을 많이 가지고 있어 새가 조그만 육식공
룡에서 진화해 나왔다는 것을 말해주고 있다(제1부
5장 참조).

쥐라기는 공룡들이 다양한 환경에 적응하면서
다양한 형태의 몸집과 크기를 발전시킨 기간이었
다. 쥐라기 말에 이르러 공룡들은 실제적으로 점유
할 수 있는 지표 구석구석까지 서식지를 넓혔다.
실로 거대한 용각류 공룡들이 떼지어 다니며 광활
하게 널린 식물계를 유린했던 것이다.

3. 백악기

백악기의 대륙 분포

1억 4500만 년 전부터 6500만 년 전까지의
지질시대인 백악기(白堊紀, Cretaceous
period)에 로렌시아와 곤드와나 대륙은

계속 갈라져 백악기 말에 이르러 오늘날 지구상의
대륙 분포와 비슷한 모습을 갖게 되었다. 전기 백
악기의 기후는 습하고 건조한 계절을 동반하면서
따뜻했지만 후기로 갈수록 여름과 겨울이 더 현저
하게 나타났다. 그러나 극지방에서도 기온이 영하
로 내려가지 않았다. 일반적으로 고위도 지방은 소
철류, 침엽수류와 은행류가 삼림을 이루었으며 적
도지역은 열대우림이 점점 더 축소되고 서의 나무
가 없는 사바나 환경이 발달하기 시작했다.

이 기간의 가장 큰 환경적 변화는 피자식물(被子
植物, 속씨식물), 즉 꽃피는 식물(현화顯花식물)의
등장이다. 후기 쥐라기에 거대한 공룡무리에 의해
천천히 자라는 나자식물이 황폐화된 것이 피자식
물이 빠르게 확산된 이유였다. 피자식물은 매우 빨
리 자라며 씨는 바람이나 곤충들에 의해 쉽게 퍼져
나길 수 있다. 조그만 초본류로 시작한 이 식물은
식물계의 대다수를 차지하게 되었다. 실제 고사리
류와 속새류는 밀집도가 높은 작은 현화식물들과
수풀, 관목들로 대체되었다. 이들은 또한 커다란

숲과 활엽수의 삼림지대를 형성하였다. 이때까지도 풀은 진화하지 않았으며 공룡시대에 풀과 비유될 수 있는 것은 지면을 덮은 고사리들이었다.

대륙들이 쪼개지면서 함께 나타난 새로운 식물은 백악기의 공룡 진화에 직접적인 영향을 끼쳤다. 대륙을 이어주는 연결로가 거의 없었기 때문에 서로 격리되어 각 지역에서 새롭게 진화한 공룡들 사이에는 현격한 차이가 나타나게 된다. 예를 들면 중국과 몽골에서 산출된 육식공룡 세그노사우루스(*Segnosaurus*)와 오비랍토르(*Oviraptor*)는 다른 지역에서는 전혀 나타나지 않는다. 당시 유럽은 하나의 내륙해로 덮여 커다란 섬들로 나뉘어 있었다. 이러한 국지적인 특성화는 큰 공룡들이 소형화됨에 따라 더욱 복잡한 양상을 띠게 되었다. 오늘날 우리가 주위에서 볼 수 있는 많은 종류의 동물들이 백악기에 처음 나타났는데 그것은 뱀, 몇몇 종류의 새, 그리고 나방 등이다. 익룡은 점점 크게 진화해 지구상에서 하늘을 날았던 동물 중 가장 큰 동물이 되었다. 케찰코아틀루스(*Quetzalcoatlus*)는 날개길이가 12m를 넘는 거대한 크기로 자라났다.

후기 백악기의 빨리 자라는 현화식물들은 다양한 뿔공룡과 오리주둥이공룡들이 성공적으로 살아갈 수 있는 여건을 제공했다. 뿔공룡 센트로사우루스(*Centrosaurus*)는 캐나다 알버타주 공룡계곡에서 만 마리 이상 발견되었는데, 이는 당시 공룡의

익룡 케찰코아틀루스

무리가 얼마나 컸는지를 짐작케 한다. 풍부한 초식공룡을 주된 먹이로 삼는 알베르토사우루스(*Albertosaurus*), 티라노사우루스 같은 큰 육식공룡과 작은 크기의 트로오돈(*Troodon*)과 드로마이오사우루스(*Dromaeosaurus*)도 있었다. 이러한 양상은 서부 북미대륙에 국지적으로 나타나며 다른 지역에서는 나타나지 않는다.

실제로 그러한 지역적 차이를 갖는 공룡의 생태 때문에 당시 전세계에 분포한 공룡을 명확히 복원해내기는 매우 어렵다. 그러나 확실한 것은 다른 시대보다도 후기 백악기에 가장 많은 종류의 공룡이 존재했다는 것이다. 공룡시대 중 종류와 수에서 가장 번성했던 때가 바로 이 기간이다. 이렇듯 다양하고 거대한 집단이 백악기가 끝나면서 모두 사라졌다는 것은 지구 역사의 가장 큰 수수께끼로 남아 있다.

백악기에 대륙은 더욱 갈라져 각 대륙마다 독특한 공룡들이 출현하게 된다. 왼쪽부터 머리가 보이는 순서대로 트리케라톱스, 카르노타우루스, 티타노사우루스, 사이카니아.

3장 공룡의 기원

공룡에 대한 사람들의 관심은 주로 그들의 돌연한 멸종에 있지만 사실 더 흥미로운 것은 그들의 갑작스러운 출현과 성공이다. 공룡들은 대체 어디서 온 것일까? 이 간단한 질문은 지난 150년간 과학자들 사이에서 격렬하게 토론된 주제이며, 심지어 오늘날에도 공룡의 기원에 대한 견해는 매우 다양하다.

공룡이 나타나기 38억 년 전에 이미 생명체가 지구상에 존재했다. 단순한 단세포동물로 시작한 지

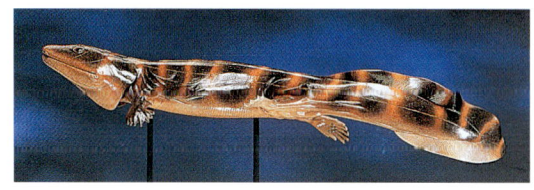

오른쪽/이크티오스테가의 후손인 아칸토스테가(*Acanthostega*)는 그린랜드의 후기 데본기 지층에서 산출되었다. 잘 발달된 아가미와 큰 꼬리지느러미를 가지고 있어 아직 어류의 특징을 유지하고 있다.

구의 생명체들은 기나긴 세월 동안 바닷속에서 해파리, 조개, 성게 같은 다양한 종으로 진화해 결국 뼈를 가진 물고기가 나타나게 되었다. 육지에서도 처음 균류 같은 단세포식물이 나타난 이후 양치류, 겉씨식물, 속씨식물 등 점차 더 복잡한 구조의 식물들이 진화했다. 물고기 중 폐가 발달하고 지느러미가 다리로 변한 이크티오스테가(*Ichthyostega*)가 3억 7000만 년 전 드디어 육지로 올라왔다. 바로 이들 개척자가 양서류와 원시파충류의 조상인 것이다.

공룡의 출현은 중생대 생명의 장을 여는 매우 중요한 사건이다. 여러 종류의 많은 동물들이 공룡의 출현으로 빠르게 변화했다. 그런데 다른 동물들은 멸종의 길을 걸었는데 왜 유독 공룡은 번성하기 시작했는가에 대한 정확한 해답을 찾기 위해서는 우선 공룡이 출현하기 이전 시대의 동물상을 이해할 필요가 있다. 트라이아스기는 작은 육식성 포유류형 파충류에서 진화되어 나온 포유류, 그리고 익

아래/지질연대표

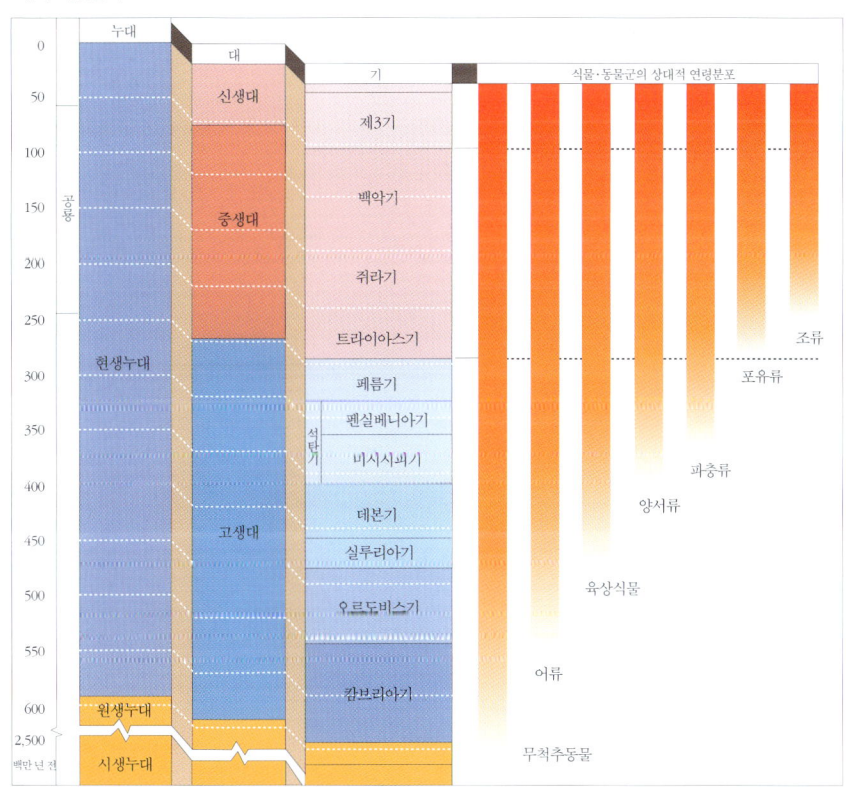

룡, 해양파충류, 개구리, 거북, 악어가 출현하는 척추동물 진화사 중 가장 중요한 시기이기 때문이다.

트라이아스기는 지질시대를 통해 가장 큰 대멸종이 일어난 고생대가 끝나면서 시작된다. 고생대 페름기 말에 모든 생물의 96%가 멸종하였다. 그 이유는 고생대 말에 이르러 모든 대륙이 하나로 합쳐지는 극적인 변화가 초래되어 격심한 조산(造山)운동, 격렬한 화산활동, 전세계적인 해퇴(海退)가 일어나 많은 생물들의 서식지가 파괴되기 때문이다. 반면에 고생대 후기 석탄기의 늪지대에서 진화한 파충류는 트라이아스기에 이르러 육지를 완전히 점령하게 된다. 곧 바다도 해양파충류에 의해 지배되고 하늘에는 날아다니는 파충류인 익룡이 번성하게 된다. 마침내 후기 트라이아스기에 이르게 되면 지배파충류(archosaurs: 공룡, 익룡, 악어를 포함하는 파충류 그룹)가 나타나 원시적인 포유류형 파충류를 제거하고 육상을 지배하기 시작했다.

1. 트라이아스기의 육상파충류들

포유류형 파충류

포유류형 파충류(mammal-like reptiles)는 이름에서도 추측할 수 있듯이 파충류이면서 포유류의 특징을 많이 지닌 동물이다. 다리는 원시적으로 휘어져 있지만 머리뼈의 수는 많이 줄었고, 이빨도 완전하지는 않지만 포유류처럼 앞니 송곳니 어금니로 분화되었다. 이들은 고생대 말인 페름기에 전세계에 널리 분포했으며 트라이아스기에도 계속 번성해 판게아의 주요한 육상동물이었다. 포유류형 파충류는 초기부터 두 방향으로 진화했는데, 초식성 디키노돈트류(dicynodonts)와 육식성 키노돈트류(cynodonts)이다.

디키노돈트는 전기와 중기 트라이아스기에 광범위하게 분포했는데 크기는 다람쥐와 여우만 했다. 짧은 목과 짧은 꼬리, 그리고 드럼통같이 뚱뚱한

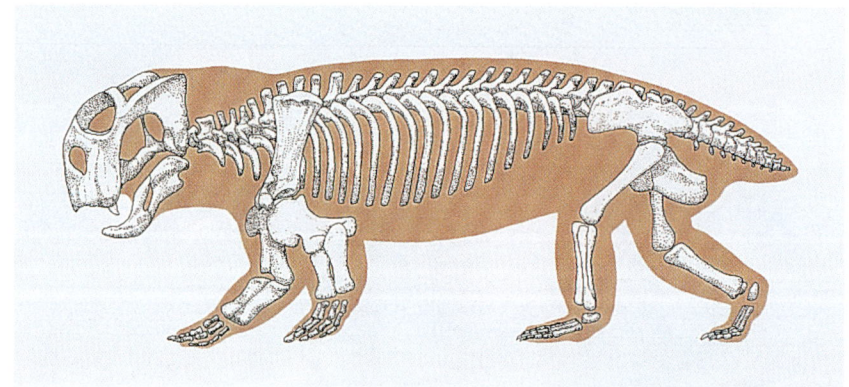

몸을 가진 육상동물이지만 일부는 땅에 구멍을 파고 살았으며 일부는 하마처럼 물가에서 살았다. 거북과 같은 주둥이에는 두 개의 큰 송곳니형 구조가 위에서 아래로 뻗어 있어 이름도 '두 개의 개이빨(dicynodonts)'이란 뜻이다. 리스트로사우루스(*Lystrosaurus*)는 전기 트라이아스기의 디키노돈트를 대표하는데 남아프리카·남극·인도·중국·

위/중기 트라이아스기의 전형적인 동물들. 위쪽부터 디키노돈트인 칸네메이에리아, 키노돈트인 키노그나투스, 린코사우루스류인 스카포닉스, 그리고 키노그나투스와 가까운 관계에 있는 마세토그나투스.

아래/전형적인 초식성 포유류형 파충류 리스트로사우루스의 골격

러시아에서 많이 산출된다. 리스트로사우루스는
염소 정도의 크기에 짧고 두꺼운 다리와 짧은 꼬
리, 두 개의 커다란 송곳니처럼 발달된 턱을 가진
독특한 머리를 지녔다. 거북의 주둥이처럼 이빨은
없지만 질긴 식물을 잘라먹는 데는 능숙했다. 반직
립 자세였으나 빠르게 움직일 때 꾸부정한 다리는
몸 아래에 바로 놓일 수 있어 두 종류의 보행자세
를 동시에 가지고 있었다.

　육식성인 키노돈트의 이빨과 턱은 오늘날의 개
와 매우 유사하다. 몸도 날렵하고 상대적으로 긴
다리를 가졌지만 밖으로 꾸부정하게 벌어진 원시
적인 형태였다. 따라서 포유류처럼 앞다리와 뒷다
리의 길이는 거의 같아 뒷다리가 더 길게 발달한
지배파충류와는 달랐다. 때로는 다리를 안으로 모
아 빠르게 뛸 수도 있었지만 개처럼 껑충껑충 뛸
수는 없었다. 이들의 척추는 단지 좌우로만 움직일
수 있기 때문에 부자연스럽게 뛸 수밖에 없었던 것
이다. 조식동물인 디키노돈트와 함께 발견되는 일
이 잦아 이들이 디키노돈트를 사냥했음을 알 수 있
다. 포유류처럼 이빨도 분화되어 앞니, 송곳니, 복
잡한 어금니를 갖고 있다(파충류의 이빨은 단지

초식성 디키노돈트를 사냥하는 육식성 키노돈트

한 종류로 구성되어 있다). 키노돈트는 아마도 털
을 가진 온혈동물이었을 것으로 추정된다. 전기 트
라이아스기의 키노그나투스(*Cynognathus*)는 남
미와 남아프리카에서 발견되어 당시 이들 대륙이
서로 붙어 있었음을 알 수 있다. 키노돈트는 파충
류에서 포유류로 진화하는 중간과정에 있었던 동
물이기 때문에 진화상 매우 중요하나.

지배파충류

　지배파충류(archosaurs)는 악어·익룡·공룡을
포함하는 중생대이 가장 중요한 그룹이다. 이들은
발목 구조의 차이에 따라 악어로 진화한 그룹과 익
룡·공룡으로 진화한 그룹으로 양분된다.

　악어에 속하는 그룹의 발목뼈는 거골(距骨, 복사
뼈)과 근골(跟骨, 발뒤꿈치뼈)이 요철형으로 접합
해 서로 회전할 수 있는 구조를 가진다. 이러한 종
류의 발목은 현생 악어와 이에 멸종한 원시악어 피
토사우루스류(phytosaurs), 아에토사우루스류

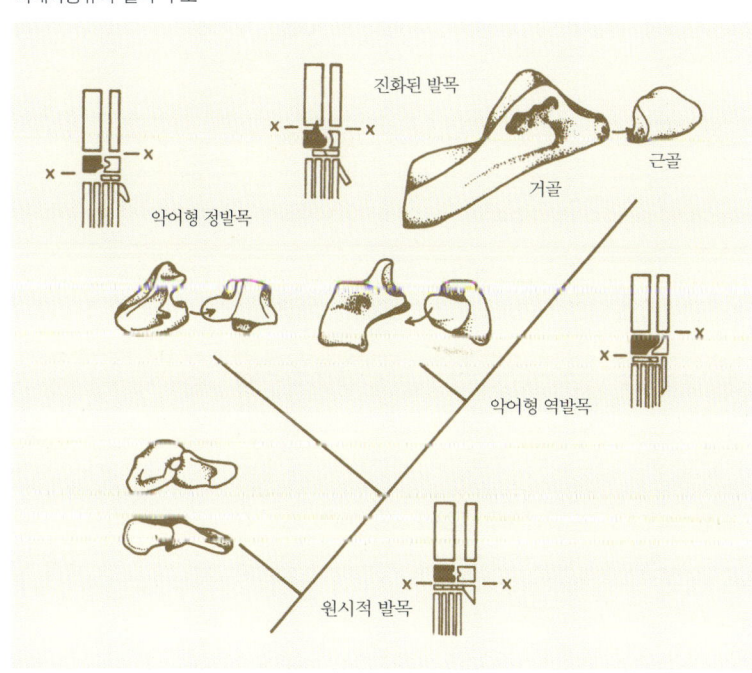

지배파충류의 발목 구조

진화된 발목

악어형 정발목

거골

근골

악어형 역발목

원시적 발목

트라이아스기의 피토사우루스류(아래)는 현생 악어와 매우 유사하다. 그러나 콧구멍의 위치로 둘은 쉽게 구별된다.

(aetosaurs), 라우이수키안(rauisuchians)에 나타난다. 피토사우루스류는 긴 주둥이를 가지고 있어 인도의 현생 악어 가비알(gavial)과 외형적으로 유사하지만 콧구멍이 주둥이끝이 아니라 눈 사이에 있기 때문에 쉽게 현생 악어와 구별된다. 이들은 온몸을 딱딱한 비늘로 무장하고 있어 외형적으로는 갑옷공룡(ankylosaurs)과 유사하다.

두 번째 그룹은 라고수쿠스(*Lagosuchus*), 익룡, 공룡과 새를 포함하며 발목 구조는 새와 유사하다. 라고수쿠스는 아르헨티나의 중부 트라이아스기 지층에서 발견된 날렵하고 긴 다리를 가진 육식동물이다. 크기는 산토끼만 하며 길고 좁은 머리에 작고 날카로운 이빨을 가졌다. 앞다리는 다소 짧은 반면 뒷다리는 길고 날씬해 작은 먹이를 재빠르게 잡을 정도로 날렵했던 것으로 추정된다.

라고수쿠스는 원시공룡의 특징을 많이 갖고 있으며 또한 가장 오래된 공룡화석이 산출되는 지층 바로 아래에서 산출되었기 때문에 아마도 공룡의 직접적인 조상이 아니었나 추정된다. 익룡은 골격

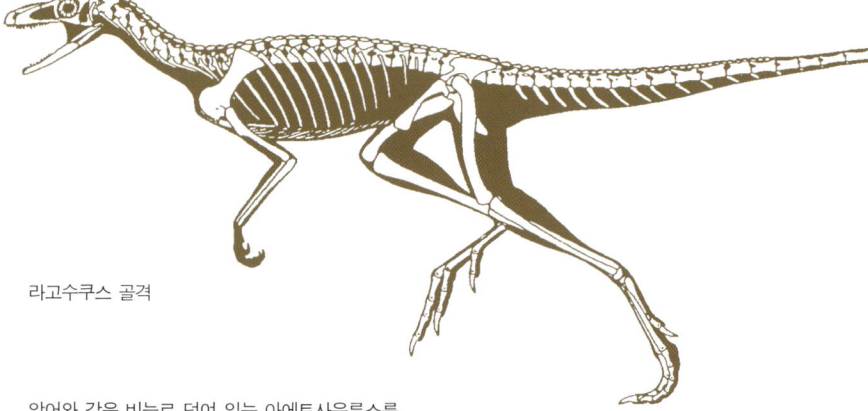

라고수쿠스 골격

악어와 같은 비늘로 덮여 있는 아에토사우루스류

학적으로 공룡과 가장 가까운 관계에 있다(제1부 6장 참조).

2. 공룡의 출현과 성공

드디어 공룡이 출현한다. 가장 오래된 공룡의 화석은 아르헨티나의 2억 2800만 년 전 이시구알라스토(Ischigualasto) 지층에서 발견되었다. 여기서 가장 잘 알려진 공룡은 에오랍토르(Eoraptor)와 헤레라사우루스(Herrerasaurus)이다. 이들 초기의 공룡은 크기도 작고 다양하게 진화하지 못했다.

이시구알라스토층에서 산출되는 화석을 보면, 가장 풍부한 것이 원시파충류이며 공룡은 단지 모든 동물들 중 5.7%만을 차지한다. 따라서 중기 트라이아스기까지 공룡은 생태계의 주요 구성원이 아니었음을 알 수 있다. 그러나 트라이아스기 말로 가면서 여러 형태이 공룡이 전세게에서 발견되기 시작한다. 이는 공룡이 처음 출현하자마자 급속히 다양하게 발전했다는 것을 의미한다. 산출되는 화석의 25~60%를 차지할 정도로 수도 많아지고 크기도 좀더 다양해진다. 이 시기의 가장 대표적 공룡이 미국 뉴멕시코주 고스트랜치(Ghost Ranch)에서 대규모로 발견된 작고 민첩한 육식공룡 코엘로피시스(Coelophysis)와 유럽과 중국에서 많이 발견된 원시용각류 플라테오사우루스(Plateosaurus), 루펭고사우루스(Lufengosaurus)이다.

여기서 한 가지 의문이 세기된다. 왜 이 시기 다른 파충류는 쇠퇴해간 반면 공룡은 번성했을까? 후기 트라이아스기가 시작될 때는 여러 환경에서 디키노돈트와 아에토사우루스류 같은 많은 원시파충류들이 번성했지만, 트라이아스기 말로 갈수록 건조한 기후가 더 널리 확산되어 식물과 먹이의 감소로 생존을 위한 투쟁은 더욱 격화된다. 이러한 생존경쟁에서 공룡은 우위를 점하는데 그 이유는 확 트인 환경에서 빠르게 달릴 수 있는 다리 구조 때문이었다. 비록 몇몇 원시파충류들은 곧은 다리를 가졌지만 이들은 발바닥을 지면에 대고 걸었기 때문에 상대적으로 느릴 수밖에 없었다. 반면에 공룡들은 완전히 두 다리로 곧게 설 수 있었으며 새처럼 발가락으로 걸었고 긴 보폭으로 더 빨리 뛸 수 있었다.

더 발달한 걸음걸이를 가진 공룡들은 먹이를 찾기 위해 넓은 지역을 돌아다녔다. 초식공룡은 새빠르고 민첩했기 때문에 대부분의 육식동물로부터 쉽게 도망칠 수 있었으며 먹이를 찾아 새로운 숲을 탐험할 수 있었다. 이들의 이빨은 건조한 기후에서 자라는 질긴 나뭇잎을 씹을 수 있도록 잘 발달되어 있었다. 반면에 초식성 원시파충류들은 건조기후가 확산되면서 주된 먹이인 키작은 식물들이 점점 더 줄이들었기 때문에 시서히 감소하다가 트라이아스기 말에 멸종하게 된다. 다시 말해서, 발달된 다리 구조와 먹이를 찾는 더 진보된 능력, 그리고 새로운 지역에 과감히 뛰어든 공룡은 다른 파충류와의 경쟁에서 쉽게 우위를 차지하여 육상을 지배하게 된 것이다.

그러나 최근 후기 트라이아스기에 일어난 원시파충류의 대규모 멸종으로 공룡이 성공할 수 있었다는 주장이 대두되었다. 멸종은 트리아스기와 쥐라기 경계에서 분명하게 관찰된다. 즉, 트라이아스기가 끝나면서 해양생물들이 감소하고 코노돈트(conodont)라는 미생물이 완전히 멸종했으며

후기 트라이아스기 들어 코엘로피시스 같은 공룡이 디키노돈트를 제거하고 생태계의 우위를 점하게 된다.

퀘벡에 남겨진 운석의 분화구. 이 분화구는 2억 1000만 년 전에 형성된 것으로 트라이아스기 말 바다생물의 대규모 멸종과 시기적으로 거의 일치한다.

포유류형 파충류 또한 멸종하게 된다. 그렇다면 이같은 광범위한 육상동물의 멸종 원인은 무엇이었을까? 그 큰 재앙의 원인은 다름 아닌 캐나다 퀘벡에 떨어져 지름이 100km나 되는 매니쿼건(Manicouagan) 분화구를 남긴 거대한 운석이다.

캐나다 북동쪽 노바 스코티아(Nova Scotia) 지역의 후기 트라이아스기 호수퇴적층에서는 포유류형 파충류를 비롯해 여러 가지 다양한 파충류 화석들이 함께 산출된다. 트라이아스기 말에 이르러 다양하게 혼합된 동물군이 갑자기 없어지고 단순화되면서 작은 공룡과 작은 포유류형 파충류, 그리고 작은 악어들이 나타난다.

공룡들은 처음에 여러 종류의 다양한 동물들과 함께 섞여 생태계의 일원으로 살아가다가 운석충돌로 대부분의 동물들이 멸종하고 단지 작은 동물들만 생존한 것으로 보인다. 이러한 양상이 한 지역에 국한된 것이 아니라 전세계적 규모의 사건이라면 큰 멸종에서 살아남은 생존자로서 공룡은 경쟁자들이 없어진 새로운 환경에서 적응방산(適應放散)하여 성공할 수 있었던 것이다.* 즉, 중생대 말의 대멸종에 의해 신생대에 들어와 포유류가 성공할 수 있었던 것처럼 공룡 역시 외부 힘에 의해 경쟁자들이 없어짐에 따라 그들의 전성시대를 맞게 된 것이다.

* **적응방산**(adaptive radiation) 동일 계통의 생물이 여러 가지 환경에 분포하여 사는 동안 각각의 환경에 적응하는 과정에서 기능상의 분화가 일어나 형태적으로 다른 여러 계통으로 분기하는 현상.

4장 살아 있는 공룡

세이스모사우루스의 시체가 범람원 지역에서 묻히기 전 운좋은 육식동물들에 의해 뜯기고 있다.

우리가 공룡에 대해 신비감을 가지는 까닭 중 하나는 정확히 그들을 알지 못하기 때문이다. 아직

공룡에 관한 흥미로운 사실들, 특히 공룡의 생태에 대해 많은 것이 미스터리로 남아 있다. 그럼에도 불구하고 공전의 히트를 기록한 영화 「쥐라기 공원」(Jurrasic Park)과 「잃어버린 세계」(The Lost World)를 보면 마치 현재 살아 있는 동물처럼 공룡의 행동과 습성 하나하나가 자세히 묘사되어 있다. 공룡학자들은 어떻게 이미 멸종한 공룡의 삶을 꿰뚫어볼 수 있을까? 공룡을 살아 있는 동물로서 복원하기 위해서는 크게 두 가지 징보에 의존해야 한다.

첫째는 화석기록이다. 공룡이 실제 존재했다는 증거는 암석 속에 남아 있다. 그토록 오래 생존했던 공룡이지만 공룡화석은 지구상에서 발견되는 화석들 중 매우 작은 부분을 차지한다. 그 이유는 현재 아프리카 초원에서 일어나는 일을 머릿속에 그려보면 쉽게 이해될 것이다. 보통 동물이 죽으면 사체는 급속하게 파괴된다. 시체를 먹는 동물들이 먼저 살을 조각조각 물어간다. 뼈를 지탱하던 힘줄이 썩기 시작하고 뼈들은 흩어져 보리된다. 멋 주안에 그 자리에는 거의 남아 있는 것이 없다. 그러나 만일 사체가 퇴적물에 빨리 묻힌다면 이러한 분해작용은 일어나지 않을 수도 있다. 사막의 모래폭풍과 강둑에 쌓인 진흙이 이것을 가능하게 한다. 만약 죽은 동물이 깊은 문에 빠지거나 호수로 쓸려내려가면 바다의 퇴적물 입자가 빠르게 사체를 덮게 된다. 따라서 퇴적물 입자들이 계속 쌓이는 얕은 바닷가에 살던 생물들은 화석으로 많이 남는 반면 공룡이나 육상동물들의 사체는 좀처럼 화석이 되지 않는다. 그러므로 공룡뼈가 일반적인 분해작용이나 흩어짐으로부터 안전하게 보존되는 환경은 극히 예외적이라고 생각할 수 있다.

공룡의 잔해가 일단 퇴적물에 묻히면 근육과 다른 부드러운 부분은 모두 썩어 없어지고 단지 단단한 뼈와 이빨만이 남는다. 점차 뼈 위에 퇴적물이 쌓이고 단단하게 굳으면서, 퇴적물이 석회암이나 이암 또는 사암으로 변하는 암석화 작용이 시작된다. 이러한 과정에서 물속에 녹아 있는 광물성분이 암석을 통해 뼈의 미세한 공간으로 스며들어 뼈의 원래 성분과 치환된다. 이렇듯 원래의 뼈 성분이 서서히 광물질로 치환되어 화석화하는 것이다. 매우 드문 경우지만 아주 건조한 환경에서 공룡의 부드러운 부분이 미라가 되어 화석화되는 경우도 있다. 이러한 종류의 화석으로부터는 피부의 조직, 심지어 피부의 접힌 모양까지도 관찰할 수 있다. 그러나 색깔은 보존되지 않는다. 뼈를 둘러싼 암석의 색깔이 뼈의 원래 색깔을 치환하기 때문이다.

이와 함께 다양한 형태의 화석들이 있다. 공룡뼈 그 자체는 아니지만 그들의 존재와 생활방식의 증거들이 남아 있다. 공룡이 남긴 발자국화석, 먹이를 먹을 때 뼈에 남긴 이빨자국, 새끼를 낳고 기른 둥지와 알들, 화석화된 배설물인 분화석(糞化石), 위 속에서 소화를 돕던 위석(胃石) 등이다. 이러한 직간접 증거들을 종합적으로 분석하여 공룡을 살아 있는 동물로 복원하는 것이다.

공룡에 관한 두 번째 정보는 오늘날의 동물을 관찰하여 얻는다. 초기 공룡학자들이 유명한 비교해부학자였다는 것은 우연이 아니다. 동물해부학 지식을 통하여 공룡학자들은 공룡과 현존하는 새·도마뱀·포유류를 비교하여 공룡들이 매우 독특한 구조를 갖고 있다는 것을 알았다. 따라서 공룡연구에서 현생 동물들의 연구는 필수적이다. 이를 통하여 공룡들이 어떤 식으로 걸었는가 하는 근본적인 문제뿐 아니라 그들의 행동양식, 의사소통, 피부

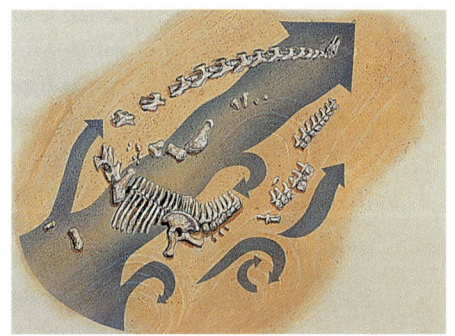

공룡의 시체는 건조되면서 신경배돌기의 힘줄이 당겨져 목과 꼬리가 뒤와 위로 뒤틀리게 된다. 살은 육식공룡들에 의해 뜯기고 이 과정에서 몇몇 뼈가 소실된다. 그후 유수에 의해 뼈는 흩어져 결국 상당수의 뼈들은 제자리에 남지 못한 채 땅속에 묻혀 화석이 된다. 따라서 모든 뼈가 온전하게 발견되는 일은 극히 드물다.

공룡의 미라화석은 극도로 드물다. 이 오리주둥이공룡 아나토사우루스 화석은 모래폭풍에 의해 묻혀 미라처럼 보존된 것으로 추정된다.

왼쪽 / 디플로도쿠스의 가운데 등뼈. 많은 플루로실이 발달하여 강도를 잃지 않으면서 최대한 무게를 줄이는 구조로 되어 있다.

오른쪽 / 아파토사우루스의 대퇴골은 20~30톤의 무게를 지탱하기 위해 매우 견고하게 구성되어 길이가 1.5m에 이른다.

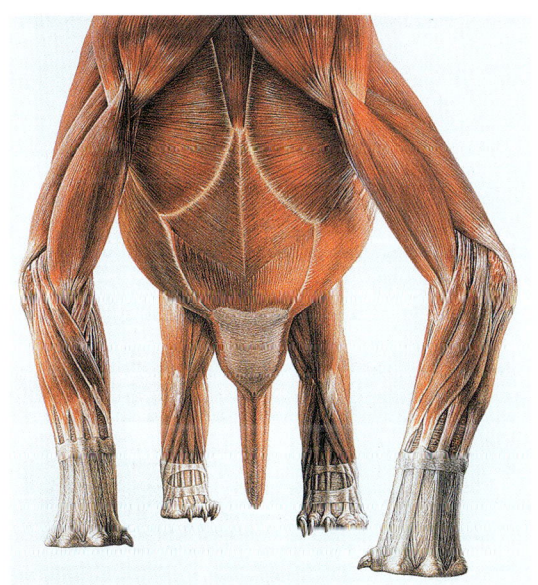

골격에서 유추하여 다리 근육과 힘줄을 복원한 브라키오사우루스

색, 사냥과 방어 등에 관한 모든 주제를 다룰 수 있는 것이다.

공룡은 개나 거북, 사람처럼 사지동물의 기능을 수행하도록 신체구조가 만들어진 전형적인 척추동물이다. 공룡을 살아 있는 동물로서 이해하기 위해선 크기나 무게, 이빨의 길이 같은 외형적 사실을 넘어 실제적인 생물학적 특징을 알아야 한다. 모든 공룡은 뼈를 가진 동물, 즉 척추동물의 기본 골격인 머리, 척추, 어깨와 골반 그리고 다리와 꼬리를 가진다.

모든 공룡들은 근본적으로 똑같은 뼈구조로 이루어져 있지만 각각의 뼈 생김새는 매우 다양하다. 거대한 초식공룡은 몸무게를 지탱하기 위해 다리뼈가 크고 둔탁하다. 동시에 이들 공룡은 힘의 손실 없이 다른 뼈의 무게를 줄이는 매우 효과적인 시스템을 발달시켰다. 예를 들면 플레우로코엘루스(Pleurocoelus)라는 용각류의 척추에는 플루로실(pleurocoel)이라는 커다란 구멍들이 나 있다. 실제 이러한 구조 때문에 이 공룡의 이름이 만들어졌다. 그러나 거의 50%의 무게를 줄였음에도 불구하고 나머지 뼈는 철골구조처럼 강하다. 작고 빠르게 움직이는 공룡들은 현생 동물처럼 가늘고 긴뼈를 발달시켰다. 이러한 경우 뼛속은 가볍고 성긴 뼈로 채워져 있지만 바깥을 싸고 있는 뼈는 매우 치밀한 뼈(compact bone)로 구성되어 있다. 이러한 뼈들은 필요없는 뼈의 무게를 가능한 한 줄여 가젤영양처럼 강도와 유연성을 동시에 가지는 구조를 지닌다. 드리오사우루스(Dryosaurus)처럼 재빠른 초식공룡은 구멍이 난 긴 뼈를 가지고 있는데 이는 몸을 가볍게 하여 적으로부터 빨리 도망갈 수 있도록 하기 위함이다.

살아 있는 모든 공룡의 뼈는 우리 몸처럼 힘줄과 근육으로 서로 연결되어 있다. 실제 각 뼈에 근육이 붙어 있던 자리를 알 수 있어 이로부터 근육의 위치와 크기를 판단할 수 있다. 현재 능숙한 해부학자는 사람의 두개골만으로도 그 사람이 살아 있었을 때의 얼굴을 복원할 수 있다. 따라서 근육이 붙어 있던 곳을 계산해 공룡이 어떻게 움직였으며 전반적인 몸의 형태는 어떠했는지는 쉽게 알 수 있는 것이다. 현생 파충류나 조류처럼 공룡도 안면근육이 적게 발달되어 있어 별다른 표정은 없었을 것이다. 박물관에 복원된 공룡의 머리 크기는 실제 머리뼈 골격 크기와 거의 같은데, 충진물을 넣지 않고 그대로 머리뼈에 피부를 입혔기 때문이다.

그러나 뼈대를 근거로 이루어지는 가장 기본적인 해석도 불확실할 경우가 있다. 예를 들면 브라키오사우루스 같은 거대한 초식공룡의 다리는 방대한 양의 근육에 의해 움직였음에 틀림없지만 이들 근육은 화석으로 남지 않는다. 알베르토사우루스는 두꺼운 목근육이 있었을까? 아니면 목 위에 겉으로 솟아난 두꺼운 비늘피부가 있었을까? 아무도 이러한 질문에 확실하게 대답할 수 없다. 현생 동물과 비교 연구함으로써 때로는 어떤 실마리를 얻을 수 있지만 이러한 증거들을 100% 그대로 공룡에 적용할 수 없다는 데 어려움이 있다.

근본적으로 공룡이 발달시킨 근육의 양과 상대적인 비율을 어떻게 해석하느냐에 따라 이들이 어떻게 움직이며 살았는가에 대한 해석이 달라지기 때문이다. 예를 들어 초창기의 복원도를 보면 티라노사우루스는 느림뱅이 냉혈동물로 해석되어 아주 둔하고 어설픈 근육을 가진 공룡으로 그려져 있다. 그러나 티라노사우루스를 매우 활동적인 사냥꾼으로 보는 최근 시각은 이 공룡을 거대한 근육이 발달한 강한 동물로 묘사한다. 새로운 증거에 기초한 더 정확한 해석으로 우리는 공룡의 실체에 조금씩 다가갈 수 있는 것이다.

공룡은 손쉽게 육식공룡과 초식공룡으로 나뉜다. 음식을 섭취하는 데 사용되는 도구는 물론 턱과 이빨이며 이것을 통해 그들이 무엇을 먹었는지를 정확하게 구별할 수 있기 때문이다.

위/티라노사우루스의 입은 먹이를 단번에 박살낼 수 있는 강력한 이빨과 턱근육으로 무장되어 있다.

아래/1940년 예일대에서 출판된 『공룡시대』의 티라노사우루스. 매우 둔하고 느릿느릿한 인상을 주도록 복원되어 있다.

1. 초식공룡의 생태

초식공룡의 먹이

초식공룡들의 생존은 얼마나 효과적으로 식물을 섭취하느냐에 달려 있다. 초식동물이 먹이를 습득하는 것은 어렵지 않으나 씹고 소화하기는 매우 어렵다. 이는 식물이 주로 분해되기 어려운 화합물, 셀룰로오스로 구성되어 있기 때문이다. 초식동물들은 식물에서 충분한 영양분을 얻기 위해 복잡한 소화기관이 필요하다. 특히 거대한 몸집을 가진 용각류에게 소화시스템은 매우 중요하다. 그런데 긴 목을 이용해 높은 곳의 나뭇잎을 따먹은 용각류는 씹지도 못하는 이빨을 가지고 어떻게 그토록 많은 양의 음식을 소화할 수 있었을까? 해답은 용각류의 뼈와 종종 함께 산출되는 잘 마모된 돌멩이에 있다.

'위석'(胃石, gastroliths)이라 하는 이러한 자갈들은 위 속에서 음식물 소화를 돕는 과정에서 마모되어 매우 매끄럽다. 이 돌들은 새의 모래주머니처럼 용각류의 모래주머니에서 나온 것이며 소화작용에 아주 필요한 부분이다. 음식은 먼저 위 속을 통과해 모래주머니로 들어가 근육작용에 의해 마치 맷돌에 갈린 것처럼 된다. 모래주머니는

세이스모사우루스의 갈비뼈 부근에서 산출된 위석들. 보통 호두만 한 크기지만 가장 큰 것은 커다란 배만 하다. 발굴책임자 질레트(Dave Gillette)는 세이스모사우루스가 이 돌을 삼키다가 목에 걸려 죽은 것일지도 모른다고 주장한다.

모든 종류의 질긴 음식물을 소화하는 매우 유용한 기관이다. 오리는 모래주머니로 조개껍데기를 깰 수도 있으며 열대과일비둘기의 모래주머니는 단단한 호두와 씨를 부술 수도 있다. 바로 이것이 거대한 용각류가 매일 1톤이나 되는 엄청난 양의 먹이를 씹지도 않고 소화한 방법이다.

공룡의 모래주머니는 새의 모래주머니와 구조가 비슷했을 것이다. 새들은 위석이 너무 매끄럽게 되어 효과적으로 작용하지 못할 때 그것을 토해내고 다시 새로운 돌들로 교체한다. 새들은 천천히 마모되는 석영 같은 매우 단단한 암석을 선호하여 좋은 것을 찾기 위해 먼 거리를 이동하기도 한다. 공룡도 새처럼 위석을 고르는 데 매우 신중했을 것이다. 아프리카 짐바브웨에서 발견된 마스스폰딜루스(Massospondylus) 뼈와 함께 나온 위석은 최소한 20km나 떨어진 지역에서 온 것이다. 커다란 용각류는 확실히 많은 양의 위석을 필요로 했으며 실제 세이스모사우루스(Seismosaurus)의 갈비뼈 사이에서는 64개의 마모된 돌멩이가 발견되기도 했다.

모래주머니가 없는 공룡들은

용각류의 소화기관.
두꺼운 근육질의 위벽은 위석과 함께 소화하기 힘든 식물을 분쇄해 필수영양소를 흡수한다. 위를 통과한 음식물은 미생물의 작용으로 내장을 빠져나오기 전에 가능한 모든 영양소가 흡수된다.

에드몬토사우루스의 오른쪽 턱 안쪽에서 본 치판. 한쪽 턱뼈에는 보통 300개 정도의 이빨이 치판을 형성한다.

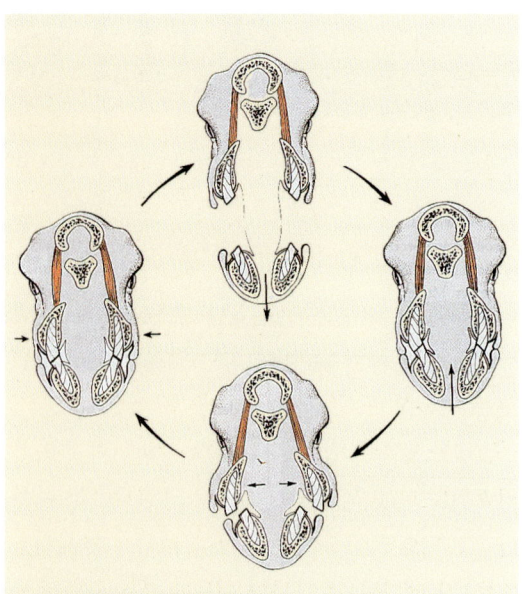

오리주둥이공룡의 턱 단면도

음식을 씹을 때 에드몬토사우루스의 위턱은 눈 아래 근육의 경첩작용에 의해 약간 바깥쪽으로 움직인다. 아래턱이 닫히는 힘에 의해 위턱을 바깥쪽으로 밀어내어 위치열과 아래치열이 맞물리며 동시에 음식을 자르고 부순다. 사용중인 이빨 아래에서는 계속 새로운 이빨이 솟아나 언제나 다시 채워진다. 또한 이빨의 한쪽 면은 마모에 강한 에나멜질로 싸여 있는 반면, 가운데는 마모에 덜 강한 치질(齒質, dentine)로 되어 있어 차별 마모가 일어난다. 따라서 강판 같은 표면이 발달해 질긴 식물조직을 쉽게 자를 수 있었다(반면에 포유류의 이빨은 에나멜질이 겉표면을 완전히 싸고 있다).

현생 포유류처럼 풀을 뜯어 효과적으로 씹을 수 있는 튼튼한 이빨과 턱이 필요했다. 이러한 공룡들은 갈고 씹는 이빨을 가지는데 특히 오리주둥이공룡에서 잘 관찰된다. 후기 백악기의 오리주둥이공룡 에드몬토사우루스(*Edmontosaurus*)는 넓고 납작한 부리를 가지고 있어 식물을 자르거나 잡아뜯을 수 있었다. 입안으로 들어온 먹이는 약 1,000개가 넘는 이빨로 이루어진 '치판'(齒板)에 의해 잘게 부서진다. 윗이빨들은 아랫이빨의 바깥쪽을 향해 나란히 정렬되어 질서정연하게 위아래가 마주치면서 음식을 갈았다.

이러한 독특한 이빨 구조와 함께 에드몬토사우루스는 뺨을 가지고 있었다. 이것은 별것 아닌 것 같지만 현생 파충류는 뺨이 없다는 점에서 독특한 특징이다. 뺨이 없다는 것은 상대적으로 비효율적인 음식 섭취를 의미한다. 거북은 풀잎을 씹어먹을 때 최소한 반쯤은 입 옆으로 흘린다. 에드몬토사우루스는 뺨이 있어 먹이를 씹을 때 먹이가 입속에 모여 있도록 할 수 있는 것이다. 아주 보존이 잘되어 화석화된 위 속의 내용물을 분석해보면 오리주둥이공룡은 다른 초식공룡들이 쉽게 다룰 수 없었던 나무껍질, 소나무 가지, 그리고 가장 삼키기 어려운 침엽수의 뾰족한 잎까지 먹었다는 것을 알 수 있다. 높은 가지의 잎을 주로 먹은 브라키오사우루스처럼, 에드몬토사우루스 같은 공룡들은 다른 공

초식공룡 에유오플로케팔루스가 납작 엎드린 채 공격을 피하면서 30kg이나 되는 꼬리곤봉을 휘둘러 티라노사우루스의 다리에 일격을 가하려 한다.

알로사우루스의 공격을 받는 드리오
사우루스. 특별한 무기가 없는 작은
초식공룡은 도망이 최선의 방어였다.

룡으로부터 도전받지 않는 자신들만이 특별한 먹이를 가졌던 것이다.

공격과 방어

아침에 깨어났을 때 주위에는 언제나 그렇듯 나무들이 서 있으므로 초식공룡은 그냥 잎을 뜯어먹으면 된다. 초식공룡에게 생활이란 실제 잠자고 짝짓기하고 다음 먹이가 있는 숲으로 이동하는 때를 제외하곤 계속해서 먹는 과정의 연속이다. 따라서 초식공룡의 무기는 자신을 방어하고 먹이와 서식지, 그리고 번식을 위해 서로 경쟁하는 데 사용된다. 이들은 자신을 방어하기 위해 변장하여 몸을 숨기거나, 떼지어 살아가는 등 많은 방법을 사용한다. 이빨과 발톱, 뿔 등을 이용한 적극적인 방어에서부터 딱딱한 피부로 무장한 수동적인 방어까지 방어전략은 다양하다.

적극적인 방어와 수동적인 방어를 동시에 겸비한 아주 독특한 공룡이 갑옷공룡 에유오플로케팔루스(Euoplocephalus)이다. 에유오플로케팔루스

는 네 발로 걷는 초식공룡으로서 북미지역의 낮게 자라는 식물들을 이빨 없는 주둥이로 뜯어먹고 살았다. 이들의 몸은 피부화된 골편들로 덮여 있어 마치 갑옷을 입은 듯하다. 골편은 목과 어깨를 둘러싼 커다란 판과 꼬리까지 뻗어 있는 수천 개의 자갈 크기의 돌기 구조로 되어 있다. 머리는 더욱 중무장되어 뼈를 강화하기 위해 덧붙은 골판들이 머리 위를 덮고 눈의 위아래에는 삼각뿔 형태의 돌기가 솟아 있다. 완전히 내리감을 수 있는 눈꺼풀도 뼈로 되어 육식공룡의 날카로운 이빨과 발톱으로부터 눈을 보호한다. 따라서 에유오플로케팔루스는 적이 공격할 때 단지 부드러운 배를 땅에 깔고 웅크리기만 하면 겉의 모든 부분이 마치 갑옷덮개처럼 몸을 보호한다. 이러한 상태에서는 아무리 큰 육식공룡의 이빨이나 발톱 공격노 별 효과가 없다. 단 하나의 공격법은 에유오플로케팔루스를 뒤집는 것인데, 앞발을 어깨 아래에 집어넣은 채 납작 엎드린 2톤짜리 바위 같은 몸체를 뒤집기란 분명 쉬운 일이 아니다. 완전히 자란 에유오플로케팔

루스는 5m로 소형 버스만 한 크기인데, 두 개의 뼈가 붙어 하나의 커다란 곤봉처럼 생긴 꼬리끝은 무게가 무려 30kg이나 되었다. 이 꼬리곤봉을 좌우로 흔들어 일격을 가하면 심지어 티라노사우루스의 다리뼈도 단번에 박살날 정도였다. 일단 다리가 부러진 육식공룡은 결코 다시 일어설 수 없었으며 결국 다른 육식동물의 먹이로 일생을 마감할 수밖에 없었을 것이다. 에유오플로케팔루스는 갑옷으로 수동적인 방어를 하면서도, 필요할 때는 다루

기 힘든 사냥감일 뿐만 아니라 매우 위험한 적으로 변할 수 있다는 것을 보여주고 있다.

브라키오사우루스 같은 큰 용각류에게 거대한 몸집은 충분한 방어수단이다. 모든 용각류는 한 쌍의 엄지발톱이 있다. 디플로도쿠스는 공격을 받을 때 꼬리와 뒷발로 지탱하면서 앞발을 들어 엄지발톱을 휘둘렀다. 꼬리 자체도 하나의 무서운 무기로서 채찍 같은 꼬리를 휘두르는 것은 13m의 전선줄로 도리깨질을 하는 것에 비유할 수 있다. 드리오

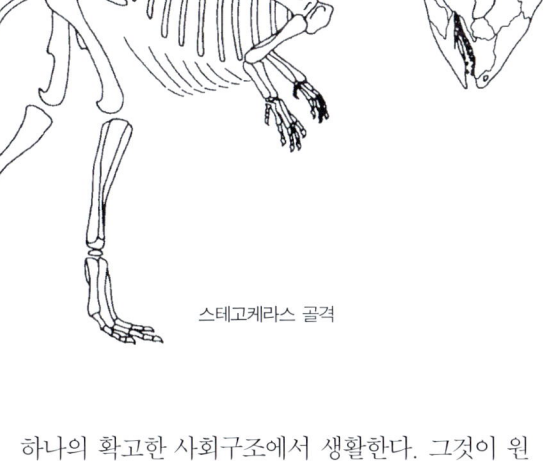

스테고케라스 골격

사우루스(*Dryosaurus*) 같은 작은 초식공룡은 도망치는 것이 가장 좋은 방어이다. 재빠르게 위험을 알아차리고 도망가기 위해서는 좋은 청력과 시력이 필수적이다.

에유오플로케팔루스의 갑옷피부, 디플로도쿠스의 발톱과 꼬리, 그리고 드리오사우루스의 빠른 걸음은 공룡세계의 매우 발달된 방어전략을 대변한다. 보통 초식동물들은 싸우기보다는 도망가는 방법을 먼저 택한다. 많은 종류의 공룡들은 공격당하기 쉬운 목이나 돌출 부분을 뼈장식이나 이빨이 잘 들어가지 않는 골판 등으로 보호하고 어떤 것들은 날카로운 창 같은 뿔을 갖고 있다. 오늘날의 동물처럼, 공룡에게 방어는 포식자로부터 완선하게 사기를 보호할 수 있다는 치원이 아니라 자기는 주위의 다른 먹이보다 더 잡아먹기 어렵다는 것을 과시하는 차원이다. 한걸음 더 나아가 공격적이고 수동적인 방어전략의 균형을 이루는 것이 궁극적으로 모든 공룡들이 발달시키려 했던 방법이다.

초식공룡의 경생

방어를 위해 떼지어 살던 공룡들은 분명히 서로 경쟁했을 것이다. 군집생활을 하는 많은 동물들은 하나의 확고한 사회구조에서 생활한다. 그것이 원숭이든 곤충이든 그 집단이 생존하기 위해서는 각자의 역할을 고정시키는 분명한 메커니즘이 있다. 동물에게 이러한 메커니즘은 유전적으로 프로그램화되지만, 어떤 경우 사회계층은 그룹 안의 개체간 경쟁에 의해 결정된다. 가장 강한 코끼리가 무리를 이끌며, 가장 화려하게 보이는 공작새가 교미할 기회를 가진다. 그러한 경쟁은 실제 싸움으로 비화하더라도 죽음이나 중상을 입을 정도로 발전하는 경우는 드물다. 결국 목적은 그룹 내의 서열을 정하는 것이지 그룹의 전체적인 힘을 감소시키는 것이 아니다.

무리를 짓는 수많은 공룡들은 머리에 골즐(骨櫛, crest)이나 프릴(frill, 주름장식)을 갖는데 그것으로 집단의 서열을 암시하는 것이다. '두꺼운 머리 도마뱀'이라는 뜻의 파키케팔로사우루스(*Pachycephalosaurus*)는 경쟁의 방법이 매우 특이하다.

파키케팔로사우루스는 두 발로 걷는 초식공룡으로 후기 백악기에 북미에서 살았다. 처음 볼 때 이 공룡은 잠으로 똑똑한 공룡 같다. 커다란 머리 속에 큰 뇌가 있을 듯하기 때문이다. 그러니 크게 솟아난 머리는 테니스공만 한 뇌를 보호하기 위해 감싸고 있는 25cm 두께의 두개골이다. 왜 이토록 두꺼운 머리뼈가 필요했을까? 이는 산양처럼 무리

스테고케라스의 박치기 경쟁. 이들은 더 많은 암컷을 차지하기 위해 박치기로 서열을 가렸을 것이다.

안의 서열을 정하는 박치기시합을 할 때 뇌의 충격을 완화하기 위한 구조이다. 이러한 생활양식에 대한 증거는 주로 머리뼈의 구조와 신경배돌기 특징에 있다. 머리뼈와 목뼈가 만나는 부분은 약간 중심에서 떨어져 있어 걷거나 뛸 때 머리를 숙일 수 있도록 되어 있다. 강한 힘줄이 머리에서 목뼈로 이어져 충격을 흡수해 신경배돌기로 전달한다. 신경배돌기는 뼈대로 강화되어 있으며 각 척추는 압력에 의한 뒤틀림을 방지하도록 특별히 홈이 파여 있어 서로 단단하게 연결된다. 아마 뇌를 둘러싼 공기주머니가 박치기할 때의 충격을 완화해 뇌를 보호해주었을 것이다. 이 모든 것은 버스만 한 크기의 두 마리 수컷 파키케팔로사우루스가 실로 무서운 속도로 돌진해 박치기하더라도 치명적인 상처를 입지 않도록 해주는 것이다.

군집생활

생물학자들은 사자, 고릴라 혹은 새를 몇 년간 관찰하며 그들이 어떻게 생활하는가 조사한다. 오직 세밀한 야외조사를 통해서만 복잡한 가계의 구조, 그룹생활과 생존의 법칙들에 관해 자세히 알 수 있다. 그러나 이미 멸종한 동물의 생태를 연구할 때는 야외에서의 화석뼈 관찰만으로는 많은 것을 얻을 수 없다. 공룡의 사회생활을 이해하기 위

해서는 더욱 광범위한 자료가 요구된다. 사회생활은 현미경으로 뼈와 이빨을 관찰하는 것만큼이나 공룡을 이해하는 데 중요하다. 공룡은 무리를 짓고 가족을 거느리며, 매우 드물지만 짝을 지어 생활하는 사회적 동물이다. 분명 이들은 서식지를 공유하기 때문에 현생 동물처럼 먹고 먹히면서 공간과 먹이를 위해 경쟁해야 한다.

오리주둥이공룡과 뿔공룡이 큰 집단을 이루며 살았다는 것을 증명해주는 대규모의 화석이 북미지역에 있다. 캐나다의 알버타주는 그야말로 공룡들의 공동묘지로서, 새끼부터 성체까지 최소한 300개체의 모든 크기의 센트로사우루스(*Centrosaurus*) 화석이 산출된 곳이다. 뼈를 둘러싼 암석의 성분은 이 지역이 과거 깊은 강이었음을 말해주는데, 센트로사우루스 무리는 이 강을 건너려다 물살에 휩쓸려 죽은 것으로 추정된다. 더 극적인 예는 미국 몬태나주의 공룡알산(Egg Mountains) 지역으로, 최소한 만 마리의 마이아사우라(*Maiasaura*)가 화산가스에 질식한 후 화산재에 묻혀 있다. 수많은 뼈들이 거의 2km에 걸쳐 나타난다. 이러한 대규모의 공룡집단을 관찰함으로써 무리를 이루는 공룡의 생태와 구성조직에 대한 더 확실한 증거를 발견할 수 있다.

오리주둥이공룡들은 여러 가지 형태의 다양한

다양한 오리주둥이공룡의 골즐. 위에서부터 파라사우롤로푸스, 람베오사우루스, 사우롤로푸스, 크리토사우루스.

무수한 발자국들은 뿔공룡이나 오리주둥이공룡들이 무리 지어 살았으며 떼로 이동한다는 확고한 증거를 제공한다. 센트로사우루스의 무리가 원형으로 방어태세를 취하고 육식공룡의 공격으로부터 새끼들을 보호하고 있다.

머리장식(골즐)을 갖고 있다. 이와 같은 다양한 머리장식은 같은 종의 공룡들이 서로를 인식하는 데 매우 현실적인 수단이다. 군집생활을 하는 동물에게 이런 상호인식 수단은 빠르게 이동하는 중에 무리로부터 떨어졌을 때 자기 무리를 찾는 데 매우

중요하다. 파라사우롤로푸스(*Parasaurolophus*)는 머리 뒤까지 뻗은 긴 관처럼 생긴 머리장식으로 관악기 오보에와 비슷한 소리를 냈다. 그러한 소리와 진동은 파라사우롤로푸스 무리가 서로 의사전달을 하거나 짝짓기를 할 때 이곳저곳에서 울려퍼졌을 것이다. 또한 적이 나타났을 때 무리에게 경고음을 보내는 데 아주 이상적으로 사용되었으리라 추정된다. 저음은 두 가지 중요한 장점이 있다. 첫째는 낮은 주파수의 음은 멀리 전달되고, 둘째는 그 음의 진원지를 찾기가 매우 어렵다는 것이다. 특히 후자는 육식공룡이 접근할 때 경고음을 보내는 자신의 위치를 노출시키지 않게 하는 매우 유리한 장점이다.

자신의 방어뿐만 아니라 동물들이 무리를 이루는 주요한 목적은 새끼를 낳고 기르는 적합한 환경을 조성하는 데 있다. 최근까지 공룡의 가족생활에 대한 증거는 1920년대에 몽골 고비사막에서 발견된 알과 둥지가 전부였다. 고비사막의 둥지와 알들은 1993년 똑같은 종류의 둥지에 웅크리고 앉아 있는 오비랍토르(*Oviraptor*)가 두 번이나 발견될 때까지 프로토케라톱스(*Protoceratops*)의 것으로 믿어졌다. 암컷 오비랍토르가 앉아 있던 둥지에는 20개의 타원형 알들이 몇 개의 층을 이루며 동심원상으로 배열되어 있다. 이런 식으로 배열하기 위

위/추운 후기 백악기의 아침에 파라사우롤로푸스가 침엽수 사이를 걷고 있다. 골즐을 통해 빠져나온 습기 찬 공기가 숨을 내쉴 때 밖으로 나와 길고 낮은 관악기 소리를 낸다.

가운데/1993년 뉴욕자연사박물관팀이 고비사막에서 발굴한 오비랍토르의 화석. 둥지에서 알을 품고 있는 자세로 발견되었다.

아래/고비사막에서 발견된 오비랍토르 둥지의 복원도. 오비랍토르가 뒷발과 앞발을 둥지 안으로 접어 넣은 채 알을 품고 있다. 현생의 어떠한 파충류도 이러한 자세로 알을 품지 않는다.

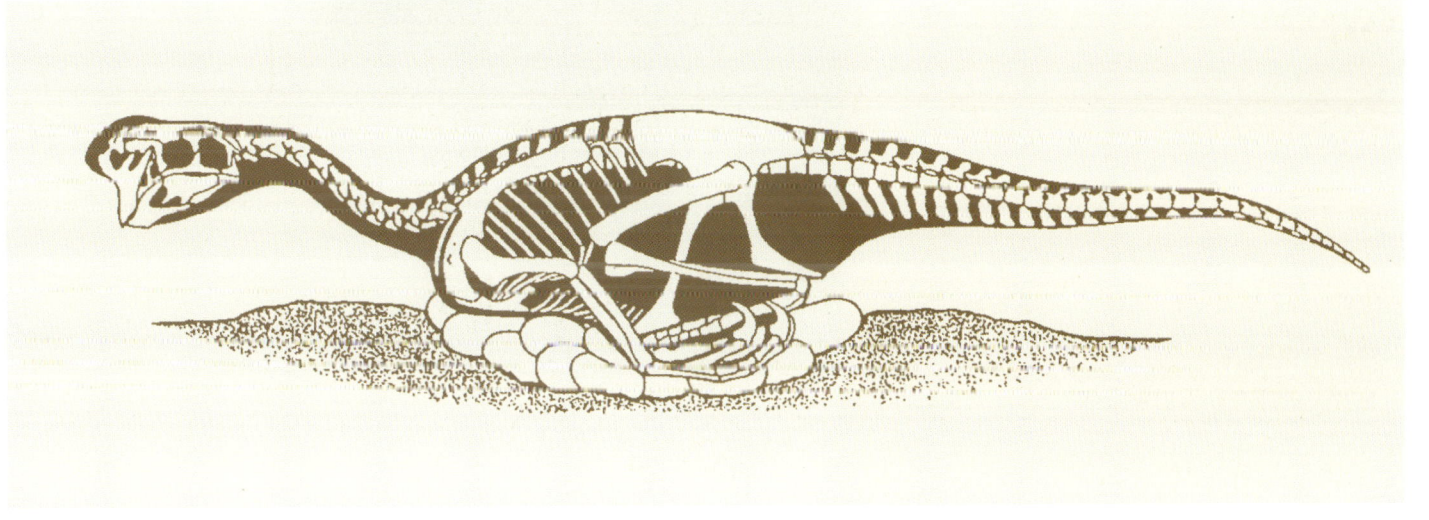

해 어미는 먼저 1m 정도 둥그렇게 구멍을 판 후 웅크리고 앉아 돌면서 하나씩 알을 낳았을 것이다. 공룡알들은 큰 끝부분이 위쪽을 향해 똑바로 세워져 있어 부화되었을 때 새끼들이 빠져나가기 쉽도록 되어 있다.

육식공룡 오비랍토르는 크기가 2m 정도였지만 가장 큰 공룡들도 상대적으로 아주 작은 알을 낳았을 것이다. 알껍질은 얇아야만 산소가 껍질의 미세한 구멍을 통과해 태아가 호흡을 할 수 있으며 또한 부화 때 깨고 나오기가 용이하다. 알을 부화시키기 위해 커다란 공룡들도 오비랍토르처럼 깨지기 쉬운 알에 앉아 알을 품었다는 것은 불합리하다. 대신 알들을 따뜻하게 하기 위하여 모래로 덮거나 충분히 온도가 높은 곳에서는 직접 햇빛을 받도록 했을 수도 있다. 그러나 오비랍토르는 분명히 둥지 위에 앉아 알을 품을 정도로 작았으며 설령 알을 품지 않았다 하더라도 알을 보호하려 한 것만은 분명하다.

공룡의 생태에 관한 놀랍고도 구체적인 증거가 1979년 미국 몬태나주의 공룡알 둥지에서 드러났다. 호너(John Horner) 박사는 17년간의 연구 끝에 두 종류의 공룡이 새끼를 낳고 기른 둥지의 생활상을 거의 완벽히 그려낼 수 있게 되었다. 화석이 발견된 장소는 과거 얕은 호숫가에서 떨어진 작은 섬이었다. 나무들이 호숫가를 따라 자라고 조그만 나무들이 섬을 덮고 있었다. 발견된 오로드로메우스(*Orodromeus*)라는 작은 초식공룡 둥지에는 12∼24개의 알들이 나선형으로 배열되어 있었다. 둥지에서 발견된 식물 잔해를 통해 오로드로메우스가 알을 덮은 식물들이 썩음으로써 인큐베이터 같은 역할을 하는 부화기술을 사용했음을 알 수 있다. 알을 따스하게 하기 위해 둥지 위에 나무들과 모래를 섞어 덮어 퇴비작용을 하게 한 것이다. 오늘날의 덤불새가 이처럼 나무를 더하고 뺌으로써 둥지의 온도를 일정하게 한다. 오로드로메우스 둥지의 중요한 특징은 부화하면서 새끼가 빠져나간

위／오로드로메우스의 둥지

윗부분을 제외하고 알껍질이 원형으로 보존되었다
는 것이다. 이것은 새끼가 알에서 부화하자마자 병
아리처럼 어미의 보살핌 아래 곧바로 둥지를 걸어
나갔다는 것을 강하게 암시한다. 알 속에서 화석으
로 발견된 오로드로메우스의 새끼는 완전하게 다
리뼈와 관절이 형성되어 자신의 무게를 쉽게 지탱
할 수 있었다.

　오로드로메우스의 둥지를 자세히 살펴보면 공룡
들의 생생한 생활상을 간파할 수 있다. 둥지가 모
여 있는 지역에는 많은 포식자와 시체를 처리하는
청소부들이 있기 마련인데, 오로드로메우스 둥지
에서도 바라니드(varanid) 도마뱀의 뼈들이 화석
으로 발견된다. 현생 바라니드 도마뱀은 악어와 덤
불새의 둥지에서 먹이를 구하는 습성을 가졌다. 이
들의 공룡시대 조상이 오로드로메우스 둥지를 습
격했을 것이다. 함께 발견된 조그만 포유류의 뼈들
도 포유류가 공격하기 쉬운 새끼나 알들을 먹었다
는 것을 암시한다. 또 많은 양의 곤충과 번데기 화
석들이 발견된다. 현생 풍뎅이와 여러 곤충들은 둥
지를 좋아하는데, 그 이유는 깨진 알이나 죽은 새
끼가 곤충들에게 풍부하고 얻기 쉬운 먹이이기 때
문이다. 그러므로 공룡시대의 풍뎅이도 똑같은 방
법으로 살아가는 청소부였을 것이다. 실제 한 개의
알은 겉은 멀쩡하나 내부가 곤충에게 먹힌 채 발견
되었다. 둥지에는 트로오돈(*Troodon*)의 이빨과

오른쪽 / 마이아사우라 무리는 알을 낳기 위해 매년 같은 둥지를 찾
아왔다. 각 둥지에 최고 25개의 알을 낳았으며 부화된 새끼들은 어
미의 보살핌을 받았다. 마이아사우라의 생태는 공룡을 사회적인 동
물로 인식시키는 계기를 제공했다.

훨씬 더 큰 알베르토사우루스의 이빨도 발견되었는데 이들은 모두 손쉬운 사냥터에 주로 나타나는 육식공룡이었다.

또다른 둥지는 초식공룡인 마이아사우라(*Maiasaura*)의 것인데, 10km²의 면적에 40개의 둥지가 발견되었다. 마이아사우라는 '좋은 어미도마뱀'이란 뜻이며 약 8m 길이의 오리주둥이공룡이다. 이 공룡은 건조한 고지대에 집단으로 둥지를 만들었는데, 아마도 홍수의 위험에 대비하고 주위를 잘 관찰할 수 있는 지역을 택한 듯하다. 이러한 습성은 적으로부터 자신을 보호하기 위해 군집생활을 하는 제비갈매기와 유사하다. 마이아사우라는 번식기가 되면 똑같은 둥지로 돌아와 둥지를 수선해 다시 사용했던 것 같다. 진흙과 돌을 둥그렇게 쌓아올리고 그 안에 나뭇잎을 깐 직경 2m가량의 둥지였다. 각각의 둥지는 한 마리의 공룡 길이만큼씩 떨어져 있어 어미가 옆 둥지에 피해를 주지 않고 왔다갔다할 수 있게 되어 있다. 둥지 속에는 25개의 알이 서로 닿지 않게 동심원을 이루며 놓여 있었다.

마이아사우라도 오로드로메우스처럼 둥지 위에 퇴비를 덮는 방법으로 알을 부화시켰다. 두 공룡의 가장 큰 차이점은 마이아사우라 새끼는 세상으로 나가기 전 서너 주일간 둥지에 머물며 어미로부터 먹이를 공급받는다는 것이다. 이러한 사실은 둥지 안에서 밟혀 깨어진 수많은 알조각을 통해 알 수 있는데 그 안에는 어미로부터 공급받은 과실과 어린잎들로 보이는 잔해들이 존재한다. 갓 태어난 마이아사우라는 약 30cm 크기였다. 이들의 다리뼈와 관절은 완전히 성숙되지 않았고 이들이 둥지를 떠날 때는 약 1.5m 크기로 자란 후였다. 가만히 앉아 어미가 갖다주는 먹이를 받아먹음으로써 매우 효과적으로 영양분을 공급받았기 때문에 성장속도는 매우 빨랐던 것으로 추정된다. 1년 정도 지나면 마이아사우라는 2.5m 크기로 자라고 어미와 함께 낮은 지대의 목초지로 이동해갈 수 있을 정도가 된

다. 얼마나 오랫동안 새끼들이 어미와 함께 가족을 이루었는지는 명확하지 않다. 컴퓨터를 이용한 마이아사우라의 성장속도에 대한 연구에 따르면 10~12년이 지나면 새끼를 낳을 수 있었다고 판단된다. 단지 크기에서 가장 가까운 현생 동물인 아기 코끼리는 15살이 될 때까지 어미와 함께 살며 그 후 완전히 성장한 독립개체로 살게 된다.

오로드로메우스와 마이아사우라의 둥지생활은 지금까지 알려진 것 중 공룡의 사회발달에 관하여 가장 명확한 내용을 제공한다. 이들은 오늘날 새에게서 볼 수 있는 두 종류의 둥지생활을 정확하게 복사해놓은 것 같다. 알에서 부화하자마자 둥지를 떠나는 조숙한 새끼 형태와 둥지에 남아 힘없이 어미의 도움을 받는 미숙한 새끼 형태가 그것이다. 마이아사우라의 경우 큰 둥지사회가 존재했던 것으로 보아 더 복잡한 사회발달 구조가 있었던 것으로 추정된다. 즉, 이러한 공룡들은 제비나 비둘기처럼 매년 똑같은 번식장소를 찾아오는 일종의 회귀성 본능을 가졌음에 틀림없다.

둥지를 만드는 것은 타고난 본능이지만 다른 공룡들과 함께 복잡한 집단둥지를 만드는 능력은 고도의 의사전달 기술이 있어야 가능하다. 일단 마이아사우라의 새끼가 둥지 밖을 돌아다닐 때가 되면 어미는 넓은 번식지역에서 수많은 다른 공룡의 새끼들로부터 자기 새끼를 인식하는 어떤 수단을 지녀야 한다. 냄새로 그러한 식별력을 가졌을까? 혹은 특별한 소리에 의해서? 혹은 구별되는 무늬나 색깔로? 이러한 질문에 대한 해답은 아직 없다. 그러나 이러한 집단둥지는 공룡들이 얼마나 진보된 사회생활을 했는지 분명히 보여준다.

2. 육식공룡의 생태

육식공룡의 먹이

육식동물은 먹이에서 에너지를 얻는 것이 훨씬

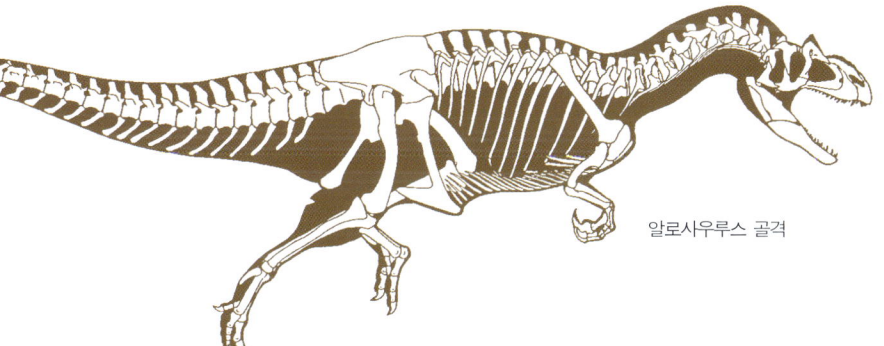

알로사우루스 골격

용이하다. 동물의 살과 지방질은 영양분이 풍부하고 소화액과 효소작용에 의해 빠르게 분해된다. 육식공룡의 문제는 먹이를 잡는 일이며 먹이가 부패하기 전에 빨리 먹어치우는 일이다. 육식동물에게 먹이는 매우 불규칙하게 공급되기 때문에 당장 잡은 먹이로 며칠을 견뎌야 할 때도 있다. 대부분의 큰 육식포유류는 사냥을 할 때 굉장한 양의 에너지

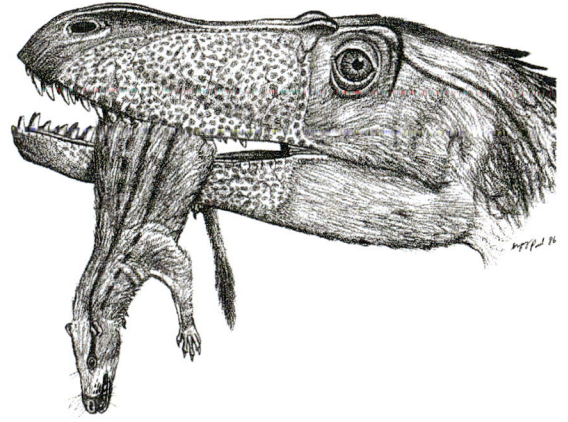

위/데이노니쿠스처럼 조그맣지만 민첩한 수각류는 재빠른 포유류를 사냥할 수 있었다.

아래/알도둑의 이미지를 표현한 오비랍토르의 복원도

를 소비하므로 많은 시간을 휴식으로 보낸다. 즉 한번 먹을 때 자기 몸무게의 25%나 되는 고기를 섭취하며 다시 배가 고파 사냥에 나설 때까지 쉬는 것이다. 수컷 사자의 경우 하루 24시간 중 20시간을 자는 데 소비한다. 큰 육식공룡도 확실히 이렇게 단순한 생활패턴을 가졌으리라 판단된다.

알로사우루스 같은 거대한 육식공룡은 디플로도쿠스나 아파토사우루스, 캄프토사우루스(*Camptosaurus*) 무리를 뒤쫓았다. 운이 좋으면 시체를 발견하거나 조그만 육식공룡들이 방금 사냥한 먹이를 빼앗을 수도 있었을 것이다. 손쉬운 먹이가 있는 경우 새로운 먹이를 사냥하기 위해 에너지를 낭비하는 육식동물은 거의 없다. 아마도 커다란 육식공룡들도 때로는 시체를 먹거나 다른 동물이 사냥한 먹이를 훔쳐먹었을 것이다.

실제 어떤 학자들은 티라노사우루스가 훌륭한 사냥꾼이 아니라 시체를 먹는 공룡이라고 믿는다. 오늘날 사냥을 하지 않고 순전히 시체를 먹고 사는 동물은 아프리카의 청소부 대머리독수리와 콘도르이다. 이들은 하늘에서 수십 킬로미터를 날아다니며 방금 죽거나 죽어가는 동물의 위치를 정확히 파악하는 능력이 있기 때문에 이러한 생활습성이 가능하다. 그러나 티라노사우루스는 명백히 그러한 능력이 없다. 그러므로 티라노사우루스가 동물의 시체만을 먹고 살았다면 이를 충족시킬 만한 엄청난 수의 죽은 공룡들이 있어야 한다. 이 문제는 또한 커다란 육식공룡에 대한 근본적인 문제와도 연관된다. 즉 그들의 이빨과 턱이 죽은 시체만을 먹기 위해 발달된 것인가 여부, 그리고 그들이 효과적인 사냥꾼으로 충분하게 빨리 뛸 수 있는 신체구조를 가지고 있는가 여부와 연관되어 있다. 이러한 문제들은 아직도 공룡학자들 사이에서 열띤 토론이 진행 중이다.

반면 알로사우루스는 의심할 수 없는 훌륭한 사냥꾼이었다. 단검같이 휘어진 60개의 이빨은 먹이를 죽이고 찢는 데 사용되었다. 이빨의 앞쪽과 뒤

쪽 날에는 스테이크용 칼처럼 가는 톱니가 있어 고기를 자르는 데 효과적이었다. 또한 두 턱이 만나는 곳은 경첩처럼 열려 큰 고깃덩이를 삼키기에 적합했다. 앞발은 길고 날카로운 발톱으로 무장되어 먹이를 잡아뜯는 데 사용되었다.

재빠른 콤프소그나투스(*Compsognathus*) 같은 작은 육식공룡은 닭보다 크지 않다. 따라서 이들 육식공룡은 주로 도마뱀이나 포유류, 그리고 커다란 곤충을 사냥했다. 떼로 모여 있는 곤충들은 중요한 영양공급원이다. 실제로 많은 현생 파충류의 새끼들은 다른 먹이를 잡을 정도로 충분히 자라기 전까지는 곤충을 잡아먹고 산다. 아마도 작은 육식공룡의 새끼들도 마찬가지였을 것이다. 벨로키랍토르(*Velociraptor*)나 드로마에오사우루스(*Dromaeosaurus*) 같은 육식공룡들은 가벼운 뼈와 긴 다리, 강력한 발톱과 바늘처럼 날카로운 이빨을 갖고 있어서 먹이를 능란하게 다룰 수 있는 날렵한 포식자였다.

오비랍토르의 위턱과 아래턱은 새의 부리처럼 각질로 싸여 있다. 이빨은 전혀 발달하지 않았지만 두 개의 이빨 같은 구조가 입천장에 삐죽이 나와 있다. 위로 휘어진 아래턱은 공룡알을 부숴 먹기 위해 사용되었을까? 오비랍토르는 맨 처음 프로토

콤프소그나투스의 화석을 관찰한 결과 갈비뼈 안에 매우 조그만 도마뱀의 뼈가 확인되었다. 이는 아마도 콤프소그나투스의 마지막 먹이였을 것이다.

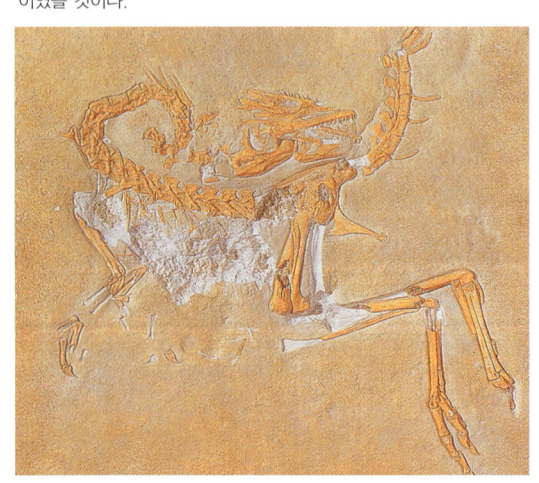

바리오닉스는 물고기를 주식으로 하는 악어의 입을 닮았으며 또한 커다란 두 번째 앞발톱은 물고기를 잡는 데 이용되었다. 실제 배 속에서 물고기의 잔해가 발견되었다.

케라톱스의 둥지에서 발견되었기에 '알도둑'이라는 이름이 붙여졌다. 그러나 현생 동물 중에도 뱀, 오소리, 새 등은 알을 훔쳐먹지만 알만 먹어 생존하는 동물은 없다. 만일 오비랍토르가 실제로 알만 먹고 살았다면 당시 일 년 내내 보호되지 않은 공룡알들이 수없이 많았어야 할 것이다.

때로 배 속에 남은 마지막 식사의 내용물이 화석과 함께 발견된다. 코엘로피시스(*Coelophysis*)는 서로를 잡아먹었다는 사실을 알 수 있는데 그 이유는 새끼의 뼈 몇 개가 큰 놈의 배 속에서 발견되었기 때문이다. 독일에서 산출된 콤프소그나투스의 배 속에서는 바바리사우루스(*Bavarisaurus*)라는 날렵한 도마뱀이 반쯤 소화된 채 발견되었다. 최근 영국에서 산출된 바리오닉스(*Baryonyx*)의 위 속에서는 커다란 민물고기 레피도트(*Lepidotes*)의 비늘과 이빨 들이 발견되어 물고기를 먹는 최초의 공

룡으로 판명되었다.

먹이를 구하고 소화하는 능력은 어떠한 동물이든 간에 생존과 직결되어 있으며 진화과정을 결정짓는 중요한 요소이다. 공룡은 땅위에서 절대적인 존재였으며, 어떤 경우에는 거대한 크기로 성장하였다. 이러한 사실만으로도 이들이 얼마나 훌륭하게 먹이를 구하고 모든 서식지를 섭렵했는지 알 수 있다.

육식공룡의 사냥

매우 드문 경우를 제외하고 큰 육식공룡은 여러 마리의 뼈가 한꺼번에 발견된 적이 없다. 이것은 많은 초식공룡들의 화석이 한꺼번에 발견되는 것과는 정반대의 현상이다. 따라서 최소한 큰 육식공룡은 혼자 생활했다고 추정할 수 있다. 혼자 살아간다는 것은 좋은 생존철학이다. 사냥터를 공유하여 다른 놈에 의해 자기 몫이 줄어들 염려가 없기 때문이다. 커다란 육식공룡은 사냥을 위해 다른 놈과 협동하면 얻는 것이 거의 없다. 이들은 대부분의 먹이보다 더 크기 때문에 다른 놈의 도움이 필요없는 것이다. 혼자 사냥하는 공룡에게 가장 좋은 사냥터는 매복이 용이한 숲속이거나 잡목들이 우거진 곳이다. 많은 수의 크고 작은 육식공룡 발자국들이 발견되는 곳은 과거 강가나 호숫가 지역이다. 이러한 지역은 물에 떠내려온 시체를 먹거나 물 마시러 온 초식동물을 공격할 수 있는 아주 좋은 사냥터였다. 티라노사우루스의 사냥기술은 사냥감을 압도하는 크기와 힘에 있다. 16cm가 넘는 이빨로 무장된 커다란 입으로 먹이를 물어 강력한 근육의 힘으로 먹이를 부수고 목을 휘저음으로써

티라노사우루스가 어스름한 강가에서 사우롤로푸스를 공격하고 있다.

사냥을 했다. 그러나 7톤이나 되는 몸무게 때문에 티라노사우루스는 아주 재빠른 속도를 낼 수 없었다. 처음 먹이를 덮쳤을 때 잡지 못하면 먼 거리를 쫓아갈 수 없었던 것이다.

혼자 사냥하며 살아가는 커다란 공룡이라 할지라도 짝짓기 시기가 되면 암수의 공룡이 서로 만났음에 틀림없다. 고비사막에서 육식공룡의 알들이 발견되긴 했지만 그들의 번식습성에 대한 증거는 거의 전무한 편이다. 이들은 떼지어 둥지를 틀었을까 혹은 따로 떨어져 새끼를 키웠을까? 단 하나의 실마리로 배 속에 자기 종족 새끼의 뼈가 발견된 코엘로피시스를 들 수 있다. 현생 동물 중 수컷 곰과 사자는 때로 다른 수컷의 새끼를 죽이려 하며 어떤 파충류는 스트레스를 많이 받을 경우 자기 새끼를 먹기도 한다. 자기 종족을 먹는 것이 육식공룡의 습성이었다면 이들은 혼자 둥지를 틀었을 것이다. 모성 본능이 강한 암컷은 교미 후 수컷을 쫓아버리거나 둥지로부터 수컷을 떨어지게 하였을 것이다. 알에서 깨어난 새끼들은 아마도 어미 주위에 머물거나 적에게 공격받기 쉬운 몇 달 동안 어미와 함께 생활하다가 자신의 영토를 찾아 독립하였을 것이다. 최근에 산출된 아주 흥미로운 화석은 두 마리의 다 자란 티라노사우루스가 두 마리의 새끼와 함께 있는 것이다. 이것은 큰 육식공룡이 가족단위로 생활했다는 것을 보여주는 첫 번째 증거로 생각된다.

이에 비해 조그만 육식공룡들은 떼로 몰려다니며 사냥했다. 협동하여 사냥하는 것은 정도의 차이는 있지만 현생 동물들에게서도 관찰된다. 병정개미는 대단한 전문성을 가지고 다른 벌레들의 둥지를 기습하여 황폐화시킨다. 비록 그것이 요구하는 상호행동의 단계는 매우 낮지만 이것은 확실한 협동행동이다. 더 단계가 높은 구조의 예는 함께 물고기를 잡는 펠리컨과 먹이를 둘러싸 덮치는 기술에서 매우 조직화된 팀워크를 가진 암사자들이다. 협동사냥의 장점은 명백하다. 혼자서 잡을 수 있는

데이노니쿠스 모델

것보다 더 큰 먹이를 더 많이 잡을 수 있다는 것이다. 어떤 사냥꾼 무리는 자기들의 몸무게를 모두 합한 만큼이나 무거운 먹이를 사냥할 수 있다. 단점은 먹이를 나눠야 한다는 것인데 이것이 크게 문제될 것은 없다. 이런 식으로 먹이를 처리함으로써 먹이가 남아 썩어 낭비하는 일도 없고, 또다른 약탈자에게 남은 먹이를 빼앗기지 않기 위해 지키는 데 드는 에너지도 절감된다.

처음 데이노니쿠스(*Deinonychus*)가 발견된 것은 1964년 미국 몬태나주였는데, 훨씬 큰 초식공룡인 테논토사우루스(*Tenontosaurus*) 주위에 서너 마리의 데이노니쿠스가 함께 묻혀 있었다. 이들은 무리를 지어 사냥했을까? 확실히 데이노니쿠스의 두뇌는 상대적으로 크기 때문에 아마도 떼지어

커다란 눈과 뇌를 가져 매우 영리하고 민첩한 공룡이었으리라고 추정되는 트로오돈

데이노니쿠스의 뼈와 근육 복원도

꼬리뼈를 따라 나란히 발달한 뼈막대기(bony rods)는 꼬리를 단단하게 지탱하는 버팀목 구실을 한다. 이러한 구조는 먹이를 쫓아 빠르게 달릴 때 평형추 역할을 해 기동성을 더해준다. 데이노니쿠스는 매끈한 목과 가볍게 구성된 머리뼈를 가지고 있기 때문에 재빠르게 먹이를 베어물 수 있는 이상적인 형태이다. 이빨들은 입 안쪽을 향하여 고기를 자르는 데 효과적이었지만 실제 사냥감을 죽이는 데는 주요한 역할을 하지 못했다. 신싸 무기는 앞빌과 뒷발 발톱의 치명적인 조화에 있다. 앞발은 긴 갈고리처럼 작용하여 작은 공룡이 움직이지 못하도록 잡는 역할을 하거나 더 큰 공룡에게 뛰어올라 찍어 매달릴 수 있게 한다.

사냥할 수 있는 능력, 즉 시각과 청각을 조절하는 뇌의 부분도 컸을 것으로 짐작된다. 따라서 데이노니쿠스는 테논토사우루스를 사냥하기 위해 떼로 공격했을 것이다. 그렇다면 얼마나 많은 데이노니쿠스가 사냥에 가담했을까? 그들의 사냥기술은 어떠했을까? 데이노니쿠스는 무시무시한 무기를 지니고 민첩성과 속도까지 겸비한 유선형의 포식자이다. 섰을 때의 높이는 약 2m이고 머리에서 꼬리까지의 길이는 3m 정도로 가볍고 긴 다리를 가져 전형적으로 빠르게 달릴 수 있는 공룡이다. 데이노니쿠스 뒷발의 두 번째 발톱은 초생달 모양의 커다란 낫처럼 생겼다. 뒷발로 한번 걷어차면 사냥감은 배가 갈라지고 치명적인 상처를 입게 된다. 발의 구조는 이 커다란 발톱이 좋은 상태를 유지하도록 되어 있다. 걷거나 뛸 때 두 번째 발톱은 들어올려져 땅에 닿지 않는다. 먹이를 공격할 때 그것은 180° 회전할 수 있어 정확하게 찍을 곳을 찾을 수 있다. 서너 마리의 데이노니쿠스가 도망가는 초식공룡의 꼬리를 잡아끌고 우두머리가 달려들어 뒷발의 날카로운 발톱으로 사냥감의 배를 찢는 장면을 상상해보라.

다른 종류의 예는 트로오돈(*Troodon*)으로서 큰 크기도 아니고 특별한 공격무기도 없지만 빠르게 달릴 수 있는 능력과 지능이 발달했다. 긴 다리를

가진 조그만 포식자 트로오돈은 커다란 뇌와 함께 앞쪽으로 커다란 눈을 가지고 있기 때문에 다른 공룡들이 사냥할 수 없는 어스름한 밤에 조그만 포유류를 사냥했다고 여겨진다.

3. 공룡의 피부

공룡의 뼈와 근육은 피부와 피부가 변형된 다양한 형태의 판과 뾰족한 돌기, 발톱과 뿔로 덮여 있다. 공룡의 피부는 악어나 도마뱀의 피부처럼 골편이라는 수천 개의 조그만 뼛조각으로 구성되어 있다. 피부가 완전히 골편으로 변한 갑옷공룡류는 커다란 골판들이 적의 공격으로부터 몸을 보호한다. 그런데 스테고사우루스류의 등에 난 커다란 다각형의 납작한 판들은 방어용이 아니라 체온을 조절하기 위한 구조이다. 수많은 모세혈관이 발달한 등판을 햇빛에 노출시켜 체온을 높이거나 그늘로 들어감으로써 등판을 덜 노출시켜 체온을 낮추는 것이다. 인간의 손톱과 같은 케라틴 성분의 공룡 발톱과 뿔의 안쪽은 홈이 파인 뼈에 단단하게 지탱되어 있다. 일반적으로 초식공룡의 발톱은 뭉툭하지만 육식공룡의 발톱은 끝이 뾰족하다.

공룡의 피부가 화석으로 잘 보존된 경우는 매우 드물지만 모래폭풍으로 갑자기 매몰되어 썩지 않고 미라화되었을 때 피부 조각이 말라 보존되는 경우가 있다. 이러한 귀중한 증거들은 공룡이 현생 파충류처럼 질긴 비늘 같은 피부를 가졌음을 보여준다. 색깔은 물론 화석으로는 보존되지 않는다. 그러나 공룡들도 다양한 피부색을 가졌음에 틀림없다. 왜냐하면 동물들은 위장을 하고 자기 무리를 확인하는 데서 피부색의 도움을 받기 때문이다. 매우 다양한 서식지에서 매우 다양한 공룡들이 살았기 때문에 이들도 공격과 방어 그리고 경쟁을 위해 색깔을 이용했음이 분명하다. 이구아노돈 같은 중간 크기의 조각류 공룡은 숲속에서 고사리류나 낮은 관목의 잎을 뜯으며 대부분의 시간을 보냈을 것

아래 왼쪽/스테고사우루스류의 특징은 골판과 창뼈이다. 이것들의 크기와 위치는 종류마다 다르다. 피부는 조그만 골편들이 모자이크처럼 몸을 감싸고 있다.

아래 오른쪽/몽골 고비사막에서 발견된 갑옷공룡 사이카니아. 두꺼운 피부와 꼬리곤봉으로 무장된 안킬로사우루스류는 육식공룡들에게 가장 다루기 어려운 먹잇감이다.

머리에 깃털이 솟아나게
복원된 벨로키랍토르

실제 깃털을 가진 공룡이 있었느냐는 논란이 있었는데 최근 중국에서 깃털을 가진 공룡들이 발견됨에 따라 그 존재가 사실로 입증되었다(제1부 5장 참조). 그렇다면 왜 공룡에게 깃털이 있었을까? 새가 조그만 육식공룡으로부터 진화되어 나왔다는 것은 이제 정설로 받아들여진다. 이러한 공룡들이 하룻밤 사이에 깃털이 돋아 새로 진화한 것은 명백히 아니다. 조그만 육식공룡이 피부의 변형인 깃털을 발달시키기 위해서는 오랜 실험기간이 필요했다. 깃털은 처음에는 날기 위해서가 아니라 보온과 전시효과를 위해 사용되었다. 그러므로 공룡이 깃털을 가졌다고 주장하는 사람들은 공룡을 몸에 짧은 털이 뒤덮인, 목과 꼬리에 긴 깃털이 있는 동물로 묘사했다. 예를 들면 벨로키랍토르의 머리에는 인디언 추장의 모자 장식처럼 긴 깃털이 발달되어 있다. 이러한 생각이 점차 광범위하게 받아들여지는 현상은 새와 공룡의 관계가 얼마나 밀접한지를 잘 보여준다.

이다. 뱀의 무늬처럼 초록과 노랑이 섞인 피부색은 태양빛을 받아 반사되는 식물들 사이에서 낮은 몸을 위장하는 데 이상적이다. 위험을 감지했을 때 풍뎅이가 하듯이 숲의 일부처럼 얼어붙은 듯 꼼짝 않고 있으면 적에게 들키지 않았을 수도 있다.

피부색은 또한 공룡들의 경쟁 습성에 중요한 역할을 담당했다. 오늘날 작은 새와 파충류의 수컷은 짝짓기 계절에 밝은색을 띤다. 색깔을 통해 수컷이 짝짓기 준비가 되어 있다는 것을 드러내며 서로 경쟁하는 수컷들 사이에서 암컷이 배우자를 선택하는 데 도움을 주는 것이다. 코리토사우루스(*Corythosaurus*)나 람베오사우루스(*Lambeosaurus*)처럼 골즐을 가진 오리주둥이공룡들은 짝짓기 철이 돌아오면 특별한 머리장식 색깔을 발달시켰을 것이다. 사

우롤로푸스(*Saurolophus*)와 에드몬토사우루스(*Edmontosaurus*)는 바다코끼리가 짝짓기 때 하듯이 육질의 코주머니를 부풀렸는데, 주머니 자체는 밝은색을 띠었을 것이다.

스티라코사우루스(*Styracosaurus*)의 머리 구조는 자기과시와 경쟁에 대해 암시한다. 둥그런 프릴은 실제 머리뼈보다 더 길며 바깥쪽은 긴 창으로 둘러싸여

오른쪽 / 사우롤로푸스는 부풀릴 수 있는 코주머니가 있어 발정기가 되면 현란한 색으로 쉽게 배우자 눈에 띄도록 했으리라 추정된다.

아래 / 이구아노돈이 주위 배경을 이용해 몸을 숨기고 있다.

뿔공룡의 다양한 프릴. 왼쪽부터
파키리노사우루스, 센트로사우루스, 카스모사우루스,
스티라코사우루스, 트리케라톱스.

있다. 그러나 프릴은 트리케라톱스(*Triceratops*)의 것처럼 두꺼운 뼈로 된 것이 아니다. 프릴에는 두 개의 큰 구멍이 나 있는데 이 구멍은 근육과 피부로 덮여 있다. 머리를 좌우로 흔들고 앞으로 끄떡이면서 펜타케라톱스(*Pentaceratops*)는 매우 인상적인 큰 머리를 과시해 적이나 경쟁관계에 있는 수컷을 겁먹게 할 수 있다. 두 마리의 펜타케라톱스가 사슴처럼 서로 얽혀 밀고 당기는 뿔싸움을 하는 것은 심한 상처 없이 서열을 가리기 위한 좋은 시합이다.

단지 뼈화석에 기초하여 현생 새와 파충류의 현란한 색깔들을 참고하며 공룡의 공격·방어·경쟁 습관 등을 이렇듯 여러 가지로 유추해보는 것은 매우 흥미로운 일이다. 그러나 이러한 유추는 유추 이상의 것은 아니다. 더 많은 발견을 통해 공룡의 생태에 대해 의심할 수 없는 확고한 증거를 찾아야 하며 또한 실험실 분석의 새로운 기술을 통해 우리의 지식을 증진시켜야 한다. 그러나 우리는 공룡의 모든 비밀을 찾아낼 수는 없을 것이다. 왜냐하면 그런 비밀들은 앞으로도 수억 년 동안 암석 속에 묻힌 채 영원히 발견되지 않을 수도 있기 때문이다. 그렇기 때문에 공룡은 언제나 신비로운 존재로서 우리의 상상력을 자극하는 것이다.

4. 공룡알

공룡이 알을 낳았다는 것은 사실일까? 그렇다면 거대한 공룡들은 얼마나 큰 알을 낳았을까? 공룡알은 다른 파충류의 알이나 새의 알과 어떻게 다를까? 공룡알은 공룡만큼이나 우리들의 호기심을 불러일으킨다.

처음 공룡알이 발견된 것은 1859년 프랑스에서였지만 당시 발견된 몇 개의 공룡알 껍질은 악어와 익룡의 알껍질로 잘못 해석되고 말았다. 그후 1923년에 미국자연사박물관의 앤드루즈(Roy Andrews) 관장이 몽골에서 처음으로 온전한 공룡

몽골 고비사막에서 처음 발견한 온전한 공룡알 둥지에서 알을 발굴하는 로이 앤드루즈

알 둥지를 발견한다. 따라서 공룡이 딱딱한 알을 낳는 파충류라는 것이 분명하게 밝혀지게 되었다. 그후 세계 여러 지역에서 아주 드물게 공룡알들이 발견되어오다가 1996년 중국 후뻬이(湖北) 지역의 청룡산(靑龍山)에 수많은 공룡알이 묻혀 있는 것이 확인되었다. 그러나 그때는 이미 밀수업자들이 이 지역 농부들에게서 많은 공룡알들을 입수하여 전세계 박물관과 개인 화석수집가에게 팔아넘긴 후였다. 농부들은 심지어 공룡알을 집 짓는 돌로 사용하기도 했으니 그 엄청난 수를 짐작할 수 있다. 현재 공룡알은 전세계 200여 곳에서 발견되는데, 그중 반 이상이 아시아 대륙에 있고 가장 풍부하게 공룡알이 산출되는 나라는 중국·몽골·아르헨티나·인도·미국 등이다. 이들 지역의 공룡알

막 알을 깨고 나오는 새끼 티타노사우루스

들 대부분은 백악기 지층에서 발견되는데 후기 중생대에 살았던 공룡들의 알이다. 우리나라도 예외는 아니어서 1972년 경남 하동에서 처음 공룡알이 발견된 후 최근 경기도 시화호와 전남 보성, 그리고 경남 고성에서 공룡알이 집단적으로 발견되었다(제3부 5장 참조).

이러한 공룡알들은 그 자체만으로도 귀중한 화석이지만 더 중요한 것은 그 안에 있는 태아화석이다. 태아화석을 조사함으로써 알을 낳은 공룡이 어떤 종류인지를 알 수 있기 때문이다. 그러나 모든 알들이 태아의 뼈를 가진 것은 아니다. 알들은 자주 어미나 형제, 또는 알을 노리는 육식공룡에 의해 깨지기 때문이다. 알이 썩기 전에 빠르게 묻혀 화석이 되어야만 태아의 뼈는 보존된다. 그러나 대부분의 알들은 이미 부화되었거나 속이 빈 것들이다. 발견되는 알 중에서 평균 1% 미만이 태아화석을 갖고 있다.*

따라서 대부분의 경우 공룡알의 임자를 알 수 없기 때문에 공룡알은 단순하게 알의 크기, 모양, 껍질의 두께, 껍질 표면의 장식, 숨구멍의 패턴 등에 따라 구분하며 좀더 자세하게 조사하기 위해서는

* 운좋게 태아를 가진 알을 발견했더라도 알 속에서 태아의 뼈를 추리는 일은 무척 어려운 작업이다. 알 속의 암석성분에 따라 처리방법이 달라지는데 보통은 조그만 드릴이나 치과용 도구로 아주 조금씩 뼈를 싸고 있는 암석을 제거하지만, 석회질 암석으로 된 경우는 약한 산성용액을 사용해 조금씩 녹여간다. 하루에 1/100mm씩 용해하기 때문에 이 일은 매우 오랜 시간이 걸린다. 영국의 한 화석처리가는 이러한 방법으로 중국에서 산출된 60개의 공룡알을 몇 날에 걸쳐 용해한 결과 세 종류의 태아화석을 찾아내기도 했다. 최근에는 CAT(computerized axial topography) 방식으로 알을 쪼개지 않고 태아의 유무와 형태를 확인하는 방법이 사용되고 있어 태아화석을 발견할 확률이 매우 높아졌다. 그럼에도 불구하고 현재까지 알려진 650속의 공룡 중 알과 둥지의 형태가 자세히 밝혀진 것은 10속 미만이다.

알껍질을 박편(薄片)으로 만들어 현미경으로 그 조직을 관찰한다. 둥지가 발견된 경우 둥지의 형태도 물론 분류 기준이 된다.

공룡은 얼마나 큰 알을 낳았을까? 70톤 이상의 거대한 브라키오사우루스가 실로 그 몸집에 비례하는 어마어마한 크기의 알을 낳았을까? 알의 크기가 커지면 껍질도 함께 두꺼워져야 한다. 그러나 그렇게 되면 호흡하기가 곤란하며 또한 깨고 부화하기도 힘들어진다. 따라서 알의 크기는 껍질의 두께에 좌우된다. 현재까지 발견된 공룡알 중 가장 큰 구형의 공룡알은 축구공보다 약간 작으며, 중국 난양(南陽) 지역에서 발견된 타원형의 알은 장축의 길이가 45cm나 된다. 이 알 속에서는 육식공룡의 태아화석도 발견되었다.

모든 알껍질에는 미세한 구멍이 있어 태아가 이산화탄소와 산소, 수분을 교환하며 생존한다. 공룡알은 이러한 숨구멍이 새알보다 무려 8~16배나 많다. 왜 이렇게 알껍질에 구멍이 많은 것일까? 이에 대한 대답은 공룡이 살던 중생대의 환경이 현재와 매우 달랐다는 사실에서 찾아야 한다. 중생대는 현재보다 연평균 기온이 높았으며 극지방에도 빙하가 없을 정도로 온난다습했다. 이러한 사실은 당시 대기 중 이산화탄소의 양이 현재보다 현저히 많았다는 조사결과를 통해 입증된다. 따라서 태아의 발달과정에 필수적인 산소를 많이 호흡하기 위해 공룡들은 알껍질에 그렇게 많은 숨구멍을 발달시킨 것이다. 그러나 이렇게 많은 숨구멍은 호흡작용에 크게 유리하지만 동시에 수분을 잃는 가장 손쉬운 통로이다. 이를 방지하기 위해 공룡들은 땅속에 구덩이를 파고 알을 낳은 후 모래를 덮어 수분 손실을 막았다. 이러한 특징은 숨구멍의 크기도 작고

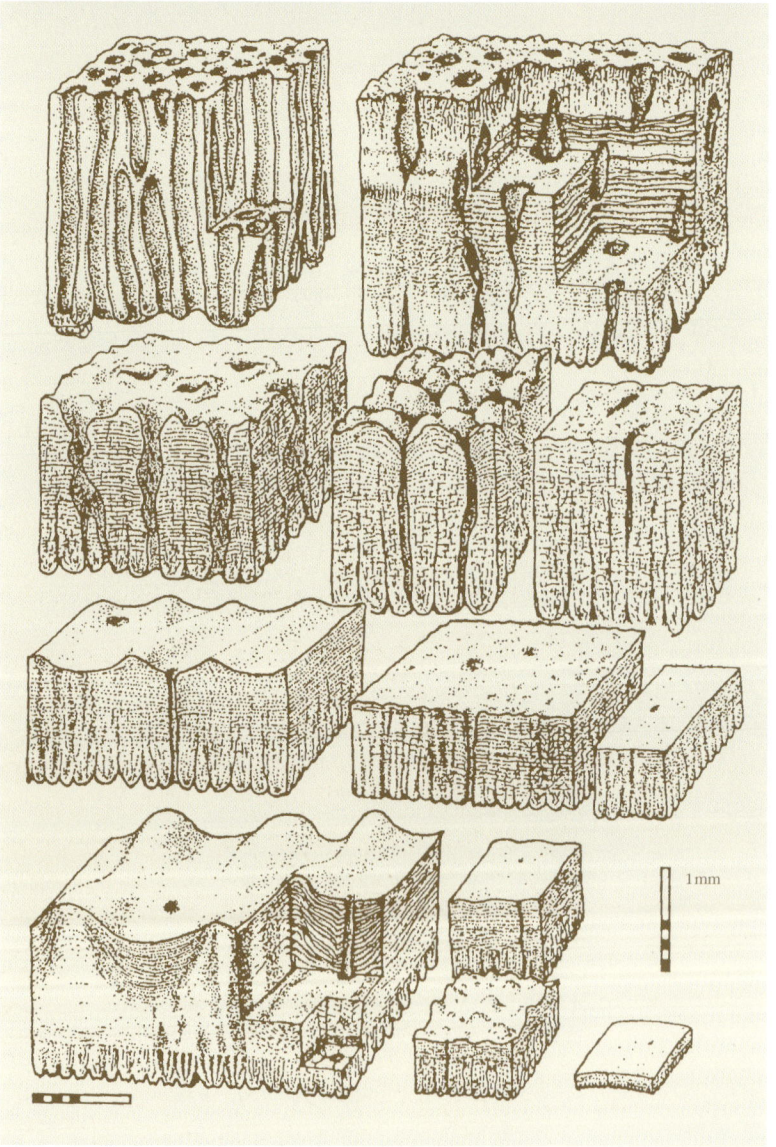

위/현재까지 발견된 공룡알 중 가장 큰 것으로 알의 임자는 테리지노사우루스류로 밝혀졌다.

아래/공룡알의 단면을 확대한 그림. 표면과 단면의 구조로 공룡알을 세분하여 분류한다.

수도 적은 알을 낳는 새들이 나무 위에 둥지를 트는 것과 매우 대조적이다.

또한 공룡알은 다른 파충류나 새의 알과는 달리 껍질 표면에 여러 가지 장식이 발달해 있다. 이러한 장식은 작은 돌기가 발달한 것에서부터 가느다란 선들로 이루어진 것, 홈이 파인 것 등 다양하다. 현미경으로 살펴보면 이는 수많은 능선과 골로 이루어진 요철 모양이다. 따라서 공룡알 표면은 새알처럼 매끄럽지 않고 거칠다. 여기서 주목할 만한 사실은 숨구멍이 능선이 아니라 능선 사이의 낮은 지역에 발달한다는 것이다. 그 이유는 공룡알이 땅속에 묻혀 있을 때 숨구멍이 막히지 않도록 하기 위해서이며 또한 숨구멍과 모래 사이의 공간을 확보하여 더 손쉽게 산소를 호흡하기 위해서이다.

공룡의 멸종 원인을 공룡알에서 찾는 노력도 계속되고 있다. 이는 분명히 백악기 말로 가면서 공룡알의 조직이 비정상적으로 나타나며 또한 알껍질에 이상할 정도로 미량원소들이 많이 들어 있다는 사실에 기초한 것이다. 알이 부화되기 전의 상태는 공룡의 삶 중에서 가장 쉽게 외부로부터 공격받을 수 있는 시기이다. 코발트·크롬·구리·망간·니켈·납·아연·셀레늄 같은 미량원소는 건조한 환경에서 자란 식물을 먹은 어미공룡의 체내에 축적되어 알껍질을 형성하는 단백질의 변화를 일으킨다. 이러한 변화는 비정상적인 알껍질을 만들고 껍질 두께 또한 얇아지게 하여 부화율이 감소하는 원인이 된다. 특히 알껍질에 함유된 셀레늄의 양은 중생대와 신생대의 경계로 갈수록 더 증가하며 이러한 둥지의 알은 부화실패율이 매우 높았다. 셀레늄은 특히 태아에 매우 유독하며 달걀에 아주 작은 양만 포함되어도 달걀은 부화하지 못한다. 이러한 사실은 초식공룡이 셀레늄을 함유한 화산재가 덮인 식물을 섭취함으로써 매우 적은 수의 새끼만 부화되었음을 암시하는 것이다. 이렇듯 종족번식이 줄어들어 조만간 먹이사슬이 완전히 무너진다.

5. 공룡분

공룡의 분(糞)을 연구하는 것은 이미 멸종한 동물의 식성을 파악하는 데 매우 유용하지만, 실제 우리가 만질 수 있는 것은 암석으로 단단히 굳은

북미에서 발견된 공룡분들

분화석(coprolites)이다. 그러므로 분화석을 통해 공룡을 이해하는 일은 다른 화석을 통한 방법보다 어렵다. 분화석은 시간이 지남에 따라 모양이 변하고 성분도 변하기 때문이다. 그럼에도 불구하고 이러한 생흔(生痕)화석은 다른 화석에서 구할 수 없는 동물의 활동을 알려준다.

그렇다면 분화석을 통해 어떤 정보를 얻을 수 있을까? 먼저 일반적인 분의 성분을 살펴볼 필요가 있다. 분은 소화작용에 의해 생성된 부산물이 버려진 것이다. 성분은 먹이의 종류, 분을 만든 동물의 종류, 그리고 소화작용의 효과에 따라 크게 다르다. 분은 주로 노화된 세포, 점액, 소화액, 미생물, 그리고 소화 안 된 먹이로 구성된다. 대부분 소화하기 힘든 물질이 포함되는데 육식동물의 분에 자주 뼛조각과 이빨 들이 들어 있는 것도 이 때문이다. 초식동물들도 소화하기 힘든 식물의 셀룰로오스를 배출한다.

이렇게 분에서 소화되지 않은 물질들이 발견되기 때문에 동물의 식성에 대한 귀중한 정보를 얻을 수 있는 것이다. 예를 들면 11년에 걸친 조사로 미국 옐로스톤 국립공원의 회색곰이 초봄에는 여러 가지 포유류를 잡아먹는 경향이 있으며 늦봄에는 풀을 먹고 가을에는 소나무 씨를 먹는다는 것을 분의 연구를 통해 알아냈다. 이러한 식성 외에도 분을 연구함으로써 기생충과의 관계, 의학정보 등을 얻을 수 있는데 유감스럽게도 이러한 분석은 분화석에는 가능치 않다.

분은 주로 광물성분이 없는 물질로 구성되기 때문에 보존되는 일이 흔치 않다. 그러나 드물게 광충작용(鑛充作用, permineralization)에 의해 화석화된다. 이 작용은 미세한 광물입자가 분의 빈틈으로 들어와 결정화되면서 일어난다. 이렇게 암석화된 분화석은 입체적인 형태를 유지할 수 있으며 겉모양을 가진다.

현실적으로 분화석을 남긴 동물을 확인하기란 매우 어렵다. 그러므로 분화석의 분류는 일반적으

트로오돈이 날아가는 잠자리를 한입에 물려 하고 있다. 트로오돈의 뇌는 매우 커 빠르게 반응했을 것이며 특히 앞을 향한 커다란 눈은 재빨리 움직이는 먹이에 초점을 맞출 수 있었다.

로 분화석을 포함한 암석의 나이, 분의 크기 및 형태와 성분에 의존한다. 이러한 정보들은 그 자체로 큰 의미를 갖지는 않지만 뼈화석이 갖지 못하는 과거 환경에서의 먹이관계에 대한 분명한 정보를 알려주는 장점이 있다.

6. 공룡의 감각기관

공룡은 우둔한 동물이었을까? 미국의 유명한 고생물학자 마시(O. Marsh)는 1879년 브론토사우루스(*Brontosaurus*)*를 연구하면서 조그만 뇌를 보고 "우둔하고 느릿느릿 움직이는 파충류"라고 언급했다. 이는 지금까지도 공룡의 지능을 대변하는 말로 사용되어왔다. 그러나 공룡의 감각기관과 이를 조정하는 뇌를 자세히 살펴보면 사실은 크게 다르다. 최근까지 많은 연구들은 공룡의 뇌와 몸의 상대적 크기에 초점을 두어왔다. 이러한 작업은 잘 보존된 머리뼈만 있으면 손쉬운 일이다. 왜냐하면 모든 공룡의 뇌는 두개골에 의해 둘러싸여 있기 때문이다. 뇌는 썩어 없어지지만 뇌를 둘러싼 두개골 안에 모래를 집어넣어, 그 모래의 양을 측정해보면 실제 뇌가 있던 공간을 알 수 있다. 실제 뇌의 크기는 두개골 용량의 반 정도이다.

분명히 어떤 공룡은 매우 작은 뇌를 갖고 있었다. 예를 들면 스테고사우루스의 무게는 3.3톤이나 되지만 뇌의 무게는 고작 60그램이다. 비슷한 몸무게를 가진 코끼리의 1/30 수준이다. 이러한 작은 뇌 때문에 스테고사우루스는 발견 당시부터

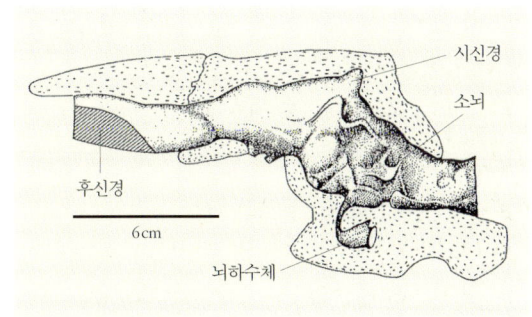

스테고사우루스의 뇌구조

가장 우둔한 공룡으로 대표되어왔으며 또 스테고사우루스의 크게 부푼 선골(仙骨)에 두 번째 뇌가 있었을 것이라는 잘못된 가설이 만들어졌다. 그러나 이 비대한 부분은 새와 마찬가지로 당분을 저장하는 장소로 사용되었다. 스테고사우루스의 뇌가 다른 공룡들보다도 상대적으로 작기는 하지만 실제 크기는 17cm×3cm×3cm여서 충분히 크다.

더 나아가 커다란 용각류의 몸무게와 뇌의 비율은 훨씬 더 극적이 10,000:1이지만 이는 놀라운 일이 아니다. 왜냐하면 이러한 공룡들의 삶은 그다지 높은 지능을 필요로 하지 않기 때문이다. 브라키오사우루스는 두뇌활동이 절실히 요구되는 사냥을 할 필요도 없고 먹이를 약탈할 필요도 없었다. 스테고사우루스는 아마도 떼지어 살았을 테지만 무방비의 오리주둥이공룡들처럼 집단적 의사소통이나 빠른 반사행동이 생존을 위해 그리 중요하지는 않았다. 일반적으로 단순한 삶은 더 적은 뇌활동과 협동을 요구한다. 공룡의 먹이사슬에도 맨 밑에는 느릿느릿한 초식공룡, 중간에는 무리를 짓고 떼로 사냥하는 공룡들, 그리고 맨 꼭대기에는 빠르고 민첩한 사냥꾼 공룡들이 자리잡고 있었을 것이다. 실제 각기 다른 공룡들의 몸무게와 뇌의 크기를 비교 연구해본 결과 이러한 피라미드 구조가 확인되었다. 공룡들의 지적 능력은 아래에서 위로 가면서 용각류(龍脚類, sauropods), 곡룡류(曲龍類, ankylosaurs), 검룡류(劍龍類, stegosaurs), 각룡류(角龍類, ceratopsians), 조각류(鳥脚類,

---

* 많은 사람들의 귀에 익은 브론토사우루스라는 이름은 지구상에 존재하지 않는다. 마시가 1879년 이름 붙인 브론토사우루스는 그가 2년 선에 명명한 아파토사우루스의 동일한 공룡임이 후에 판명되었기 때문이다 명명법의 우선권 원칙에 따라 아파토사우루스가 유효한 이름이다.

ornithopods), 큰 육식공룡류(carnosaurs), 그리고 작은 육식공룡류(coelosaurs) 순서이다.

우리는 또한 공룡의 두개골 구조를 통해 어떤 감각기관이 상대적으로 더 발달했는지 알 수 있다. 예를 들면 앞을 향한 큰 눈구멍은 시력이 잘 발달된 동물이라는 것을 암시하며 콧구멍이 큰 것은 이 동물에게 후각이 매우 중요했음을 알려준다. 대부분의 공룡들은 머리의 양옆에 눈이 있기 때문에 왼쪽과 오른쪽 지역이 겹쳐 보이지 않는 단시력(monocular vision)을 가지고 있다. 이러한 구조로 인해 넓은 주변지역을 볼 수 있지만 거리를 판단하는 능력은 떨어진다. 이에 반해 거리를 잘 판단할 수 있게 앞을 향한 눈은 시력정보를 받아들여 해석하는 상당한 능력의 뇌를 필요로 한다. 실제 티라노사우루스 같은 커다란 육식공룡은 좌우가 어느 정도 겹치는 시력을 갖지만 완전히 발달된 쌍시력(binocular vision)을 가진 공룡은 작은 육식공룡들이었다. 이들의 뇌는 특히 앞발의 움직임을 조정하고 물체의 움직임에 관한 시각정보를 조화 있게 조절하는 부분이 잘 발달되어 있다. 이러한 능력은 트로오돈(*Troodon*)처럼 매복하고 있다가 도마뱀이나 포유류를 사냥하는 민첩한 공룡에게는 필수적이다. 트로오돈은 눈이 매우 크며 또한 몸 크기에 비해 상대적으로 가장 큰 뇌를 가져 현생 조류와 포유류에 비교될 만하다.

그러나 공룡들이 어떻게 세상을 보았는지는 알 수 없다. 어떤 파충류는 모든 생물 중 가장 날카로운 시력을 가진 조류처럼 색깔을 구분할 수 있다. 예를 들면 매는 인간보다 시력세포가 8배나 많아 우리한테는 희미하게 보이는 사물의 형태를 정확하게 인식할 수 있다. 조류의 눈동자는 또한 상대적으로 굉장히 커서 어떤 경우 뇌보다 더 큰 영역을 차지하기도 한다(타조의 눈은 테니스공만 하다). 이 모든 증거들은 가장 낮은 시력단계의 프로토케라톱스에서부터 넓은 범위를 둘러볼 수 있는 능력을 지닌 오리주둥이공룡, 그리고 가장 예리한

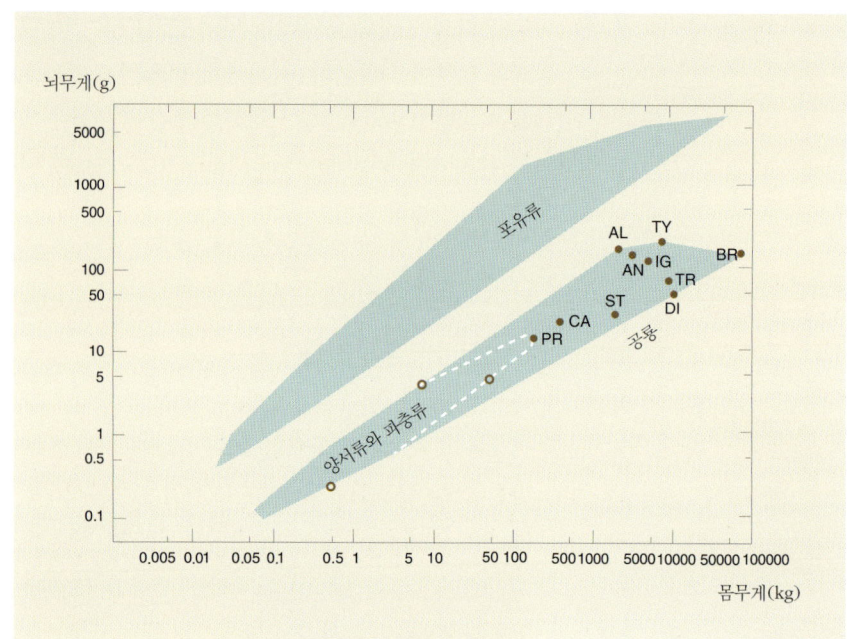

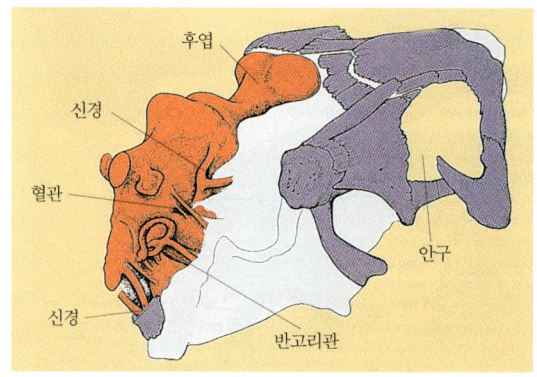

위/공룡의 몸체적에 비한 뇌 크기는 포유류보다 작았지만, 공룡의 뇌는 전형적인 파충류보다 분명히 컸으며 복잡한 사회구조를 가질 정도로 발달했다.(AL알로사우루스, TY 티라노사우루스, BR브라키오사우루스, IG이구아노돈, TR트리케라톱스, DI디플로도쿠스, ST스테고사우루스, AN안킬로사우루스, PR프로토케라톱스)

왼쪽/이구아노돈의 뇌에는 커다란 후엽이 발달하여 예민한 후각능력을 가졌던 것으로 판단된다.

사냥꾼인 트로오돈에 이르기까지 모든 공룡들에게 시각은 매우 중요한 감각임을 알려준다.

공룡은 포유류처럼 바깥으로 돌출한 귀(外耳)를 가지고 있지는 않지만 현생 파충류와 조류같이 찢어진 틈처럼 생긴 구멍 속의 청각기관을 통해 소리를 듣는다. 특히 조류에게 청각은 사회생활의 중요한 한 부분이고 그들이 내는 소리와 매우 밀접하게 연관되어 있다. 수컷 새는 같은 종의 새가 이해할 수 있는 어떤 특별한 의미의 수백 가지 소리를 낼 수 있다. 이와 유사하게 의사전달 수단이 절실히 필요한 군집공룡들은 매우 정교한 청각이 발달했을 것이다. 실제 오리주둥이공룡은 긴 관처럼 발달한 독특한 골즐과 공기주머니를 이용해 여러 종류

의 소리를 낼 수 있었다. 이러한 발성도구는 새처럼 다양한 소리를 낼 수는 없지만 분명히 경고음을 내거나 집단으로 이동할 때 그리고 번식기에 중요한 역할을 했을 것이다. 데이노니쿠스처럼 협동해서 사냥하는 공룡은 매복하여 먹이를 잡을 때 상호간 의사소통이 필요했을 것이다. 그러나 암사자들이 협동하여 사냥하는 행동을 관찰해보면 소리보다는 몸 움직임에 의한 시각적 의사전달이 더 중요함을 알 수 있다. 현생 동물처럼 공룡도 영토를 방어하거나 배우자를 유혹할 때, 위험을 알릴 때 다양한 소리를 냈을 것이다. 만일 우리가 공룡시대로 돌아간다면 쿵쿵거리는 소리, 으르렁거리는 소리, 꽥꽥거리는 소리 등 매우 다양한 소리들을 들을 수 있을 것이다.

미각과 후각은 서로 밀접하게 연관되어 뇌의 같은 부분에서 지시를 받는다. 이들 감각은 물론 사냥에 이용되며 초식동물에게는 서로를 식별하고 먹이를 구별하는 데 사용된다. 알로사우루스 같은 큰 육식공룡이 커다란 고깃덩이를 목구멍으로 넘길 때 고기맛을 100% 느꼈다고 보기는 어렵다. 이들의 혀는 아마도 단순하고 질겨 가능한 한 빨리 고깃덩이를 삼키게 만들어졌을 것이다. 특히 먹이를 씹을 수 있는 초식공룡은 먹이를 똑바른 위치에 놓고 정확하게 씹고 갈기 위해 움직일 수 있는 혀가 필요하다. 이구아노돈의 복원된 뇌를 보면 뇌의 앞부분에 매우 잘 발달된 후엽(嗅葉)이 있는데 이는 후각과 미각을 다루기 위한 부분이다. 이구아노돈은 크고 넓은 주둥이가 있었기 때문에 냄새와 음식의 맛을 느끼는 예리한 감각을 갖고 있었다.

촉각은 공룡들의 피부를 통해 판단해보면 그리 잘 발달된 감각은 아니었다. 두껍게 싸인 골편들은 촉각을 위해 만들어진 것은 분명히 아니므로 공룡들은 바위나 나무숲을 지날 때 스치거나 닿는 느낌을 예민하게 느끼지 못했을 것이다. 악어는 코와 목에 민감한 피부를 가지고 있어 짝짓기할 때 서로 목을 비빈다. 이와 같이 티라노사우루스 한 쌍이 목을 비비거나 한 쌍의 디플로도쿠스가 높이 세운 목을 서로 꼬는 광경을 상상해볼 수도 있다.

공룡의 감각기관을 살펴보는 일이 이들이 영리했는지 우둔했는지에 대한 명쾌한 답을 줄 수는 없다. 실제 이들의 감각을 인간의 지적 능력에 비교하는 것은 적당하지 않다. 공룡들은 수억 년 동안 자신들의 삶을 성공적으로 이끄는 데 필요한 두뇌활동 능력을 갖고 있었다. 인간들도 이러한 능력을 성취했기 때문에 번성하고 있는 것이 아닌가.

7. 공룡의 성별

화석에서 암수를 구별하는 것은 두 가지 점에서 중요하다. 첫째, 다른 종으로 구분되어 있는 화석종이 성에 의해 나타나는 성이형성(性二形性, sexual dimorphism)이 확실할 때 그들을 같은 종으로 재분류할 수 있기 때문이다. 둘째, 각 개체의 성을 구분함으로써 해부학적으로 공룡의 어떤 부분이 어떤 기능을 했는가를 알 수 있을 뿐 아니라 공룡의 생태와 그들의 사회적 상호관계를 더욱 잘 이해할 수 있기 때문이다.

그렇다면 공룡의 암수를 단지 뼈의 특징으로 구별할 수 있을까? 현재 15개체가 발견된 티라노사우루스 렉스(Tyrannosaurus rex)는 골격학적으로 크게 두 가지 형태로 나뉘는데, 이는 각각 암컷과 수컷을 나타낸다. 오늘날의 악어와 새를 조사해보면 암컷과 수컷의 뼈구조가 다르며 이는 생식기 근육의 차이에 기인한다. 이를 잘 보존된 공룡화석에 적용해보면 각 공룡의 성을 알아낼 수 있다. 티라노사우루스의 경우 더 크고 억센 뼈구조를 가진 쪽이 암컷이다.

이러한 현상은 대체로 수컷이 암컷보다 큰 포유류와 성반대이나. 그러나 암컷이 수컷보다 큰 것은 동물세계에서 예외적 현상이 아니라 매우 일반화된 법칙이다. 대부분의 무척추동물들은 이러한 경항인데, 예컨대 암거미는 교미가 끝나면 훨씬 작은 수컷을 잡아먹는다. 척추동물의 경우 수컷은 확실히 암컷보다 더 우세한 성이며 몸집이 크다. 그러나 대부분의 물고기나 양서류는 암컷이 수컷보다 크며, 파충류 중 대부분의 거북과 뱀도 암컷이 더 큰 양상이다. 맹금류 역시 항상 암컷이 수컷보다도 크다. 따라서 수컷이 암컷보다 큰 경우는 오직 포유류에만 해당되는 것처럼 보인다. 그러나 자세히 살펴보면 여기에도 예외가 있는데 수염고래는 항상 암컷이 수컷보다 크다. 그러므로 성에 따라 상대적으로 크냐 작냐는 문제는 단순히 종별로 다르게 나타나는 것으로 수컷이 암컷보다 큰 것이 정상이라는 생각은 잘못된 것이다.

그렇다면 왜 암컷이 수컷보다도 더 클까? 암수 각각은 유전자를 반씩 내어 새로운 자손을 생산한다. 수컷은 수백만 개의 아주 작은 정자를 생산하지만 암컷은 난자라는 거대한 영양덩어리 하나를 생산한다. 암컷은 평생 수컷의 정자에 비해 극히 적은 수의 난자만 생산할 수 있기 때문에 새로운 생명을 잉태하려면 수컷보다 더 많은 에너지를 알을 위해 저장해야 하며 따라서 불가피하게 수컷보다 몸이 커질 수밖에 없다. 결론적으로 암컷이 수컷보다 큰 것은 자연적 현상이다. 그렇다면 포유류처럼 때로 수컷이 암컷보다 큰 경우는 어떻게 설명할 수 있을까? 어떤 수컷이 다른 놈에 비해 크다면 번식기의 수컷 간 경쟁에서 유리한 조건을 차지하게 된다. 이러한 상황은 집단생활을 하는 포유류에서 잘 나타나는데 경쟁에서 이긴 큰 몸집의 수컷은 많은 암컷과 교미할 수 있는 권리를 가지게 된다. 이러한 현상이 왜 맹금류에게선 나타나지 않는 것일까? 이들은 일부일처제이다. 따라서 수많은 암컷과 교미하기 위해 수컷들이 서로 싸울 필요가 없다. 그러므로 암컷 맹금류는 수컷보다도 큰 것이다. 암컷 육식공룡은 수컷보다 더 컸을까? 공룡과 새의 관계를 생각해보면 공룡들도 암컷이 수컷보다 더 컸을 가능성이 있다. 만약 이들이 일부일처

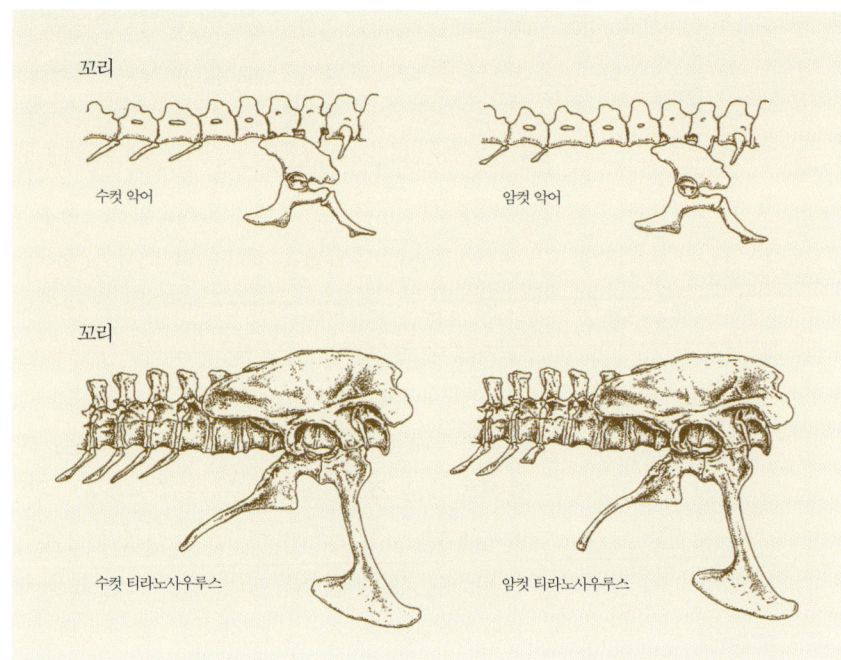

악어에서 나타나는 암컷과 수컷의 골격 차이가 티라노사우루스에서도 매우 유사하게 나타난다.

제였다면 아마 암컷이 수컷보다 컸을 것이다.

앞에서 말했듯이 뼈구조의 차이를 통해 암수를 구별할 수 있다. 고생물학자들은 공룡생태를 연구할 때 모델로서 악어를 많이 이용하는데, 악어와 공룡, 그리고 익룡은 공통되는 특징을 많이 갖고 있을 뿐 아니라 계통발생학적으로 지배파충류라는 한 그룹으로 묶이기 때문이다. 따라서 악어에서 암컷과 수컷의 골격학적 차이를 발견할 수 있다면 이와 같은 구조가 공룡에게도 있다고 가정할 수 있다. 외부로 돌출한 포유류 수컷의 성기와는 다르게 수컷 악어와 뱀, 거북, 새는 성기를 사용하지 않을 때는 배설강(cloaca)이라는 구멍을 통해 몸속으로 성기를 집어넣어 보호한다. 이때 성기를 몸속으로 넣기 위해 '성기수축근육'(penis-retractor muscle)이라는 특별한 근육이 필요하다. 악어에게 이 근육은 꼬리척추 아래 돌출된 첫 번째 혈관궁(血管弓)에 연결되어 있다. 수컷의 이 혈관궁은 두 번째 것과 거의 같은 크기이다. 반대로 암컷의 경우 이 뼈 돌기는 첫 번째에 없을 뿐 아니라 두 번째 것도 반토막 크기이다. 이는 암컷이 알을 낳을 때 더 많은 공간이 필요하기 때문에 생긴 구조로 해석된다. 따

라서 악어는 이러한 골격학적 특징만으로 암수 구별이 가능하다.

그렇다면 이와 유사한 구조가 공룡에게도 나타나는가? 놀랍게도 똑같은 구조 차이가 티라노사우루스와 사우로르니토이데스(*Saurornithoides*)에서도 나타난다. 이들 육식공룡의 뼈는 '강건한'(robust) 것과 '유연한'(gracile) 것 두 가지 형태로 산출되어왔다. 두 공룡 모두 '유연한' 개체들의 꼬리뼈는 수컷 악어의 형태와 같은 혈관궁을 가졌고 '강건한' 개체들은 암컷 악어의 형태와 같았다. 따라서 작은 개체는 수컷이고 큰 개체는 암컷이라고 결론지을 수 있다. 그렇다면 더 나아가 이들 육식공룡은 새처럼 일부일처제로 살아갔을까? 그럴 가능성이 농후하다. 최근 미국 사우스다코타주의 티라노사우루스 발굴과정에서 암컷과 수컷, 두 마리의 새끼 뼈가 한꺼번에 산출되었다. 이러한 구분을 초식공룡에도 적용할 수 있는가 하는 문제는 아직 해결되지 않았다. 그러나 떼지어 생활한 오리주둥이공룡들은 포유류처럼 수컷이 암컷보다 더 컸을 가능성이 있다.

8. 온혈인가 냉혈인가

공룡은 온혈동물이었을까 냉혈동물이었을까? 공룡학자들은 이 주제에 대해 열성적인 관심을 보여왔다. 이들의 견해는 둘로 양분되어 서로 공존할

수 없는 듯하다. 왜 이러한 토론이 지난 20년간 격렬히 논의되어왔는가를 이해하기 위해서는 먼저 온혈과 냉혈의 성질을 알아야 한다. 동물들은 체온이 일정할 때 가장 효과적으로 활동할 수 있다. 신체에서 일어나는 화학작용은 체온이 일정할 때 가장 활발하기 때문이다.

만약 체온이 오르락내리락한다면 신체의 리듬은 깨지고 신진대사가 제대로 진행될 수 없다. 그래서 도마뱀이나 뱀 같은 냉혈동물들은 체온을 일정하게 유지하기 위해서 낮에 양지와 음지를 들어갔다 나왔다 하는 행동을 취한다. 이것을 외부열(ectothermy) 방법이라 부른다. 조류와 포유류 같은 온혈동물은 먹이로 섭취된 에너지를 열로 바꾸는데 이를 내부열(endothermy) 방법이라 한다. 내부열 방법을 취하는 동물들은 체온을 내리기 위해 땀을 흘리거나 헐떡이거나 물을 마신다. 코끼리의 경우는 큰 귀를 펄럭거려 몸속에 흐르는 피의 온두를 낮춘다.

양쪽 방법에 모두 장단점이 존재한다. 온혈동물인 개는 음식에너지를 빠르게 소비하므로 같은 크기의 냉혈동물인 도마뱀보다 10배 가까운 양을 먹어야 한다. 반면 도마뱀은 몸을 데우기 위해 태양 아래서 서너 시간을 소비해야만 하며 또한 주위의 온도가 떨어지거나 밤이 되면 효과적으로 움직일 수 없다.

이러한 동물의 신진대사를 공룡에 적용할 때 더욱 중요하게 고려되어야 할 사실은 온혈동물이 냉혈동물보다 훨씬 더 큰 뇌를 가져야 한다는 것이다. 체온을 일정하게 유지하기 위해서는 특히 뇌의 효과적인 작용이 필수적이기 때문이다. 그러므로 온혈이냐 냉혈이냐는 주제는 공룡을 느릿느릿하고 굼뜬 동물로 보느냐 아니면 조류나 포유류처럼 민첩하고 시능이 말날한 동물로 보느냐에 달려 있다. 공룡들이 똑바른 다리를 가져 빠르게 달릴 수 있나는 것은 전형적인 파충류의 기는 자세보다 더 많은 에너지를 소모했다는 것을 의미한다. 빠르게 달리

한 쌍의 데이노니쿠스가 덜 자란 테논토사우루스를 공격하고 있다. 데이노니쿠스는 높은 수준의 신진대사를 한 것으로 보아 온혈동물로 추정된다.

중국 용각류인 오메이사우루스의 무리
긴 목과 긴 꼬리는 체온의 표면적을 늘려 체온을
낮추려는 구조일 수도 있다.

고 점프하여 발톱으로 먹이를 사냥하는 데이노니쿠스가 온혈동물이 아니라면 그러한 높은 수준의 신진대사를 할 수 없다. 무리지어 사냥하는 높은 지능의 데이노니쿠스 같은 공룡은 생리적으로 현생의 조류와 포유류에 매우 근접했을 것으로 추정된다. 공룡의 몸 체적에 대비해 뇌 크기를 비교해보면 작고 민첩한 육식공룡들은 새나 포유류의 수준과 비슷하다는 것을 알 수 있다.

그렇다면 커다란 몸집의 용각류도 온혈이었을까? 하루에 1톤의 먹이가 필요한 온혈동물 코끼리는 대부분의 시간을 먹는 데 소비한다. 만일 용각류가 온혈동물이라면 코끼리보다 20배 더 큰 용각류는 먹이도 그만큼 더 필요하다. 그러나 용각류가 빈약한 이빨로 매일 20톤씩 먹이를 먹는다는 것은 불가능하다. 반면에 냉혈동물은 온혈동물보다 훨씬 적게 먹기 때문에 이러한 딜레마에서 벗어날 수 있다. 이들이 냉혈동물이었더라도 온난한 기후가 지속된 중생대에 디플로노구스처럼 거대한 몸집을 가진 용각류는 체온을 일정하게 유지하기 위해 체온을 높이기보다는 내리는 데 어려움을 겪었을 것이다. 실제 효소에 의해 위(胃)에서 발생되는 열을

생각하면 어떻게 열을 보존하느냐보다는 어떻게 열을 내보내느냐가 더 중요했을 수 있다. 어떤 학자는 용각류의 긴 목과 긴 꼬리는 체온을 내리기 위해 체적을 줄이면서 표면적을 늘리기 위한 것이었다고 주장한다. 또한 바람을 더 받기 위한 스테고사우루스의 엇갈린 등판 배치와 등판뼈에 가득 퍼져 있는 모세혈관도 같은 목적을 위해 진화되었다고 보고 있다.

공룡뼈의 대부분은 나이테 모양을 가지므로 공룡들이 살아 있는 동안 높은 뼈생성율을 꾸준히 유지하지 못했다는 것을 알 수 있다. 그러므로 나이테의 수를 통해 공룡의 나이를 추정할 수 있다. 아프리카 전기 쥐라기의 육식공룡인 신타르수스(Syntarsus)가 성체로 자라는 데는 7년이 소요되며 원시용각류 마소스폰딜루스(Massospondylus)는 15년이 지나야 완전한 성체로 자란다. 이들의 성장속도는 어릴 때는 빠르고 자랄수록 점점 느려진다. 이렇듯 공룡이 성체로 성장하는 데는 포유류보다 시간이 많이 걸린다는 것을 알 수 있다. 또한 뼈의 가장자리에 좁게 나타나는 선(peripheral rest line)들은 그 뼈가 성장을 멈추었다는 것을 나타낸

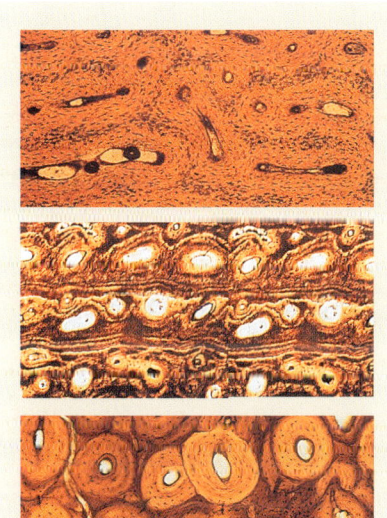

위/많은 공룡과 빠르게 성장하는 포유류 및 새에서 나타나는 섬유질-층상뼈
가운데/몇몇 공룡에게서 나타나는 전형적인 냉혈동물 파충류의 나이테 모양의 뼈
아래/상당수의 공룡과 큰 포유류에서 나타나는 하버시안뼈

공룡뼈를 박편으로 만들어 현미경으로 관찰하는 방법은 공룡의 생리에 관한 새로운 논쟁거리다. 뼈 성분은 유기물질과 무기물질(crystalline hydroxyapatite[Ca5(PO4)3OH])로 구성되며, 뼈의 구조는 치밀한 뼈(compact bone)와 성긴 뼈(spongy bone), 그 안의 골수로 되어 있다. 치밀한 뼈는 섬유질-층상뼈(fibro-lamellar bone)와 층상뼈(lamellated bone) 두 종류가 있는데, 전자는 빠른 성장을 할 때 형성되며 후자는 성장이 늦을 때, 즉 유기물이 더 많이 있을 때 형성된다. 이 두 가지 뼈가 함께 존재하면 나이테 모양이 나타나는데 이는 주기적인 성장을 의미하며, 반대로 이런 모양 없이 섬유질-층상뼈만 나타나면 계속적인 성장이 이루어졌다는 것을 의미한다. 현생 포유류와 조류의 뼈는 혈관구조가 잘 발달되어 있으며 나이테 모양 없이 섬유질-층상뼈만으로 구성되어 있다. 반면에 현생 파충류의 뼈는 혈관구조가 빈약한 층상뼈 조직으로 구성된다. 따라서 과거 어떤 학자들은 몇몇 공룡에서 이러한 섬유질-층상뼈와 포유류에서 나타나는 하버시안(Haversian) 구조가 관찰되기 때문에 공룡이 온혈동물이라고 주장했다. 그러나 이러한 특징은 이들이 온혈동물이라는 것을 나타내는 것이 아니라 단지 뼈가 빠르게 성장했다는 것을 나타내는 것이다. 실제 각기 다른 종류의 공룡뼈를 관찰한 결과 다양한 뼈조직이 나타났으며, 같은 종에서도 새끼의 뼈가 성체의 뼈보다도 더 많은 혈관구조가 발달한다.

다. 신타르수스 같은 공룡은 포유류와 조류처럼 어느 정도 자라면 성장이 멈추지만 마소스폰딜루스와 드리오사우루스(*Dryosaurus*)는 이러한 선들이 나타나지 않는 것으로 미루어보아 현생 파충류처럼 계속 성장했음을 알 수 있다.

그렇다면 공룡들의 수명은 얼마나 될까? 나이테 모양의 뼈를 통해 계산해보면 커다란 용각류는 약 50살까지 살았던 것으로 추정된다. 일반적으로 냉혈동물이 온혈동물보다 오래 살기 때문에 만약 용각류가 순수한 냉혈동물이라면 병들거나 육식공룡에 잡아먹히지 않을 경우 100살까지도 생존했을 가능성이 있다.

이 모든 것은 무엇을 의미하는가? 공룡의 뼈는 어릴 때 주로 섬유질-층상뼈로 구성되어 특히 다리뼈는 조류와 포유류처럼 매우 빠르게 성장한다

는 것을 의미한다. 이러한 뼈는 강도를 더하기 위해 포유류처럼 때로 이차적인 하버시안뼈로 치환된다. 또한 나이테 모양의 뼈는 공룡들이 그후에는 천천히 자라 마치 전형적 파충류의 뼈조직을 갖게 됨을 의미한다.

이와 같은 사실들로 보건대 공룡은 전형적인 온혈동물인 포유류와 냉혈동물인 파충류의 성질을 모두 갖고 있다. 이것은 공룡이 현생 동물과는 전혀 다른 그들만의 신진대사를 가지고 있었다는 것을 말해준다. 결론적으로 뼈의 연구는 공룡이 온혈이냐 냉혈이냐는 어리석은 논쟁의 해답을 제공하지 않는다. 왜냐하면 다양한 뼈조직이 공룡들에게서 나타나기 때문이다. 공룡들은 단 한 가지의 메커니즘을 고집한 것이 아니라 각기 자신에 맞게 신진대사를 발전시켰던 것이다.

5장 멸종하지 않은 공룡, 새

1. 새의 기원

척추동물 진화사에서 가장 극적인 것 중의 하나는 새의 기원이다. 새는 깃털에 의하여 하늘을 나는 능력을 가졌다는 점에서 다른 척추동물과는 쉽게 구별된다. 그렇다면 새와 공룡은 어떤 관계가 있는 것일까? 다윈(Charles Darwin)이 『종의 기원』을 발표한 지 2년 후인 1861년 독일 바마리아 지방의 후기 쥐라기 지층 솔렌호펜(Solenhofen) 석회암에서 처음으로 깃털 하나가 발견되었다. 그 후 얼마 되지 않아 거의 완전한 두 개체의 시조새(Archaeopteryx) 화석이 발견되었는데, 첫 번째 것은 영국자연사박물관에, 두 번째 것은 독일 베를린박물관에 소장되었다. 이 두 표본으로부터 깃털 자국을 포함하여 시조새의 모든 뼈를 확인할 수 있

졸렌호펜 석회암에서 처음으로 발견된 깃털 있는 시조새. 머리뼈는 보존되지 않았다. 영국자연사박물관 소장.

다. 깃털은 새에게서만 나타나는 특징이므로 따라서 시조새는 가장 오래된 새이다.

1868년 시조새를 살펴본 영국의 생물학자 헉슬리(Thomas Huxley)는 시조새가 파충류와 조류의 중간단계이며 다윈의 진화론을 뒷받침하는 확고한 증거라고 주장하였다. 사실 깃털을 제외하면 시조새는 전형적인 육식공룡의 특징을 그대로 갖고 있다. 그는 나아가 같은 시층에서 콤프소그나투스(Compsognathus)라는 조그만 공룡이 발견되자 시조새가 단순히 공룡과 공존한 것이 아니라 그들은 서로 가까운 친족관계였다고 주장하였다. 실제로 시조새 표본 중의 하나는 콤프소그나투스로 분류되었다가 나중에 희미한 깃털 자국이 발견되어 다시 시조새로 확인된 적도 있다. 이빨을 가진 부리, 긴 꼬리, 날카로운 발톱 등 모든 해부학적 특징은 시조새가 전형적인 새보다는 공룡에 더 가깝다는 것을 보여준다.

그러나 이러한 주장은 1926년 하일만(Gerhard Heilmann)이라는 학자에 의해 심각한 도전을 받게 된다. 그는 『새의 기원』이라는 책에서 새가 공룡과 매우 유사하다는 것은 인정하지만 공룡은 차골(叉骨)로 진화할 수 있는 쇄골(鎖骨, 빗장뼈)이 이미 퇴화했기 때문에 새로 진화할 수 없다고 주장하였다. 차골은 한 쌍의 쇄골이 V형으로 유합된 것으로 시조새를 포함해 새에게서만 나타나는 특징이다. 즉, 새의 차골이 쇄골이 없는 공룡에게서 진화했다는 이론은 진화상 한번 없어진 형질은 같

독일베를린박물관에 보관 중인 가장 완벽한 시조새 화석

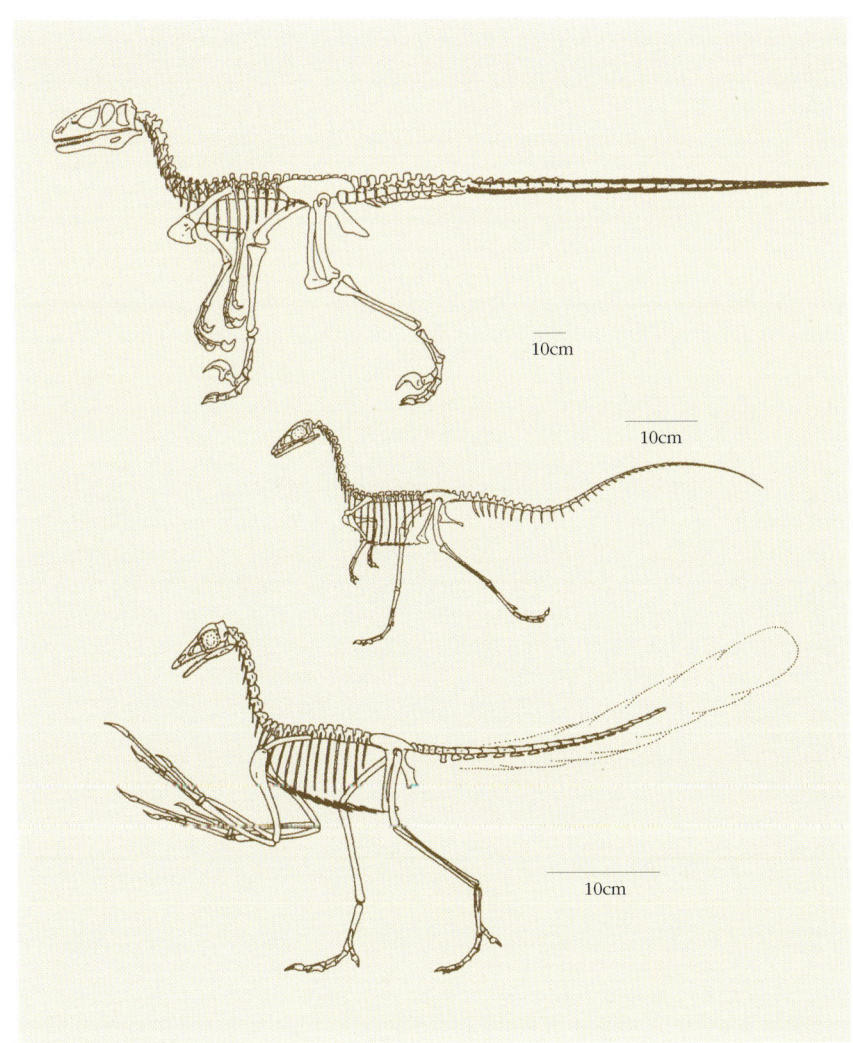

위/데이노니쿠스, 콤프소그나투스,
시조새의 골격 비교

오른쪽/수각류 공룡의 쇄골. 왼쪽은
케라토사우루스류의 쇄골이며 오른
쪽 위로부터 코엘루로사우리아, 잉게
니아, 시조새의 쇄골.

씬 원시적이며 작고 민첩한 육식공룡의 전형적인 앞발이다. 또한 하일만의『새의 기원』이 출판된 이후 전세계에서 새로운 공룡들이 발견되었다. 코일로피시스, 잉게니아(Ingenia)와 오비랍토르 같은 작은 육식공룡에게서 쇄골이 확인되었으며, 특히 1991년 몽골 고비사막에서 발견된 벨로키랍토르는 새처럼 쇄골이 유합된 차골을 갖고 있었다. 따라서 과거에 제기된 공룡과 새 관계의 걸림돌인 쇄골 문제가 해결되었다.

2. 공룡에서 진화한 새

데이노니쿠스가 속한 마니랍토라 그룹은 시조새와 전형적인 새에게서 나타나는 진화된 특징을 가장 많이 갖고 있다. 이러한 사실은 새의 특징이 갑자기 나타난 것이 아니라 오랜 시간에 걸쳐 단계적으로 출현하였음을 의미한다. 그렇다면 공룡에게서 나타나는 '조류적'인 특징은 무엇일까?

새의 진화의 첫 단계는 뒷발로만 걷는 이족보행의 완성이다. 이러한 특징은 처음 공룡이 진화하였을 때 이미 성취되었다. 육식공룡은 이동하는 데 전혀 앞발을 사용하지 않음으로써 앞발이 자유로워졌다. 이족보행은 오직 새와 공룡만이 가능하다. 수각류 공룡은 머리뼈에 구멍이 많아 뼛속을 비게 함으로써 골격을 가볍게 하였다. 목은 길어지고, 등을 수평으로 유지하여 뛸 때 뒷다리를 중심으로 머리와 꼬리가 균형을 이룬다. 또한 긴 다리의 넓적다리뼈는 정강이뼈보다 짧아졌으며 종아리뼈는

은 종에서 다시 나타나지 않는다는 '돌로(Dollo)의 법칙'에 위배된다는 것이다. 따라서 그는 새가 삼첩기에 악어와 공룡, 그리고 익룡의 공통조상인 원시파충류에서 진화했다고 주장했다.

이러한 견해는 1970년대까지 지속되어왔다. 그런데 1964년에 예일대 교수 오스트롬(John Ostrom)은 그가 발견한 데이노니쿠스와 시조새가 앞발과 뒷발 구조 및 기능이 같다는 점에 주목했다. 이전에 간과해왔던 중요한 사실 중 하나는 새가 진화된 두 발 육식공룡처럼 발가락으로 걷는다는 것이다. 반대로 박쥐와 익룡은 네 다리로 걷는 조상으로부터 날 수 있게 진화하여 발바닥으로 걷는다. 또한 시조새의 앞발은 오늘날의 새보다도 훨

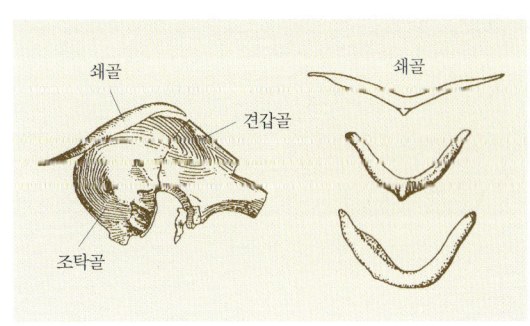

퇴화하기 시작했다. 따라서 걸음의 속도가 빨라졌다. 뒷발가락도 가운데의 세 발가락만 사용하고 첫째와 다섯째 발가락은 퇴화하였다. 이렇게 퇴화한 첫째발가락은 뒤로 이동하여 조류에 이르면 앞의 발가락과 마주 보게 되어 나뭇가지를 잡을 수 있게 된다. 수각류가 테타누라와 마니랍토라 그룹으로 더 진화하면서 앞발가락의 수는 다섯 개에서 세 개로 줄고 짧은 앞발은 뒷발 길이만큼 길어진다. 특히 마니랍토라 그룹은 두 개의 손목뼈가 합쳐져 반달형 뼈로 변해 손목을 상하뿐 아니라 좌우로도 움직일 수 있게 된다. 이는 손을 새처럼 접을 수 있다는 의미이며 따라서 날갯짓이 가능하게 되었다. 쇄골도 중앙에서 합쳐져 조류의 것처럼 폭도 넓어지고 부메랑 모양의 차골로 바뀐다. 치골(恥骨)도 앞을 향한 전형적인 용반류의 골반 형태에서 점점 뒤로 향하게 된다.

　원시수각류에서 뒷다리는 꼬리대퇴골근육(caudofemoralis)으로 꼬리와 연결되어 걸을 때 꼬리는 뒷다리를 뒤로 당기는 역할을 한다. 걸음걸이에 맞추어 악어의 꼬리가 좌우로 움직이는 이유도 바로 여기에 있다. 꼬리에 이러한 근육이 발달

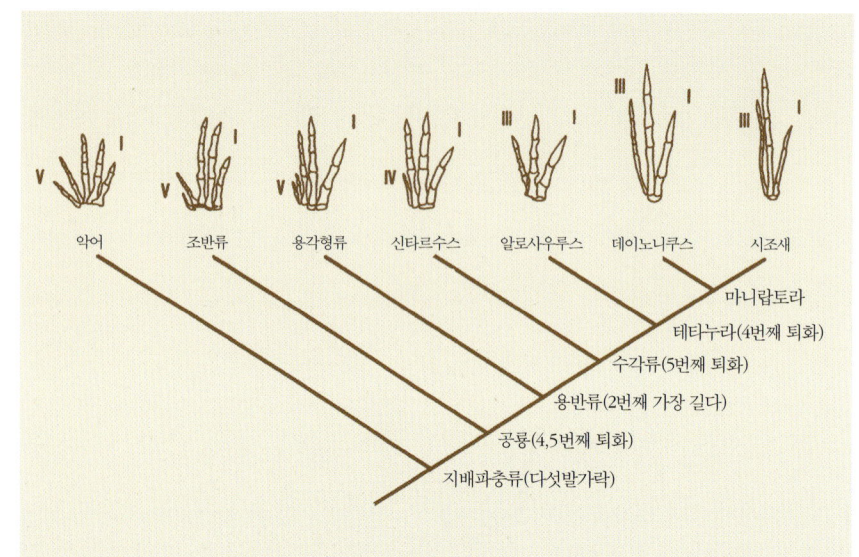

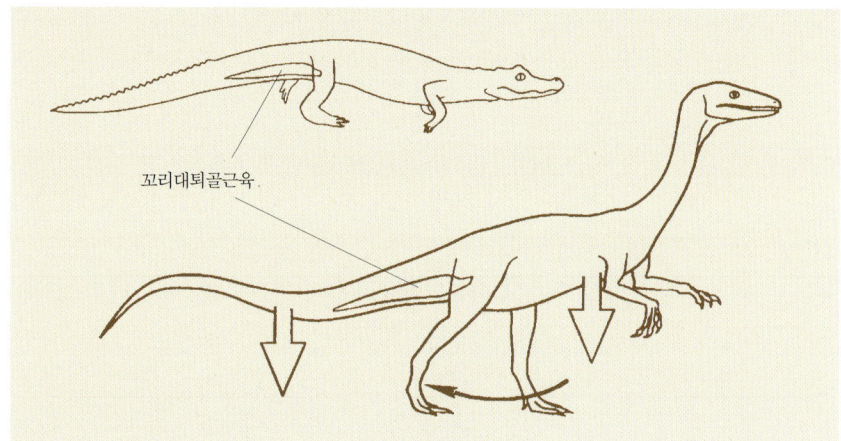

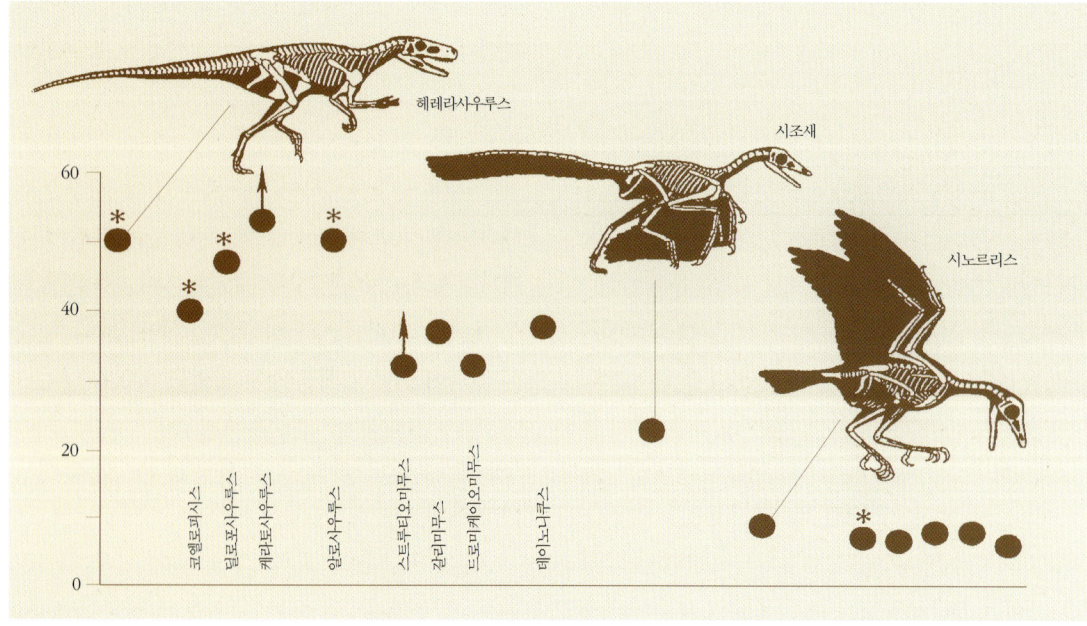

위/앞발가락 수가 감소되면서 시조새로 진화하는 과정을 나타나는 분기도

가운데/악어는 육상에서 이동할 때 몸과 꼬리가 함께 움직인다. 원시수각류 신타르수스는 앞발이 자유로워졌으나 아직 꼬리와 대퇴골은 꼬리대퇴골근육에 의해 연결되어 있다.

아래/공룡에서 새로 진화할 때 꼬리뼈가 다리에서 자유로워지면서 꼬리의 길이는 점점 감소한다.

하여 앞쪽으로 쏠린 몸무게의 균형을 맞추는 역할을 한다. 그러나 새와 가까운 관계에 있는 날렵한 작은 육식공룡의 꼬리는 꼬리뼈가 줄어들면서 크기가 작아졌다. 뒷다리를 뒤로 당기는 데 꼬리근육을 사용하는 대신 새처럼 대퇴골에 슬건(膝腱)을 발달시켰다. 데이노니쿠스의 꼬리는 빳빳하게 굳어 있기 때문에 큰 먹이에 달라붙어 살점을 뜯을 때 몸의 움직임을 받쳐주는 역동적인 역할을 했다.

이 점은 뒷다리와 꼬리가 서로 연결되지 않았음을 보여주는 것이며 이는 데이노니쿠스의 대퇴골에 이 근육과 연결되는 네 번째 돌기가 없다는 점으로 입증된다. 꼬리가 뒷다리를 당기는 역할에서 자유로워졌다는 것은 날기 위해 필히 거쳐야 할 선행조건이다. 현생 조류에게 꼬리는 날기 위해 절대적으로 필요한 부분이 아니다. 그러나 가장 원시적인 시조새에서 꼬리의 깃털은 뒷다리로부터 훨씬 자유로워 더 효과적으로 부력을 일으키는 데 사용되었다.

그렇다면 깃털은 언제 진화한 것일까? 깃털은 비늘과 똑같은 조직으로부터 발달한다. 새의 다리를 관찰해보면 전형적인 비늘에서 깃털로 변화한 것을 볼 수 있다. 이 두 조직은 결코 같은 장소에서 동시에 발달하지 않는다. 최근 중국 랴오닝(遼寧)

최근 중국에서 발견된 원시깃털을 가진 공룡 시노사우롭테릭스

지역의 약 1억 2500만 년 된 전기 백악기 호수 퇴적층에서 깃털을 가진 다양한 공룡과 새 화석이 발견되어 깃털의 진화에 대한 새로운 사실이 확인되었다. 이곳의 암석은 얇게 판으로 쪼개져 깃털이나 내장 같은 부드러운 부분까지 매우 정교하게 보존될 수 있었다.

1996년 발견된 시노사우롭테릭스(*Sinosauropteryx*)의 가장 큰 특징은 머리에서 꼬리끝까지 등의 중앙부에 발달된 털 같은 구조이다. 목 부분에는 마지막 식사로 여겨지는 도마뱀이 함께 화석화되었으며 몸속에 두 개의 알을 갖고 있어 이 공룡이 암컷임을 알 수 있다. 전체 크기는 1m 정도이지만 꼬리가 반 이상을 차지하고 있다. 형태는 조그만 육식공룡 콤프소그나투스와 매우 유사하다. 그렇다면 털처럼 생긴 검은 물질은 도대체 무엇일까? 그것은 깃털의 전신으로 체온을 유지하거나 짝짓기할 때 화려한 색깔을 표현하기 위해 진화한 것으로 추정된다.

함께 발견된 프로트아르카이옵테릭스(*Protarchaeopteryx*), 카우딥테릭스(*Caudipteryx*), 아르카이오랍토르(*Archaeoraptor*), 시노르니토사우루스(*Sinornithosaurus*)도 분명한 깃털을 가지고 있지만, 이는 시조새보다 더 원시적이며 대칭적인 깃털로서, 비대칭형의 깃털을 가진 현생 조류처럼 완벽하게 닐 수 없었다. 이들 칠면조 크기의 깃털을 가진 수각류 이외에 크기 2m가 넘는 베이피아오사우루스(*Beipiaosaurus*)에서도 깃털 구조가 니타났다. 따라서 원시깃털은 분명 날기 위한 것이 아니라 보온을 위한 것으로 여겨진다. 이러한 새로운 발견은 수각류 공룡의 비행능력이 원시깃털에서 진화해 여러 단계를 거쳐 성취된 것임을 알려준다. 이에 따라 모든 수각류 공룡들이 이러한 보온구조를 가졌을 것이라는 주장이 조심스럽게 대두되고 있다.

그렇다면 공룡의 제왕 티라노사우루스도 이러한 원시깃털을 갖고 있었을까? 외부 온도에 크게 영

왼쪽/시조새의 비행에 관해서는 두 가지 가설이 있다. 위쪽은 나무 위에서 떨어지지 않기 위해 날개가 생겨나 활공에 사용되고 마침내 하늘을 날았다는 이론, 아래쪽은 곤충을 잡기 위해 빠르게 달리다가 깃털이 진화했다는 이론을 표현한 그림이다.

잡을 수 있도록 발달하지 않았다. 날고 전진하기 위해서 새는 날개를 앞으로 아래로 안으로 차례로 움직이며 추진력을 만든다.

비록 시조새의 날개뼈는 현생 조류와 크게 다르지만 양력작용을 일으키는 날개의 패턴으로 판단해보면 시조새도 현생 조류와 매우 유사한 방식으로 날았음을 알 수 있다. 시조새의 앞발에 난 깃털의 구조와 분포는 현생 조류와 거의 동일하며 몸의 골격 역시 거의 변하지 않았다. 단지 앞발이 길어지고 꼬리가 줄었으며 쇄골이 합쳐져 차골로 되면서 날개근육을 지탱할 수 있는 지점이 생겨난 것뿐이다. 확실히 시조새는 활강이 아닌 날갯짓에 의해 하늘을 날 수 있었던 것이다.

향을 받는 연약한 새끼는 원시깃털로 덮여 있었을 가능성이 크다. 새끼가 점점 거대한 크기로 자라면서 털이 빠져버렸으리라고 추정된다. 그러므로 솜털에 싸인 갓 태어난 티라노사우루스의 모습이 앞으로는 그리 낯설게 느껴지지 않을 것이다.

결론적으로 이러한 증거들은 공룡과 새의 구분을 더욱 모호하게 만들면서 새가 조그만 육식공룡에서 진화되었다는 이론을 더욱 강하게 뒷받침하고 있다. 즉, 조류는 공룡의 자손일 뿐만 아니라 공룡, 더 나아가 파충류 그 자체인 것이다. 이는 인류가 영장류이며 동시에 포유류라는 의미와 같다. 다만 인류가 직립하기 때문에 다른 포유류와 구별되는 것처럼 조류도 비대칭 깃털을 갖기 때문에 다른 파충류와 구분되는 것이다.

3. 하늘을 나는 공룡

그렇다면 공룡은 어떻게 날 수 있게 되었을까? 새는 이족보행의 공룡으로부터 진화되어 나온 것이기 때문에 땅위에서 빠르게 뛰다가 날아오르는 능력이 생겼을 것이다. 어떤 학자는 시조새가 날다람쥐처럼 나무에 기어올라 중력의 도움으로 활강하는 능력을 발전시켜 날게 되었다고 주장한다. 그러나 시조새의 발가락은 현생 새처럼 나뭇가지를

따라서 공룡에서 나타나는 새의 특징은 일반적으로 조류와는 다른 용도로 이미 사용되었으며, 새로 진화한 후 나무 위의 생활을 포함한 조류의 특징으로 단순히 기능이 바뀌었을 뿐이다. 그러므로 공룡은 멸종하지 않았다고 표현할 수 있다. 그러한 의미에서 공룡은 오늘날에도 포유류보다도 더 많은 종을 가지고 중생대에 육지를 지배했듯이 하늘을 지배하고 있는 것이다.

6장 공룡시대의 동반자들

오른쪽 / 익룡이 처음 발견된 1940년대에 학자들은 이를 유대류 박쥐라고 생각했다. 따라서 이들은 어두운 밤의 흡혈귀로 묘사되었다.

아래 / 이탈리아의 후기 트라이아스기 지층에서 발견된 에유디모르포돈. 가장 오래된 익룡 중 하나이다.

1. 익룡

익룡은 공룡과 매우 가까운 관계에 있지만 앞발이 날개로 변했기 때문에 공룡이 아니다. 또한 앞에서 보았듯이, 흔히 생각하는 것처럼 익룡이 현생 새의 조상은 아니다. 익룡은 공룡과 함께 후기 트라이아스기에 나타나 빠르게 진화하면서 중생대 생태계의 중요한 일부를 차지했다. 그러니 이들 역시 중생대가 끝나는 6500만 년 전에 공룡, 해양파충류와 함께 멸종하고 만다.

익룡은 완전히 진화된 형태로 후기 트라이아스기에 처음 출현했다. 북이탈리아에서 산출된 에유디모르포돈(*Eudimorphodon*)은 일반적인 익룡의 모든 특징들을 이미 갖추고 있다. 익룡의 특징은 속이 빈 뼈, 긴 목, 짧은 몸, 긴 뒷다리와 작은 골반, 그리고 날개로 변한 앞발 등이나. 날개 덕분에 익룡은 천적이 없는 하늘에서 자유로이 번성했으며 또한 전세계로 쉽게 확산되었다.

익룡의 날개는 깃털이 있는 새와는 달리 박쥐와 비슷한 피부막으로 구성되어 있다. 박쥐는 네 개의 앞발가락으로 피부막을 지탱하는 반면 익룡은 길어진 넷째 앞발가락만으로 날개를 지탱한다. 독일의 졸렌호펜 석회암층에서 발견된 람포린쿠스(*Rhamphorhynchus*)와 프테로닥틸루스(*Pterodactylus*)를 보면 날개가 매우 얇고 촘촘한 피부섬유로 되어 있음을 알 수 있다.

지금까지 하늘을 지배한 척추동물은 파충류인

중생대의 마지막 날,
운석이 떨어지는 순간에 하늘을 나는 익룡

익룡과 공룡의 후예인 새, 그리고 포유류인 박쥐뿐이다. 여기서 익룡이 가장 먼저 하늘을 차지한 동물이다. 그런데 잠자리, 박쥐, 새, 익룡은 모두 날개를 가지고 있지만 이들의 날개는 외형적으로 유사할 뿐 실제 각기 다르게 진화한 것이다. 날 수 있는 능력이 이렇듯 다양한 방식으로 독립적으로 진화했다는 사실은 하늘을 나는 동물들에게 커다란 이득이 있음을 말해주는 것이다. 그것은 무엇보다도 천적을 피할 수 있다는 점과 먹이를 찾기 위해 많은 지역을 돌아다닐 수 있다는 점이다. 그러므로 익룡도 그러한 목적으로 날개를 진화시켰을 것이라 추정된다.

하늘을 날기 위해서는 엄청난 양의 에너지가 필

1억 5000만 년 된 익룡 람포린쿠스. 분명한 날개막이 관찰된다.

요하기 때문에 익룡이 온혈동물일 수 있다는 주장도 제기되었다. 온혈동물은 추운 환경에서 체온을 빼앗기지 않기 위해 몸을 감싸는 방열구조가 필요하다. 새에게는 깃털이, 박쥐에게는 털이 바로 절연물질이다. 놀랍게도 중앙아시아 카자흐스탄의 후기 쥐라기 지층에서 발견된 소르데스(Sordes) 익룡의 몸은 털로 덮여 있었다.

그렇다면 익룡들은 날개를 퍼덕이며 새처럼 날았을까? 아니면 활공만 할 수 있는 불완전한 비행을 하였을까? 어떠한 익룡도 새처럼 날기 위한 근육의 발달을 지탱하는 차골(叉骨)이 없다. 그러나 박쥐도 그러한 가슴뼈는 발달하지 않았지만 완벽하게 날 수 있다. 매우 길고 좁은 날개를 갖고 있는 프테라노돈(Pteranodon)은 가장 큰 새인 신천옹과 모형 글라이더의 날개와 유사하다. 신천옹은 바

1985년 맥크레디(P. MacCready) 팀이 케찰코아틀루스의 실제 크기의 반만 한 축소모형을 만들어 커다란 익룡이 날 수 있는지 캘리포니아 사막에서 실험했다. 그 결과 놀랍게도 모델은 시속 57km의 속도로 완전하게 날았다.

과거부터 사족보행설과 이족보행설이 팽팽하게 맞선 익룡의 걸음걸이

익룡은 나는 데는 잘 적응한 동물이었지만 땅위에서는 어떠했을까? 익룡의 걸음걸이에 대한 견해는 두 가지로 양분된다. 첫 번째는 공룡처럼 두 발로 걸었다는 것이고, 두 번째는 앞발목 관절을 이용해 네 발로 걸었다는 것이다. 그러나 최근 발견되는 익룡의 발자국화석에 의해 이들이 네 발로 걸었다는 주장이 더 설득력 있게 받아들여진다. 특히 우리나라의 전남 해남 우항리에서 산출된 익룡의 발자국은 분명하게 익룡이 네 발로 걸었음을 나타내고 있다(제3부 5장 참조).

다 위에서 장시간 떠 있기 위해 상승기류를 이용한다. 반면에 짧고 넓은 날개를 가진 케찰코아틀루스(*Quetzalcoatlus*)는 송골매나 점보비행기와 유사하다. 이러한 날개는 오랜 시간 활공하기에 부적합하므로 높이 떠 있기 위해서 자주 날갯짓을 하였을 것이다.

익룡은 크게 두 가지 그룹, 즉 람포린쿠스류(rhamphorhynchoids)와 프테로닥틸루스류(pterodactyloids)로 나뉜다. 람포린쿠스류는 크기가 작은 원시적인 익룡으로서 트라이아스기와 쥐라기에 살았다. 대부분 꼬리가 길고 상대적으로 목이 짧으며 긴 다섯째 발가락을 가진다. 반면에 프테로닥틸루스류는 주로 백악기에 살았으며 짧은 꼬리와 긴 목이 특징이다.

람포린쿠스류 중 작고 짧은 머리를 가진 아누로그나투스(*Anurognathus*)는 졸렌호펜 석회암층에서 산출되었는데 짧고 깊은 주둥이에는 못처럼 생긴 이빨들이 발달해 있어 딱딱한 곤충의 껍질을 씹어 먹었던 것으로 추정된다. 람포린쿠스(*Rhamphorhynchus*) 또한 졸렌호펜 석회암층에서 발견된 익룡으로 긴 꼬리의 끝에는 특징적으로 마름모꼴의 꽁지깃 같은 구조가 발달해 있다. 긴 주둥이 안에는 바늘처럼 날카로운 이빨들이 발달해 물고기를 주식으로 했던 것으로 추정된다. 람포린쿠스는 펠리컨 같은 입주머니 구조를 갖고 있어 물위를 나르면서 아래턱으로 물고기를 잡았던 것 같다. 일단 잡은 물고기는 안전한 장소에서 삼킬 때까지 입주머니에 저장했을 것이다.

익룡의 두 번째 그룹인 프테로닥틸루스류는 가장 작고 가장 큰 익룡을 포함한 그룹이다. 프테로닥틸루스 엘레강스(*Pterodactylus elegans*)는 제비만 한 크기의 익룡으로 졸렌호펜 석회암층에서 발견되었다. 작은 크기에 높은 신진대사를 필요로했을 것이기 때문에 영양분이 풍부한 곤충들을 주로 먹었을 것이다. 가장 큰 케찰코아틀루스는 날개를 폈을 때 길이가 12m에 이르렀다. 이 그룹의 가

아누로그나투스

람포린쿠스

프테로닥틸루스

프테로다우스트로

프테라노돈

중가립테루스

주둥이의 골즐을 이용해 물고기를
낚아채는 안항구에라

장 특이한 익룡은 아르헨티나의 후기 백악기 지층에서 산출된 프테로다우스트로(*Pterodaustro*)이다. 이 익룡은 아래턱에 현생 수염고래와 비슷한 긴 섬유질의 '수염'구조가 발달해 있다. 이러한 구조는 이들이 플랑크톤을 먹었을 것이라는 유추를 가능케 한다.

프테라노돈 롱지셉스(*Pteranodon longiceps*)는 기긴 큰 머리를 가진 익룡으로 미국 캔사스의 후기 백악기 지층에서 산출되었다. 180cm 길이의 머리 골즐 때문에 전체 머리 길이는 몸 길이보다 더 크다. 이 골즐의 목적에 대해 여러 주장이 제기되었

는데, 프테라노돈의 머리 골즐은 공기역학적으로 볼 때 하늘을 날면서 방향을 조정하는 방향타 구실을 한 것으로 해석된다. 중국의 전기 백악기 지층에서 발견된 중가립테루스(*Dsungaripterus*)도 골즐을 가지는데 이 골즐은 머리 뒤쪽뿐 아니라 주둥이 앞쪽까지 뻗어 있다. 브라질의 산타나(Santana) 지층에서 발견된 안항구에라(*Anhanguera*)와 트로페오그나투스(*Tropeognathus*)는 주둥이 앞부분에 골즐이 발달해 있다. 이것은 수면 위를 날면서 긴 주둥이를 물속에 넣어 재빠르게 물고기를 낚아챌 때 물의 저항을 줄이기 위한 구조로 해석된다.

실제 여러 종류의 프테라노돈 골즐을 연구한 결과 이들 골즐은 자라면서 점점 더 커지고 높이 솟는다는 것이 밝혀졌다.

2. 해양파충류

오늘날 대부분의 파충류는 도마뱀과 뱀처럼 육지에서 살거나 혹은 악어처럼 물가에서 생활한다. 그러나 중생대의 몇몇 파충류는 육지에서 살 수 없을 정도로 완전히 바다에 적응하였다. 어째서 이들은 다시 바다로 돌아갔을까?

우선 에너지효율 측면에서 설명할 수 있다. 육지에서 사는 파충류는 중력을 극복하면서 걷기 위해 많은 에너지를 필요로 한다. 반면에 물속에서 사는 파충류는 물의 부력 덕분에 육상파충류의 1/4의 에너지만 쓰면서 살아갈 수 있다. 이들이 필요한 에너지는 추진력뿐이다. 또 하나의 원인은 먹이다. 바닷속에는 물고기, 오징어, 벨렘나이트(belemnites) 등 풍부한 먹이가 있었다. 해양파충류 화석의 배 부분에서 이들의 잔해가 흔히 발견된다. 이것은 중생대 바다가 풍부한 단백질 창고였다는 것을 말해준다. 바다생물들은 얕은 바다에서 가장 번성했기 때문에 해양파충류가 중생대의 얕은 바다에서 진화하였다는 것은 놀라운 일이 아니다.

물속의 부력은 또한 바다생물이 더욱 크게 자랄 수 있는 여건을 제공한다. 오늘날 가장 큰 동물은 해양생물인 고래이다. 비록 어떠한 해양파충류도 그 정도로 크게 자라지는 못했지만 중생대 말로 가면서 점점 더 커지는 경향이 있었다. 먹이가 되는 물고기는 대부분 빠르게 헤엄치기 때문에 바다생활에 성공적으로 적응한 파충류들은 더욱더 물고기 같은 형태로 진화했다. 이는 포유류인 돌고래가 물고기 같은 유선형의 몸을 가지게 된 것과 같은 이유이다.

바다에 살던 악어를 제외하고 해양파충류는 공룡의 골반 형태를 가지고 있지 않다. 게다가 해양파충류의 발은 흔히 물갈퀴로 변화하였다. 또한 이들의 머리뼈는 눈 뒤의 위쪽에 한 쌍의 구멍(側弓型)이 발달해서 두 쌍의 구멍(二弓型)이 발달한 공룡과는 다르다. 따라서 이들은 공룡이 아니다.

어룡

어룡(魚龍, ichthyosaurs)은 물고기 같은 몸으로 진화한 파충류의 가장 좋은 예다. 일본의 전기 트라이아스기 지층에서 발견된 가장 원시적인 어룡 유타츠사우루스(*Utatsusaurus*)는 약 1.5m 길이에 도마뱀 같은 머리뼈와 길고 날렵한 몸, 그리고 길고 가는 꼬리를 갖고 있다.

이보다 훨씬 더 진화한 어룡은 독일과 영국의 전기 쥐라기에서 산출된 이크티오사우루스(*Ichthyosaurus*)이다. 머리와 몸은 매우 변형되어 돌고래 같은 형태를 지녔다. 머리는 짧지만 길고 이빨이 발달한 주둥이를 가졌으며 목도 몸과 꼬리처럼 짧아졌다. 척추는 원시적인 어룡에서 나타나는 복잡한 구조에서 단순한 원반 형태로 진화하였다. 앞물갈퀴는 더욱 변형되어 한층 짧아지고 앞발가락 수가 많아져 앞발가락뼈의 수가 크게 증가하였다. 심

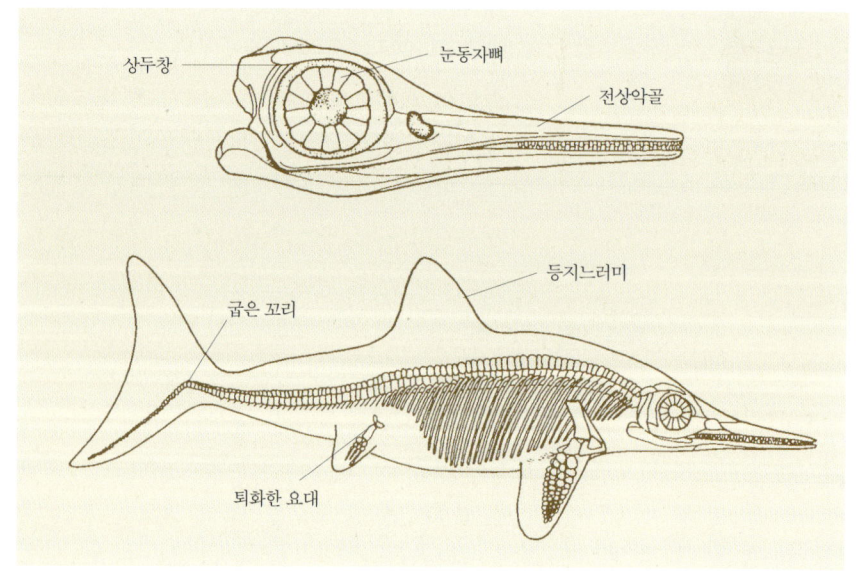

어룡의 눈동자뼈와 골격

상두창
눈동자뼈
전상악골
굽은 꼬리
등지느러미
퇴화한 요대

지어 앞발가락뼈도 작은 원판형으로 바뀌었다. 그
후 이들은 후기 백악기에 멸종할 때까지 몸의 형태
가 거의 바뀌지 않았다.

어룡은 시각이 매우 잘 발달했다. 눈구멍은 매우
크고 살아 있었을 때 눈동자는 공막륜(scleral
ring)으로 둘러싸여 강화된다. 이 뼈로 수압에 따
라 눈동자의 모양을 변화시켜 정확하게 먹이에 초
점을 맞추면서 뒤쫓을 수 있다. 주둥이는 매우 길
게 발달해 꼭 돌고래 같은 모양을 하고 있으며, 돌
고래처럼 이빨도 길고 뾰족하여 물고기를 주식으
로 하였다.

독일 홀츠마덴(Holzmaden)의 흑색 셰일층에서

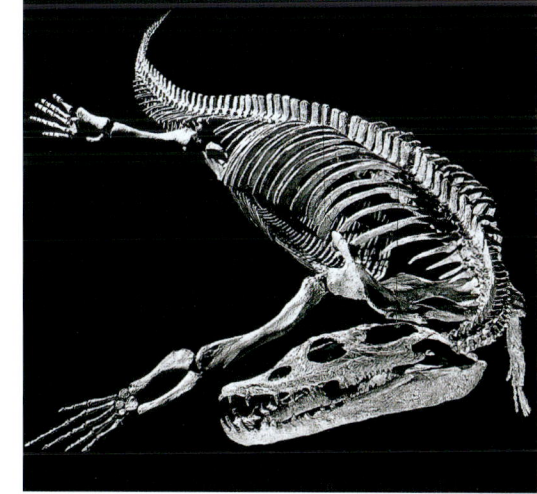

헤엄치는 자세로 전시된 노토사우루스

오늘날 고래의 생태와 비슷하게 어룡
도 해안에서 빠져나가지 못할 때 대량
으로 죽음을 맞이하게 된다.

탄화된 피부 자국이 어룡뼈를 둘러싸고 있는 것이
발견되었다. 이 표본을 보면 상어처럼 등지느러미
가 발달해 있고 꼬리는 고래 꼬리와 같은 모양인
데, 고래와 다른 것은 꼬리지느러미가 수직으로 서
있다는 점이다. 어룡은 이 수직 꼬리지느러미를 좌
우로 움직여 능숙하게 헤엄을 쳤다. 양쪽 앞물갈퀴
는 헤엄칠 때 몸의 균형을 잡고 방향을 조정하는
데 사용되었다.

노토사우루스류

같은 시기에 바다에 나타난 또다른 해양파충류
는 노토사우루스류(nothosaurs)이다. 스위스의
중부 트라이아스기 지층에서 산출된 파키플레우로
사우루스(*Pachypleurosaurus*)는 전형적인 노토
사우루스류로서 길이는 약 90cm이며 작은 머리에

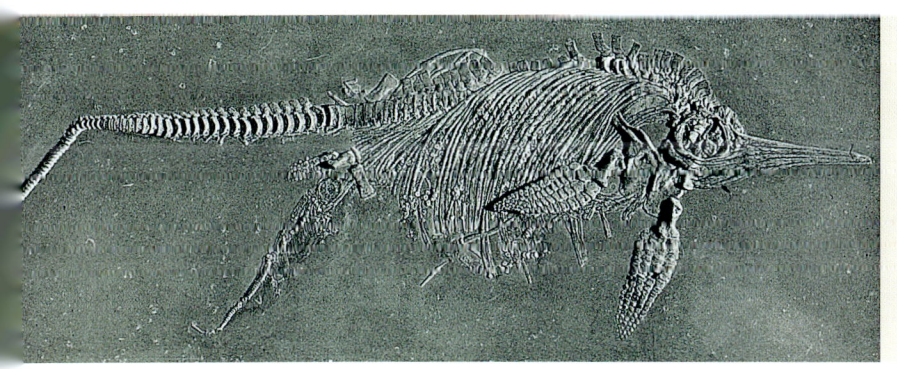

새끼를 낳다가 죽은 스테놉테리기우스이 화석
어룡의 생식에 관한 것도 알려졌는데, 어룡은 해양파충류이기
때문에 오늘날 바다거북처럼 암컷이 해안 모래사장으로 올라
와 알을 낳았을 것이라고 추정되어왔다. 그러니 흘츠마덴에서
발견된 스테놉테리기우스(Stenopterygius)는 새끼를 반쯤 낳
다가 죽어 화석이 되었다. 따라서 이룡이 알이 아닌 새끼를 출
산한다는 것이 밝혀졌으며 돌고래처럼 새끼는 꼬리부터 먼저
나오는 것도 확인되었다.

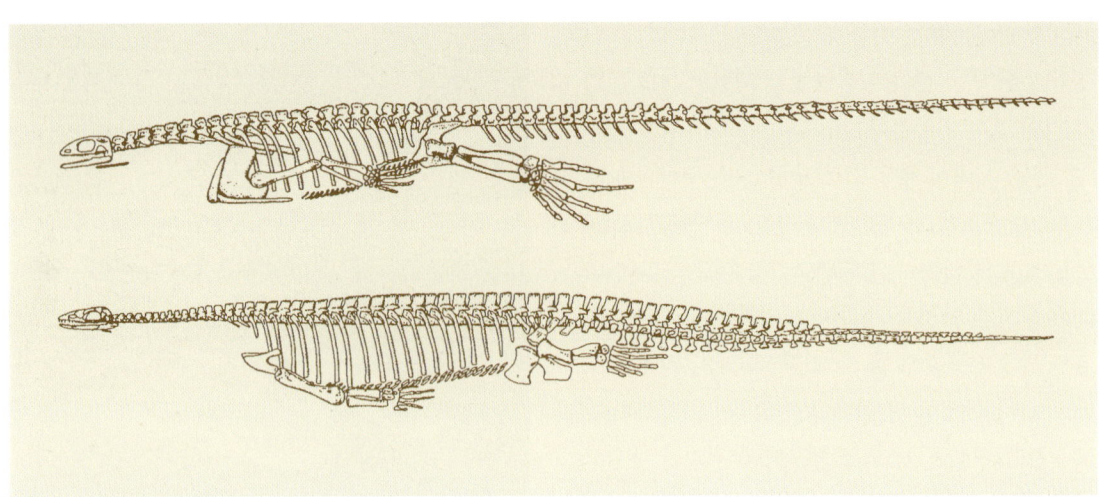

위에서부터 파키플레우로사우루스와
케레시오사우루스의 골격

긴 목과 긴 몸이 특징이다. 꼬리는 길며 어룡처럼
지느러미로 발달하지는 않았다. 현생 악어처럼 긴
목과 긴 꼬리를 좌우로 움직여 헤엄쳤다. 다리는
물갈퀴로 변형되어 있지는 않지만 물속에서 방향
을 잡는 데 이용되었을 것이다.

노토사우루스류는 종마다 다양하여 20cm 크기
의 네우스티코사우루스(Neusticosaurus)에서
3.6m에 이르는 노토사우루스(Nothosaurus)와 케
레시오사우루스(Ceresiosaurus)도 있다. 가장 작
은 표본은 이탈리아에서 발견된 새끼 네우스티코
사우루스 페이에르아이(Neusticosaurus peyeri)로
크기는 단지 5cm에 불과하다. 이들 새끼 표본들은
해성층(海成層)에서 발견되지만 이들이 해안에서
부화된 후 바다에서 살았는지 어룡처럼 바다에서
새끼를 낳았는지는 알 수 없다. 다리는 어룡처럼
물갈퀴로 변형되어 있지 않기 때문에 만약 알을
낳기 위해 육지로 올라왔다면 충분히 걸을 수 있었
을 것이다. 그러나 실제 이들이 그런 행동양식을
보였는지는 알 수 없다.

노토사우루스류는 전기 트라이아스기에 처음 나
타나지만 중기 트라이아스기 지층에서 가장 풍부
하게 산출된다. 이들의 이빨은 길고 뾰족하며 주로
물고기를 잡아먹었다. 노토사우루스류는 긴 목을
가진 수장룡과 비슷하여 과거 고생물학자들은 이
들이 수장룡의 조상일 것으로 생각하였다. 그러나
입천장뼈의 구조와 어깨뼈를 다시 연구한 결과 이
들 대부분이 이미 특별하게 진화되어 있어 수장룡
의 조상이 될 수 없다는 결론에 도달했다.

수장룡

수장룡(首長龍, plesiosaurs)은 아마도 가장 잘
알려진 해양파충류일 것이다. 이들은 두 그룹으로
나눌 수 있는데, 긴 목을 가진 플레시오사우루스류
(plesiosauroids)와 짧은 목을 가진 플리오사우루
스류(pliosauroids)이다. 다리는 모두 물갈퀴로 변
형되어 있으며 어깨뼈와 골반뼈들이 넓은 뼈로 확
장되어 헤엄치는 데 필요한 강력한 근육을 발달시
켰다.

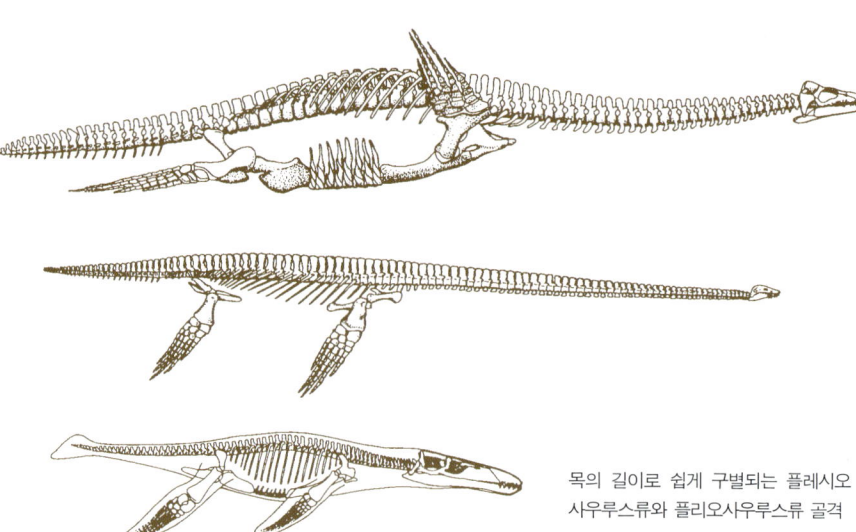

목의 길이로 쉽게 구별되는 플레시오
사우루스류와 플리오사우루스류 골격

미국 캔자스의 후기 백악기 지층에서 발견된 엘라스모사우루스(*Elasmosaurus*)는 세계에서 가장 긴 목을 가진 동물로서 76개의 목뼈를 갖고 있으며, 영국의 전기 쥐라기 지층에서 발견된 플레시오사우루스(*Plesiosaurus*)는 30개의 목뼈를 갖고 있다. 이러한 플레시오사우루스류의 긴 목은 21개의 목뼈를 가진 플리오사우루스류와 쉽게 구별된다.

굉장히 큰 플리오사우루스류인 크로노사우루스(*Kronosaurus*)는 전체 길이가 9m로 중생대 바다의 가장 무서운 포식자였다. 이들의 이빨은 짧고 아주 억세어 주로 더 작은 수장룡이나 다른 해양파충류를 잡아먹었다. 과거에는 크로노사우루스 같은 큰 수장룡은 물갈퀴를 노처럼 이용하면서 긴 목으로 물고기를 사냥했다고 생각했다. 그러나 최근 어깨뼈와 골반의 관절을 조사한 결과 수장룡의 물 속 움직임은 바다사자의 동작과 비슷해 물갈퀴를

크로노사우루스

아래로 휘저음으로써 강력한 추진력을 얻었음이 밝혀졌다.

수장룡은 해양생활에 잘 적응했지만 중생대가 끝나는 6500만 년 전에 공룡과 함께 멸종하고 만다. 이들의 마지막 화석은 남극과 캐나다의 최후기 백악기 지층에서 산출된다.

플레시오사우루스

모사사우루스류

바라노이드 도마뱀(코모도 왕도마뱀이 이들의 살아 있는 후손이다)에서 진화한 모사사우루스류(mosasaurs)는 후기 백악기 초반인 8800만 년 전에 처음 출현했다. 이들은 전형적인 도마뱀의 머리뼈를 갖고 있는데 눈 뒤에는 두 쌍의 구멍〔二궁型〕이 존재한다. 어룡처럼 눈동자를 감싸는 뼈가 발달해 있고 몸의 전반적인 형태는 도마뱀을 닮았으나 다리는 현격한 변화를 겪었다. 양쪽 앞발과 뒷발은 몸에 비해 짧아지고 물갈퀴로 변했다. 모사사우루스류는 꼬리를 좌우로 휘저어 추진력을 얻었으며 물갈퀴는 방향을 조정하는 데 사용하였다.

다양한 몸 형태와 꼬리 모양을 보면 이들 모두가 헤엄에 능숙하였다고 생각하기는 어렵다. 기다란 몸을 가진 모사사우루스(Mosasaurus)는 먹이를 잡기 위해 해초 속을 미끄러지듯 천천히 헤엄쳤을 것이다. 그러나 짧은 몸에 큰 물갈퀴를 가진 플라테카르푸스(Platecarpus)는 상당히 빠른 속도로 헤엄을 칠 수 있었고 기동성도 뛰어났을 것으로 추정된다.

모사사우루스류의 이빨 모양과 화석화된 위의 내용물을 살펴보면 이들 모두가 똑같은 먹이를 먹은 것이 아니라 여러 가지 다양한 먹이를 섭취했음을 알 수 있다. 짧고 억센 이빨을 가진 9m 크기의 틸로사우루스(Tylosaurus)는 현생 범고래처럼 다른 모사사우루스류를 잡아먹었다. 이들의 배 속에서 플라테카르푸스의 뼈가 발견되었다. 아마도 크

바다악어 스테네오사우루스. 갈비뼈 사이에 위석도 관찰된다.

기가 작은 플라테카르푸스는 여러 가지 물고기를 주식으로 했을 것이다.

바다악어

오늘날 악어는 적도지방의 민물가에 살지만 공룡시대에는 바다에 적응한 악어도 있었다. 이들 바다악어(marine crocodiles)는 전기 쥐라기인 1억 8800만 년 전에 육상악어로부터 진화하였으며 남극대륙을 제외한 거의 전세계에서 발견된다.

가장 잘 알려진 것은 독일에서 발견된 스테네오사우루스(Steneosaurus)이다. 스테네오사우루스는 등과 배에 아직 육상동물의 특징인 비늘이 덮여 있다. 앞다리는 뒷다리보다 짧지만 때로 육지에서 기어다닐 수도 있었을 것이다. 머리뼈는 길고 이빨이 난 긴 주둥이는 현재 인도에서 사는 민물악어

위/모사사우루스

오른쪽/유럽 후기 쥐라기 지층에서 발견된 바다악어 게오사우루스의 골격

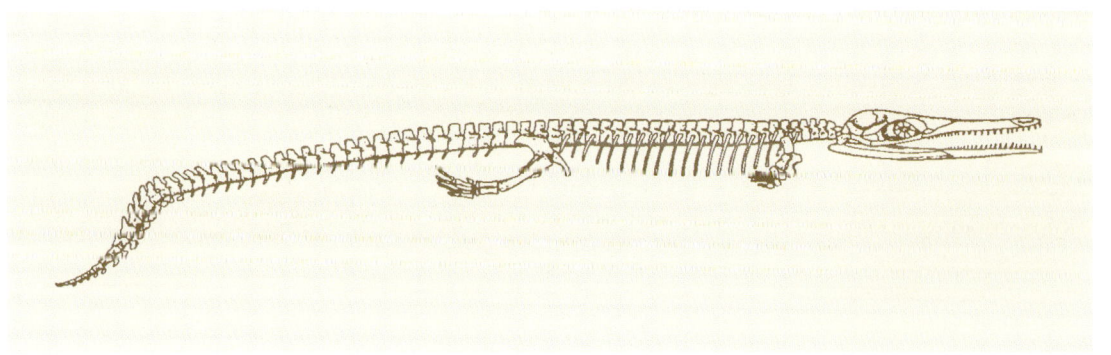

가비알(gavial)과 비슷하다. 긴 주둥이를 가진 가비알은 물고기만을 먹고 살기 때문에 스테네오사우루스도 비슷한 식성을 가졌으리라 짐작된다.

유럽의 후기 쥐라기 지층에서 발견된 게오사우루스(*Geosaurus*)는 바다생활에 완벽히 적응했음을 보여주는데, 이들의 몸은 비늘이 퇴화되고 부드러운 피부로 덮여 있으며 몸도 유선형으로 바뀌었다. 앞발은 물갈퀴로 변화되었으며 꼬리끝은 어룡처럼 아래로 휘어져 꼬리 위에는 물고기 같은 지느러미가 있었을 것으로 추정된다. 이들 바다악어는 전기 백악기에 전멸했으며 더 진화된 후손을 남기지 않았다.

7장 공룡의 멸종

왜 동물들은 멸종하는 것일까? 모든 동식물은 환경에 잘 적응하고 있으며 어떤 특별한 환경에서는 매우 독특한 방법으로 적응·진화한다. 코알라는 특수한 소화계와 매우 긴 내장을 가진 덕분에 유칼립투스 나뭇잎만을 먹고 살아가는 유일한 포유류이다. 이러한 식성 때문에 코알라는 오직 유칼립투스가 자라는 지역에서 딴 동물과 먹이경쟁 없이 살아간다. 반면에 풍뎅이는 거의 모든 지역에서 생존할 수 있도록 적응하였다. 풍뎅이는 오늘날 가장 번성한 동물 중의 하나로 지금까지 50만 종이 기재되었으며 지구 모든 곳에 분포되어 있다. 풍뎅이와 코알라는 아주 다른 방식으로 진화한 것처럼 보이지만 그들의 공통적인 성공 원인은 바로 다른

동물보다도 생태계에 더 잘 적응했다는 것이다. 그런데 문제는 늘 환경이 변화한다는 데 있다. 멸종은 어떤 종이 이러한 변화에 대처하지 못할 때 일어나게 된다.

1억 6000만 년간 공룡은 어떤 환경에도 잘 적응한 적응의 챔피언이었다. 대륙이 움직이고 기후는 변화하여 새로운 식물이 나타났지만 공룡들은 매우 성공적으로 생존했다. 모든 대륙에서 다양하게 번성하여 전 육지를 완전히 지배한 것이다. 그런데 아주 갑자기 공룡들이 사라졌다. 무슨 일이 일어난 것일까? 현재 많은 학자들은 지구에 큰 영향을 끼친 갑작스러운 재앙으로 공룡이 멸종했다고 믿고 있다. 이러한 변화는 매우 극적이며 또한 빠르게 일어나 공룡들은 이 새로운 조건에 적응할 기회를 갖지 못했다.

우리가 공룡의 멸종을 이야기할 때 염두에 두어야 할 사실은 공룡만이 6500만 년 전 극적인 사건의 희생자는 아니라는 것이다. 다른 동물 또한 극적으로 감소하거나 없어졌다. 바다에서는 모든 해양파충류가 사라졌으며 단지 생존한 것은 바다거북뿐이었다. 암모나이트와 벨렘나이트도 완전히 멸종했다. 하늘에서는 새는 살아남았으나 익룡이 사라졌고 땅위에는 공룡을 제외한 악어, 도마뱀, 뱀, 거북이 포유류와 함께 살아남았을 뿐이다. 멸종은 식물에도 영향을 끼쳤는데 특히 현화식물의 변화가 가장 심했고 소철류와 고사리류, 이끼류 들은 영향을 덜 받았다.

백악기 말 북미의 습하고 차가워진 기후는 늪지와 강이 발달한 공룡의 서식지를 더욱 축소시켰다. 고립된 초식공룡들은 점점 감소해갔다.

따라서 하늘과 바다와 육지 모든 생태계에 광범위한 영향을 끼친 멸종의 원인을 찾아야 한다. 6500만 년 전에 일어난 멸종의 원인을 찾는 것은 목격자도 없이 살인범을 찾는 것과 같지만 그 '범죄'의 현장은 지층 속에 남아 있다. 공룡의 멸종은 백악기와 제3기 지층이 경계를 이루는 곳에서 나타나고 있다. 이 지점을 K-T경계(K는 그리스어로 백묵이라는 뜻의 'Kreta'에서 온 것이고, T는 신생대 제3기 'Tertiary'에서 온 것이다)라 부른다. 전 세계에 분포하는 K-T경계를 자세히 관찰함으로써 공룡을 포함한 대전멸에 대한 새로운 가설이 제창되었다.

1. 운석충돌설

1978년 미국 캘리포니아주립대 버클리 분교의 알바레스(Alvarez)팀은 이탈리아 구비노 지역에 있는 K-T경계를 조사했다. 이 경계에는 약 2cm 두께의 붉은색 점토층이 있었는데 이 층을 조사한 결과 평균보다 30배나 많은 이리듐(Iridium) 원소가 함유된 사실이 밝혀졌다. 이리듐은 지표에서 매우 드물게 산출되는 중금속으로 보통 우주로부터 혹성에 떨어지는 우주먼지 속에 함유되어 있거나 화산이 분출하면서 드물게 지구핵 물질이 지표로 나올 때 나타난다. 이렇게 비정상적으로 높은 이리

6500만 년 전 어느날 하늘에서 떨어지는 운석을 바라보는 두 마리의 티라노사우루스

미국 애리조나주의 운석충돌 분화구. 이 분화구는 직경 1.2km에 깊이 170m이다. K-T경계에 떨어진 직경 10km의 운석은 분화구가 직경 180km로 계산되는데 그 깊이는 지각을 관통했을 것이다.

뚜렷한 평행선을 보이는 충격석영 결정은 우석충돌이나 핵폭발 같은 극심한 압력과 온도에서만 형성된다. 이와 같은 충격석영이 K-T경계층에서 발견되었다.

현미경으로 자세히 관찰한 결과, K-T경계층 속에는 아주 작은 석영입자들이 깨진 상태로 존재하는 것이 확인되었다. 이러한 '충격받은 석영입자'(shocked quartz)는 핵실험 지역에서 발견되기 때문에 K-T경계에서 이것이 발견되었다는 것은 실제로 당시 엄청난 폭발의 충격이 있었음을 의미한다.

듐 양을 계산해 그들은 직경 10km가량의 운석이 6500만 년 전 지구에 떨어져 K-T경계층에 이리듐을 남겼다고 추정하였다.

그러한 사건은 분명히 공룡에게는 치명적이었을 것이다. 운석은 시속 10만km로 지구를 강타했고 이로 인한 첫 번째 폭발로 반경 400~500km 안에 있는 모든 것들이 파괴되었을 것이다. 이러한 충격은 또한 지진을 일으켜 연속적인 화산분출이 시작되었다. 운석 자체는 충격과 함께 증발되어 거대한 먼지구름과 가스, 화재로 인한 숯검댕, 그리고 수증기를 성층권으로 올려보냈다. 또한 산산조각 난

운석 파편들이 다시 대기권에 떨어질 때 지구는 갑자기 약 40분간 2,000°C의 전자오븐에 들어간 효과가 나타난다. 하늘을 뒤덮은 먼지는 점차 지구를 덮어 약 3개월간이나 계속되는 암흑의 세계, 즉 핵겨울이 도래한다. 강력한 열과 화학작용에 의해 먼지구름의 수증기가 대기의 질소와 결합해 질산이 만들어지고 강한 산성비가 내린다.

이러한 조건에서 공룡들은 생존할 수 없었을 것이다. 이런 악조건 속에서 살아남을 수 있었던 육상동물은 시체를 먹는 조그만 동물들과 다양한 종류의 먹이를 취하는 포유류나 새들이었다. 바다에서는 플랑크톤이 죽어 먹이사슬이 깨지면서 커다란 해양파충류가 사라졌다. 바다생물의 서식지인 대륙붕 지역에 산소포화량이 적은 깊은 바닷물이 올라오고 산성비가 내리면서, 플랑크톤에서 암모나이트에 이르기까지 석회질 껍데기를 가진 바다생물들이 전멸해버리고 말았다.

1979년 이러한 대멸종 시나리오가 발표된 후 K-T경계층에 대한 자세한 조사가 이루어져 새로운 증거들이 나타났다. 가장 중요하게는 이탈리아 구비노에서 발견된 많은 양의 이리듐을 포함하는 지층이 전세계 다른 50여 개 지역에서도 발견되어 분명히 지구생태계에 커다란 영향을 끼친 엄청난 사건이 있었다는 것이 확실해졌다.

또 K-T경계 전후 지층에서 산출되는 식물화석은 짧은 기간 극적인 변화를 보인다. 경계 바로 위, 즉 중생대가 끝나고 신생대로 접어드는 지층에서 고사리류의 포자가 수적으로 크게 증가한다. 이것은 황폐화된 땅에 바람을 타고 고사리의 포자가 빠르게 퍼졌음을 의미한다. 이러한 일은 오늘날 화산이 분출하여 주위의 식물들이 황폐해진 후 생명력이 질긴 고사리류가 번성하는 것과 매우 유사하다. 이처럼 K-T경계는 우리에게 여러 가지를 생각할 수 있는 충분한 정보를 제공하는 것이다.

그렇다면 지름 10km의 운석이 떨어진 장소는 어디인가? 계산상으로 직경 180km 정도의 분화

구가 발견되어야만 한다. 그러나 운석충돌 이론이 발표되었을 당시 그러한 크기의 분화구는 인공위성을 통해서도 육지에서 확인되지 않았다. 그러나 1990년 분화구의 잔해가 멕시코 유카탄반도 북서쪽 해안에서 발견되었다. 폭발 때 생겼을 잔해들이 그 장소에서 800km 떨어진 지역에서도 발견되어 폭발 당시의 엄청난 힘을 말해준다.

2. 화산이론

비정상적으로 많은 양의 이리듐을 함유하는 K-T 경계층은 최대 60만 년의 시간 간격을 갖고 있다. 이 기간에 이리듐이 비정상적으로 나타나는 것을 두고 이리듐의 기원이 지구 외부가 아니라 지구의 핵에 있다고 주장하는 학자들이 있다. 이러한 과학자들은 연속적인 화산분출이 공룡을 전멸하게 한 기후변화를 야기했다고 믿는다. 굉장한 화산작용이 환경에 끼친 영향은 운석의 충돌효과와 매우 유사하다는 것이다.

6600만 년 전에 시작되어 100만 년 동안 계속된 인도 데칸 지역의 거대한 화산분출은 2,400m 두께의 데칸고원을 형성한 용암을 만들었다. 그러므로 이러한 화산분출은 이리듐이 풍부한 용암을 지표로 끌어올렸으며 동시에 이산화탄소를 대기로 뿜어내 궁극적으로 해양을 산성화해 해양생태계를 붕괴시키고 기후를 변화케 하였다는 것이다. 이러한 사건은 공룡들이 생존하고 적응할 수 있는 한계를 넘어서는 변화였을 수 있다. 후기 백악기의 공룡화석 기록을 가장 풍부하게 가지고 있는 북미 서부지역을 보면 공룡의 다양성이 백악기 말로 가면서 감소하는 반면에 포유류는 수적·양적으로 많아지고 크기도 커짐을 알 수 있다. 즉, 공룡은 마지막 500만 년 동안 이미 서서히 쇠퇴해가고 있었던 것이다.

화산활동은 또한 아주 다른 방법으로 공룡에게

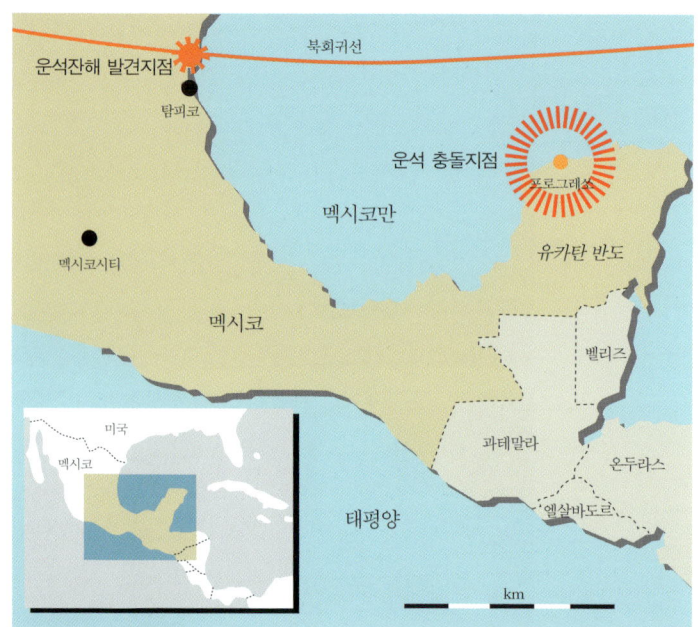

위/중생대를 마감한 운석의 추락지점으로 가장 유력시되는 유카탄 반도. 운석의 잔해는 멕시코 중심과 텍사스만에서까지 발견된다.

아래/중생대 말의 격심해진 화산활동도 공룡의 멸종에 커다란 영향을 끼쳤다.

고통을 주었는데 그것은 둥지의 알을 파괴시키는 일이었다. 알이 부화되기 전은 명백히 공룡의 삶에서 가장 쉽게 외부 공격을 받는 시기이다. 그러므로 공룡의 멸종에 관하여 연구할 때 공룡알을 관찰하는 것은 당연하다. 공룡알이 화산활동의 영향을 받았다는 생각은 데칸고원 화산활동에 의해 지구 깊숙한 곳으로부터 아주 드문 원소인 셀레늄(selenium)이 산출된다는 사실에 기초를 두고 있다. 이 원소는 K-T경계층에서 산출되는데 멀리는 덴마크에서도 보고되었으며 프랑스의 백악기 말 지층에서 산출된 용각류 공룡 둥지의 알껍질에서

공룡이 멸종하면서 중생대가 끝나고 새롭게 시작된 신생대라는 무대에는 포유류가 주인공으로 등장한다.

부화에 실패한 마이아사우라의 알들

도 비정상적으로 많이 나타난다. 알껍질에 함유된 셀레늄의 양은 K-T경계로 갈수록 더 증가하며 이러한 둥지의 알은 부화실패율이 매우 높은 것으로 나타난다.

공룡의 멸종에서 더 흥미 있는 설명은 알의 온도와 관계 있다. 악어와 몇몇 도마뱀, 거북은 부화 중 알의 온도에 의해 성(性)이 결정된다. 예를 들면 아메리카악어의 알은 30°C보다 낮은 온도에서 부화하면 암컷만 태어나고 32°C일 때는 암컷과 수컷이 다 태어나며 34°C에서는 수컷만 태어난다. 만약 어떤 공룡이 이와 같은 메커니즘을 가졌다면 그리고 기후가 몇 도씩 오르락내리락했다면 공룡도 성비(性比)의 불균형을 초래해 결국 멸종의 단계로 갔을 수도 있다는 이론이다.

*

정말 어떠한 일이 일어났던 것일까? 아무도 확실히 알지는 못한다. 하지만 지구의 기후는 백악기 말로 갈수록 명백히 변하고 있었다. 또한 두 개의 큰 재앙, 운석충돌과 대규모의 화산활동이 일어났다. 이러한 세 가지 사건들이 복합된 효과가 지구환경에 다양한 규모로 영향을 끼치고 결국 공룡의 멸종을 가져왔을 것이다. 아직 어떠한 이론도 공룡의 멸종에 관한 궁금증을 완벽하게 해결해주지는 못한다. 왜 모든 공룡을 전멸시킨 그 어떤 사건은 악어에게는 영향을 끼치지 못했을까? 왜 하

늘을 나는 파충류인 익룡은 사라졌지만 새는 살아 남았을까? 왜 거대한 해양파충류는 전멸했지만 바다거북과 산호는 무사했을까?

6500만 년 전 대전멸의 실체를 밝히기 위해 노력하는 동안 기억할 것은, 만일 이러한 일이 일어나지 않았더라면 지금 이 사건의 진상을 밝히고 있는 우리 인간은 결코 존재하지 않았으리란 것이다. 신생대가 시작되면서 공룡이 사라지고 난 텅 빈 생태계에 포유류가 빠르게 진화할 수 있는 여건이 형성되었다. 포유류는 곧 땅의 주인이 되었고 바다와 하늘로도 세력을 넓혔다. 결국 400만 년 전, 최초로 인류의 조상이 나타나게 된 것이다.

제2부

공룡백과

앞면 그림/이구아노돈을 공격하는 데이노니쿠스 무리

1장 공룡의 분류

언뜻 보면 지구상의 생명체는 너무 다양해 각각 독특하게 창조되어 있는 것 같다. 만일 우리가 주위에서 흔히 볼 수 있는 동물들, 예컨대 개구리, 도마뱀, 까치와 개를 한곳에 모아놓고 살펴본다면 처음에는 이들이 모두 다르다고 느낄 것이다. 그러나 자세히 살펴보면 다른 점보다는 비슷한 점이 더 많다는 것을 알 수 있다. 눈은 모두 두 개이며 입은 하나고 다리는 네 개에 발가락은 똑같이 다섯 개이다. 왜 여섯 개의 다리를 가진 개와 눈이 세 개인 까치, 입이 두 개인 개구리는 없을까?

'분류학의 아버지'라 불리는 스웨덴의 식물학자 린네(Carl von Linné)는 1758년 비슷한 것끼리 함께 묶어 서로를 구별하는 것을 분류라 생각했다. 이러한 생각의 밑바탕에는 종은 불변하며 진화하지 않는다는 창조론적 이념이 깔려 있었으며 실제 그는 창조론자였다. 이 방법에 의해 우리는 척추동물을 어류·양서류·파충류·조류·포유류로 구분한다. 예를 들면 악어, 도마뱀, 거북은 파충류 강(綱)으로, 새는 조류 강으로 분류된다. 이러한 구분은 새의 깃털과 온혈성을 매우 큰 속성으로 인지하여 새를 파충류와 동등한 수준에 놓고 있다. 그러나 이러한 분류의 문제점은 진화의 계통을 정확히 추정할 수 없다는 것이다. 즉 파충류들 사이에 어떤 진화적 관계가 있는지 혹은 새는 파충류 중 어떤 그룹으로부터 진화한 것인지를 알 수 없다. 따라서 이런 식의 인위적 분류는 진화관계의 설정을 어렵게 만든다.

생물의 진화사를 알기 위해 분류에서 가장 중요한 것은 서로 다른 그룹들 사이의 관계, 즉 '계통발생학의 관계'(phylogenetic relationship)를 밝히는 일이다. 앞에서 제기되는 문제를 획기적으로 개선한 것이 '분기분류학'(分岐分類學, cladistics)으로 알려진 계통분류학이다. 이 방법은 새로운 특징이 있는 생물이 출현하고 그것이 자손에게 유전되면서 진화가 일어난다는 다윈(Darwin)의 생각에 기초하고 있다. 따라서 이 방법은 생물들 사이에 나타나는 '공유하는 진보된 특징'에 의해서만 분류하는 것이다. 예를 들면 상어, 개구리, 공룡, 말은 조개나 벌레와는 달리 모두 척추를 가지고 있기 때문에 척추동물이라는 큰 그룹으로 함께 묶을 수 있다. 이들 중 단지 개구리, 공룡, 말만이 네 다리를 가지고 있다. 그래서 이들은 서로 좀더 가까운 관계에 있기 때문에 사지(四肢)동물이라는 조금 더 작은 그룹으로 구분된다. 이들 사지동물 중 공룡과 말만이 양수에 싸인 알을 낳거나 태아를 가지므로 이들은 유양막류(有羊膜類)라는 그룹에 속한다. 그리고 단지 말만이 된 쌍의 구멍(單弓型, synapsids)이 발달한 머리뼈를 가지므로, 더 작은 그룹인 포유류로 분류된다. 여기서 네 다리, 양수, 단궁형 머리뼈는 모두 더 작은 그룹만이 '공유하는 진보된 특징'이다.

이러한 분류는 '분기도'(分岐圖, cladogram)라는 도표에 의해 표현된다. 도표의 맨 밑에서부터 시작하여 오른쪽으로 올라가면서 가지가 만들어지는데, 가지의 분기점이 바로 진화되어 나온 새로운 특징을 나타낸다. 도표의 아래쪽은 상대적으로 오래전에 진화된 것이고 반대로 최근에 진화된 특징은 오른쪽에 표시된다. 예컨대 상어와 말은 모두 척추를 가지고 있다. 그러므로 척추는 오래전에 진화된 원시적인 특징이며 단궁형 머리의 발달은 어류에서 척추가 생겨나고 난 훨씬 이후에 진화된 포유류에서만 나타나는 더 진보적인 특징이다.

공룡을 분류하는 데도 분기도를 이용하면 각 가지의 분기점에서 보이는 새로운 특징들을 통해 어떠한 공룡들이 서로 가까운 관계에 있는지, 또 새가 어떻게 공룡으로부터 진화되어 나왔는지를 자연스럽게 이해할 수 있다. 그러나 화석기록에만 의존하는 공룡의 분류에는 다음과 같은 제약이 있기 때문에 공룡을 정확하게 이해하는 데 어려움이 따른다.

첫째, 현재까지 기재된 공룡 중 단지 20%만이 완전한 골격화석에 기초하여 명명되었으며, 57%가 완전하거나 부분적인 머리뼈에 의해, 나머지 약 250속 500종은 특징이 없는 뼈임에도 불구하고 명명되어 실제 존재가 의심스러운 공룡들이다. 그러므로 확실히 정의되지 않은 공룡을 통해 실제 공룡들의 다양성을 이해하는 데 어려움이 있다.

둘째, 공룡의 산출정도가 지역에 따라 너무 차이가 난다. 전체 공룡 속(屬)의 75%가 6개 나라에서 산출되었는데 미국, 몽골, 중국, 영국, 캐나다, 아르헨티나 순이다. 특히 중국과 아르헨티나에서는 최근 빠른 속도로 새로운 공룡들이 발견되고 있어 곧 미국을 앞지를 것이 예상된다. 왜냐하면 몽골이나 캐나다와는 달리 이들 두 나라에는 거의 모든 시기의 중생대 육성층(陸成層)이 광범위하게 분포하기 때문이다. 그 거대한 땅에 비해 러시아가 공룡화석 산출이 빈약한 이유는 대부분의 땅이 고생대층과 선캄브리아기의 변성암(變成巖) 복합체로 이루어져 있기 때문이다.

셋째, 공룡연구에서 우리의 지식은 공간뿐만 아니라 시간적으로 제약을 받고 있다. 공룡이 삼첩기

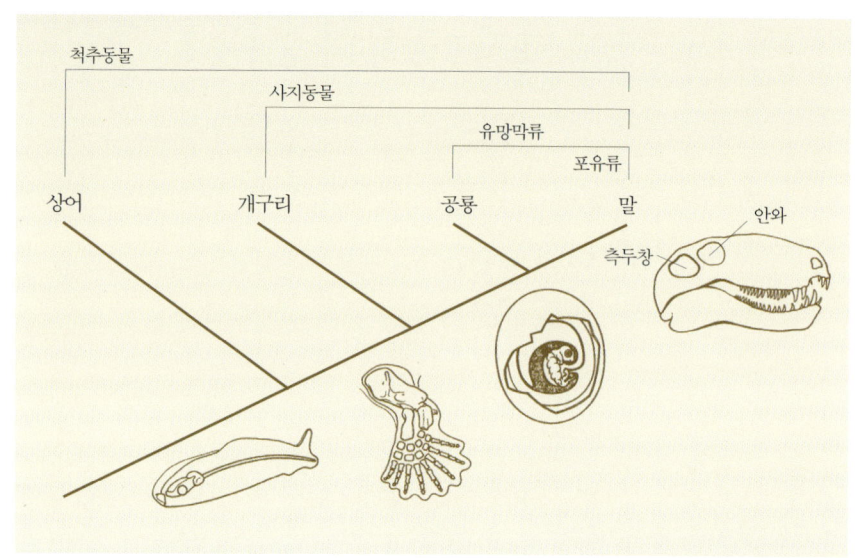

분기도는 진화관계를 가장 객관적으로 추론할 수 있는 획기적인 방법이다.

말에 출현해 중생대 말 전멸할 때까지 1억 6300만 년의 긴 시간 동안 존재했음에도 불구하고 거의 모든 공룡 속의 46%가 후기 백악기의 것이며 실제 40% 이상이 최후기 백악기 지층에서 산출된다. 특히 전기와 중기 쥐라기, 전기 백악기 공룡들은 극히 일부분만 알려져 있다. 그 이유는 전세계적으로 이 시기의 지층분포가 상대적으로 적고 연구가 철저히 이루어지지 않았기 때문이다. 공룡들은 이 기간에도 진화를 계속했을 테지만 이 시기의 공룡들이 잘 알려지지 않았기 때문에 공룡의 계통발생학을 연구하는 데 어려움이 있는 것이다.

이러한 제약에도 불구하고 현재까지 알려진 공룡화석 자료와 분기분류학을 토대로 공룡의 진화사를 더욱 객관적으로 제시할 수 있게 되었다. 우선 공룡의 진화적 특징과 골반구조에 따른 분류에 대해 알아보기로 한다.

공룡 Dinosauria

공룡을 정의하는 아홉 가지 진보된 특징(제1부 1장 참조)에서 가장 중요한 점은 흡반(吸盤)이 발달해 대퇴골(넓적다리뼈)의 윗부분이 끼워지면서 뒷다리를 몸 아래에 수직으로 뻗을 수 있다는 것이다. 따라서 공룡은 거북이나 도마뱀처럼 다리가 옆

분기도로 표현한 공룡의 진화계통도

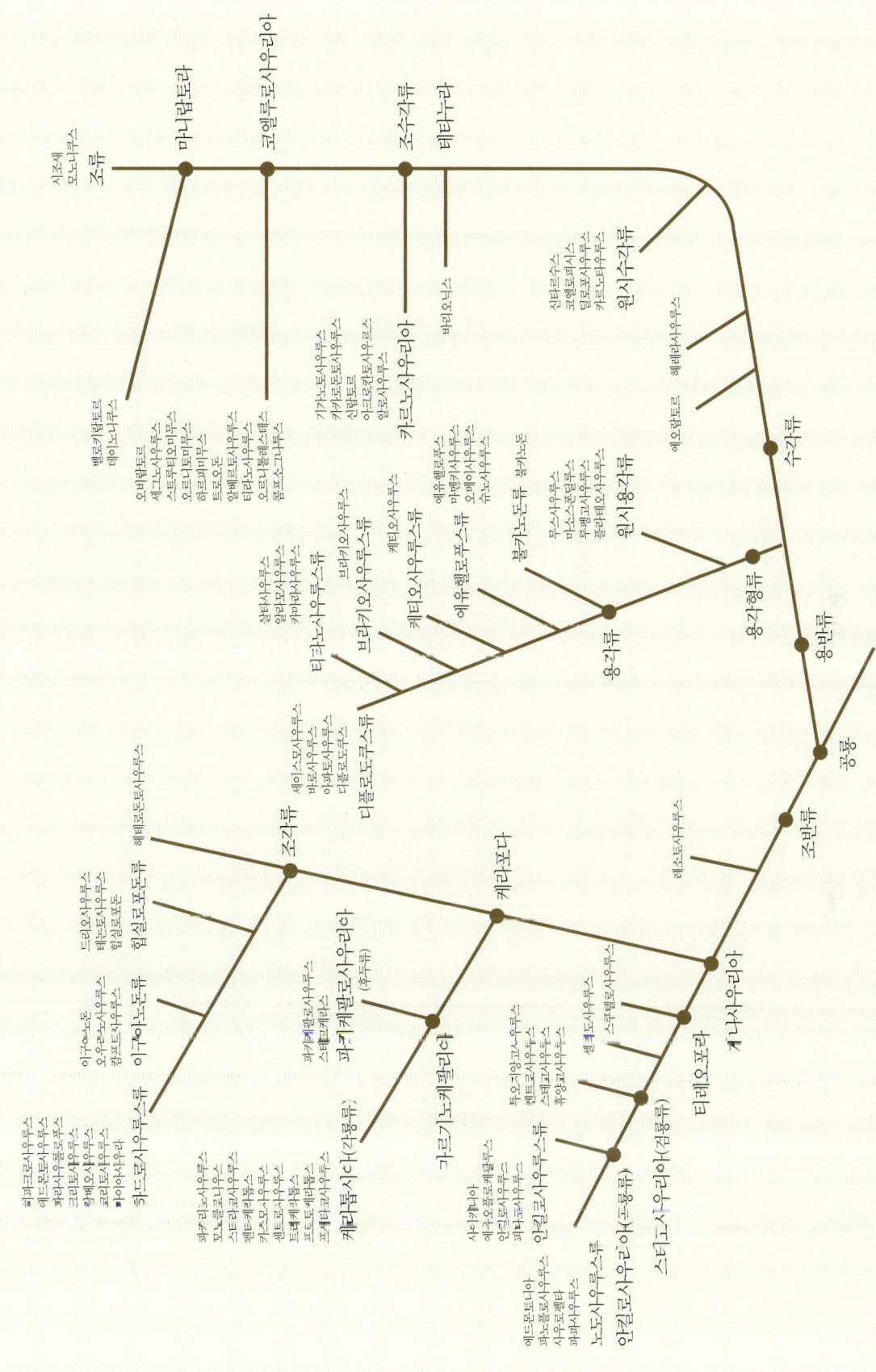

시조새
조류

마니랍토라

코엘로로사우리아

조수각류

테타누라

벨로키랍토르
데이노니쿠스

오비랍토르
세고사우루스
스트루티오미무스
오르니토미무스
힘로필레미무스
트로오돈
아베로이사우루스
타니코라구사우루스
오르니톨레스테스
콤프소그나투스

기가노토사우루스
카르카로돈토사우루스
신랍토르
아크로칸토사우루스
알로사우루스

바리오닉스

카르노사우리아

신타르수스
딜로포사우루스
케라토사우루스

알로사우루스
알로사우루스
카마라사우루스

브라키오사우루스

예울로포포스
마병키사우루스
오베이사우루스
슈보사우루스

디로포사우루스

케티오사우루스

용각류

베이스포사우루스
바로사우루스
아파토사우루스
디플로도쿠스

무스사우루스
마스오본살루루스
루페고사우루스
플라테오사우루스

무스카우루스
볼카노도
불카노노도류

원시용각류

용각형류

원시수각류

수각류

예오랍토르

공룡

헤레라사우루스

용반류

에드몬토니아
파노플로사우루스
사우로펠타
파과사우루스
노도사우루스

파키리노사우루스
모노클로니우스
스티라코사우루스
센토케라톱스
카스모사우루스
켄트로사우루스
토로사우루스
프로토케라톱스

안킬로사우루스

케라톱시다(각룡류)

조각류

헤테로돈토사우루스

드리오사우루스
테논토사우루스
힙실로포돈

힙실로포돈류

이구아노돈

파키케팔로사우루스
스테고케라스

파키케팔로사우리아
(후두류)

가르기노케팔리다

케리포다

스티고키우로디아(검룡류)

티비오포라

케라포다

레소토사우루스

조반류

스피코시오고스사우루스
켄트로사우루스
스테고사우루스
후양고사우루스

켈로사우루스

스쿠텔로사우루스

아나시우리아

투오지앙고사우루스
켄트로사우루스
스테고사우루스
후양고사우루스

에드몬토니아

노도사우루스

안킬로사우리아(후각류)

스티고시우리아(검룡류)

으로 뻗은 원시적인 방식이 아니라 몸 아래에서 효과적으로 다리를 움직일 수 있다. 몸을 움직여 걷는 동물과 비교해 이러한 걸음걸이는 폐에 전혀 영향을 끼치지 않으므로 오랫동안 빠르게 달려도 몸에 큰 무리를 주지 않는다. 공룡은 처음 진화되어 나왔을 때부터 뒷다리가 앞다리보다 크게 발달하여 뒷발로만 걸을 수 있었다. 이것은 앞발과 뒷발의 길이가 거의 같은 대다수의 파충류나 포유류와는 구별되는 특징이다.

1887년 실리(Harry Seeley)는 공룡을 골반구조에 따라 크게 두 그룹, 즉 도마뱀 골반형(lizard-hipped)의 용반류(龍盤類)와 새 골반형(bird-hipped)의 조반류(鳥盤類)로 분류하였다. 이러한 구분은 백 년이 지난 지금도 아주 유용하게 사용된다. 두 그룹의 가장 큰 차이점은 치골의 위치다. 용반류의 치골은 앞쪽으로 뻗어 있어 좌골과 함께 삼각형의 구도를 가지지만, 조반류의 치골은 좌골과 나란히 뒤쪽을 향해 뻗어 있다.

2장과 3장에서 각각 용반류와 조반류 공룡을 살펴보기로 한다.

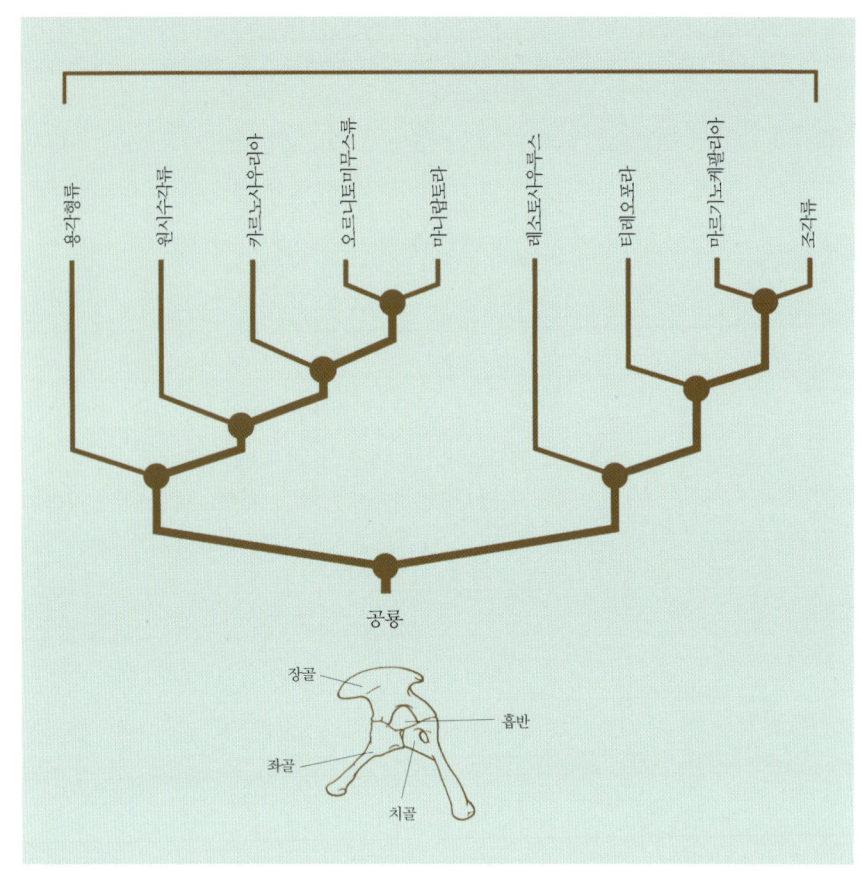

공룡 분기도

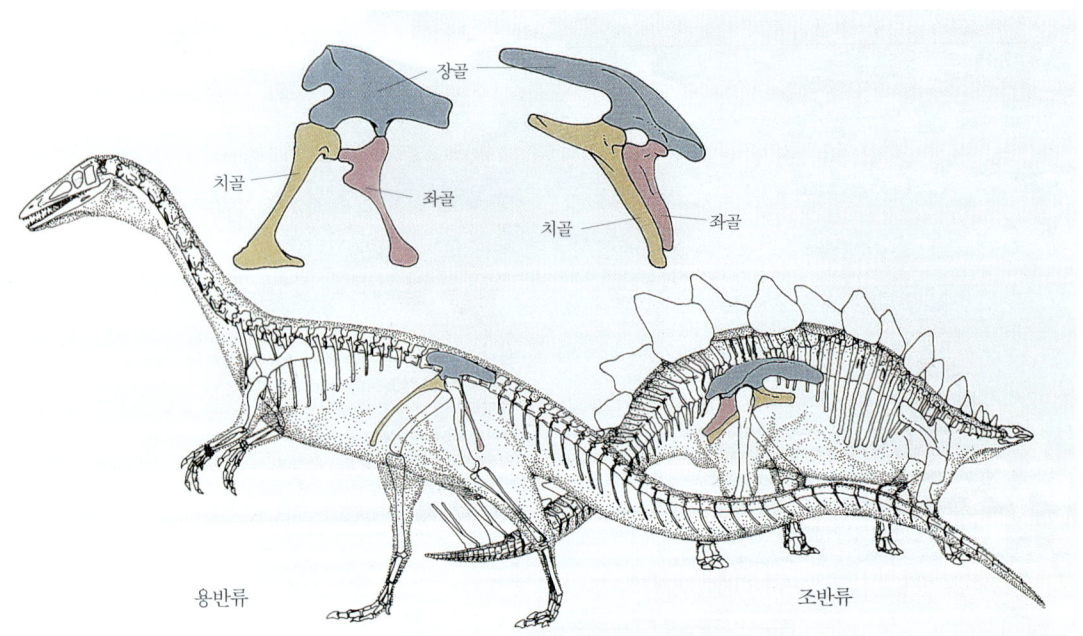

공룡을 분류하는 가장 중요한 특징은 골반구조이다. 치골의 위치에 따라 용반류와 조반류로 나눌 수 있다.

2장 용반류 공룡

용반류(Saurischia)의 진화적 특징은 둘째 앞발가락이 가장 길며 움켜쥘 수 있는 앞발을 가진다는 점이다.

용반류 공룡은 목긴 초식공룡인 용각형류(원시용각류, 용각류)와 육식공룡인 수각류(원시수각류, 테타누라, 조수각류, 코엘루로사우리아, 마니랍토라)로 나뉜다. 용반류는 크기와 형태가 다른 앞발을 가지고 있다. 강한 엄지앞발가락은 나머지

앞발가락과 약간 분리되어 있으며 둘째 앞발가락이 가장 길다. 셋째 앞발가락에서 새끼앞발가락으로 가면서 점점 크기가 작아진다. 용반류의 앞발은 제한적이지만 움켜쥘 수 있는 능력이 있다. 용각류의 앞발은 더 변화되어 몸무게를 지탱하기 위해 더 커지고 수각류의 앞발은 다양하게 진화되어 날개로 변화되기도 했다.

1 용각형류 Sauropodomorpha

이 그룹의 특징은 최소한 10개 이상의 목뼈가 진화한 점이다. 원시용각류와 용각류를 포함하는 용각형류는 목과 꼬리가 길고 머리가 작은 거대한 초식공룡이다. 이들은 지구상에 걸어다녔던 동물 중 가장 큰 동물이며 화석은 모든 대륙에서 산출된다. 용각류 공룡들은 그 거대한 몸집 때문에 화석 발굴이 극히 어렵고 발굴비용 또한 엄청나다. 또 거대한 몸이 온전하게 화석화되기는 더욱 어렵기 때문에 완전한 골격이 발굴된 경우는 매우 드물다. 현재까지 약 90종류가 알려져 있으나 단지 6속만이 완전히 보존되어 발견되었다.

1-1 원시용각류 Prosauropoda

원시용각류는 용각류가 번성하기 전 트라이아스기에 출현하였다. 이들은 용각류처럼 긴 목과 작은 머리를 가지고 있지만 용각류처럼 그렇게 거대하게 성장하지는 않았다. 용각류보다 원시적인 특징을 많이 가지는데 이들로부터 용각류가 진화되어

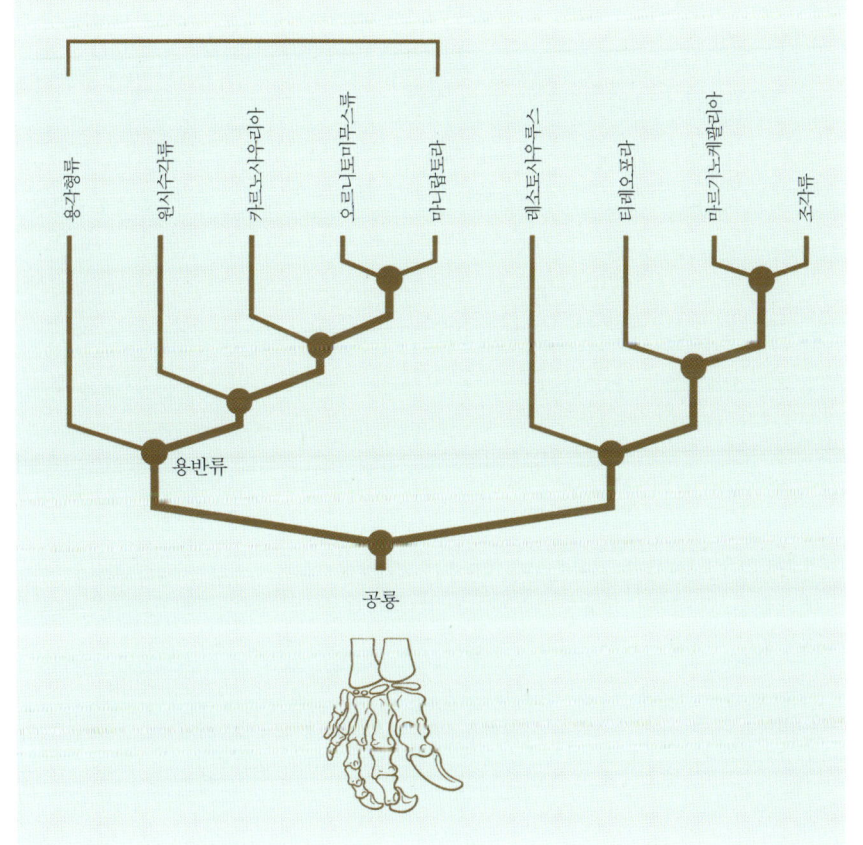

용반류 분기도

나왔을 가능성은 많으나 아직 확실하게 이들의 관계가 정립된 것은 아니다. 원시용각류는 모든 대륙에서 산출되는데 당시 전대륙이 한데 붙어 있어 이동이 자유로웠기 때문이다. 이들 화석은 종종 집단으로 묻혀 있는데 가장 대표적인 것은 독일에서 산출된 플라테오사우루스와 중국에서 산출된 루펭고사우루스이다.

발자국화석을 보면 전적으로 사족보행을 하는 용각류와는 달리 이족보행과 사족보행이 모두 가능했음을 알 수 있다. 이빨의 가장자리는 톱니 모양의 돌기들이 발달해 있어 나뭇잎을 씹을 수는 없었고 가지에서 나뭇잎을 훑는 역할을 했다. 따라서 먹이의 소화는 주로 위 속에 있는 위석에 의존하였다. 이러한 특징은 용각류에서도 나타난다.

플라테오사우루스와 그 골격

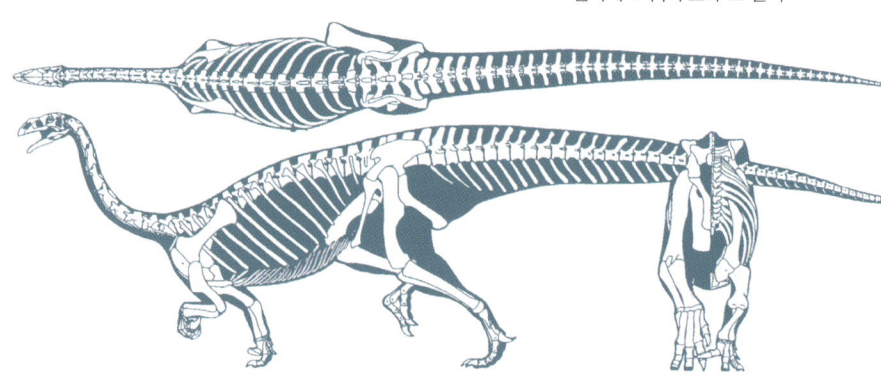

플라테오사우루스 Plateosaurus

완전모식표본 / *Plateosaurus engelhardti* 크기 / 7m

존속기간 / 후기 트라이아스기(2억 2000만 년 전~2억 1900만 년 전)

장소 / 독일, 프랑스, 스위스

전시박물관 / 독일 젠켄베르크자연사박물관, 미국자연사박물관

트라이아스기 공룡 중 가장 큰 플라테오사우루스는 1837년 처음으로 발견되었다. 용각류의 특징인 작은 머리, 긴 목과 상대적으로 튼튼하게 발달된 뒷다리에 비해 짧은 앞발을 가지고 있고 사족보행을 했다. 머리뼈는 높고 좁으며 긴 주둥이에 발달한 이빨은 숟가락 모양과 비슷하다. 아래턱의 뼈들은 느슨하지 않고 서로 단단히 붙어 있다. 둘째 앞발가락에서 넷째 앞발가락까지는 앞발의 역할을 할 수 있지만, 엄지발가락은 큰 낫과 같은 발톱이 발달해 땅에 닿지 않았다. 이러한 엄지발톱은 먹이를 잡는 데나 무기로 쓰였을 것이다. 플라테오사우루스는 유럽에서 산출되는 공룡 중에 가장 흔하며 또한 원시용각류 중 가장 잘 알려져 있다. 유럽의 50개 지역 이상에서 이들 화석이 발견되었다. 풍부하게 산출되는 뼈들을 보면 이들이 집단생활을 했고 이리저리 무리지어 옮겨다녔다는 것을 알 수 있다. 독일 트로징엔 지역에서 다양한 연령의 플라테오사우루스가 집단으로 발견되었다.

루펭고사우루스 Lufengosaurus

완전모식표본 / *Lufengosaurus huenei* 크기 / 6m

존속기간 / 전기 쥐라기(2억 800만 년 전~2억 년 전)

장소 / 중국

전시박물관 / 중국 척추고생물고인류연구소

루펭고사우루스는 플라테오사우루스와 가까운 관계에 있는 원시용각류로 크기도 거의 비슷하나 시기적으로 조금 후에 출현했다. 중국 윈난(雲南)

루펭고사우루스

지역의 루펭분지에서 원시악어, 포유류형 파충류 등과 함께 발견되었다. 머리는 작고 커다란 눈구멍이 있으며 주둥이 위에는 작은 돌기가 돌출해 있다. 턱 가장자리에 톱니형 돌기를 가진 이빨들이 일정한 간격으로 발달해 있다. 목은 길며 신경배돌기가 실게 잘 발달되어 있다. 뒷다리는 매우 강력하고 꼬리는 큰 반면에 앞발은 짧으며 사족보행을 했다. 하지만 때로 높은 나무의 잎을 먹기 위해 뒷다리로 설 수 있었다고 믿어진다. 앞발의 엄지발가락은 크게 발달한 발톱이 있어 무기로 사용되었으리라고 추정된다. 루펭고사우루스는 중국에서 처음으로 전시된 공룡이다.

마소스폰딜루스 Massospondylus

완전모식표본 / *Massospondylus carinatus* 크기 / 4m

존속기간 / 전기 쥐라기

(2억 800만 년 전~1억 9400만 년 전)

마소스폰딜루스 골격

장소 / 남아프리카, 미국 애리조나주

전시박물관 / 남아프리카박물관

마소스폰딜루스는 1854년 오언(R. Owen)이 명명한 공룡으로 서너 개의 완전한 머리뼈가 알려져 있다. 머리뼈는 플라테오사우루스보다 낮고 짧다. 큰 눈구멍과 커다란 콧구멍, 상대적으로 큰 이빨이 발달했다. 앞이빨은 원형의 단면을 가지나 뒷이빨은 타원형으로 변했다. 갈비뼈 사이에서 위석이 발견되었으며 꼬리와 뒷발이 발달하여 뒷발로 서거나 걸었을 가능성도 있다. 미국 애리조나주의 카인타(Kayenta) 지층과 남아프리카에서 발견되기 때문에 초기 쥐라기에 기후와 대륙의 경계가 없었음을 말해주는 증거로 자주 인용된다.

무스사우루스 Mussaurus

완전모식표본 / *Mussaurus patagonicus* 크기 / 3m

존속기간 / 후기 트라이아스기(2억 1500만 년 전)

장소 / 아르헨티나

전시박물관 / 아르헨티나자연사박물관

1979년 명명된 무스사우루스는 꼬리를 제외한 완전한 골격이 발굴되었는데 크기는 18cm로 가장 작은 원시용각류 화석으로 기록되고 있다. 무스사우루스는 원시용각류와 용각류의 특징을 모두 갖고 있어 용각류의 직접적인 조상과 관련 있는 것으로 추정된다. 서너 개의 알이 포함된 공룡알 둥지도 발견되어 성장하면서 어떻게 골격이 변하는지에 관한 유용한 정보를 제공한다.

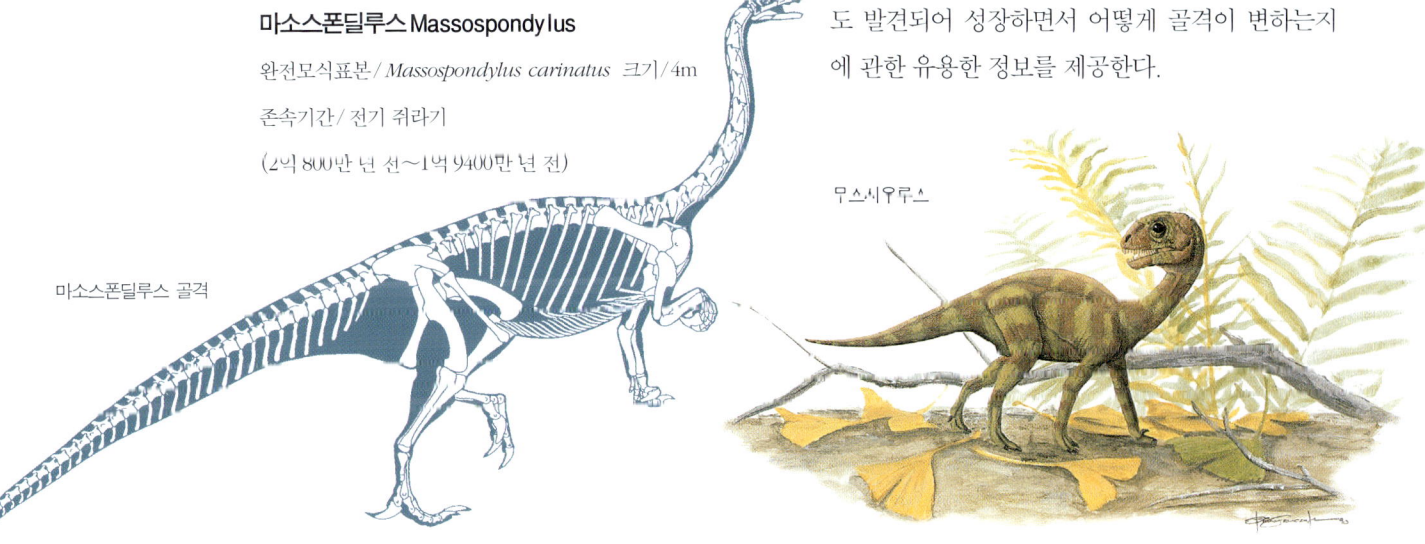

무스사우루스

1-2 용각류 Sauropoda

용각류에는 여러 종류의 그룹이 존재하며 각각은 서로 다른 몸구조를 가지고 있다. 매우 적은 양의 화석만이 산출된 불카노돈은 원시용각류의 특징을 갖고 있어 과거에는 원시용각류로 생각되었지만 자세히 연구한 결과, 전형적인 용각류의 진보된 특징들이 관찰되어 현재는 가장 원시적인 용각류로 분류되고 있다. 세티오사우루스류는 더 진화된 용각류에서 나타나는 척추에 발달된 빈 공간이 없어 초기 용각류로 분류된다. 비교적 짧은 목을 가진 티타노사우루스류는 가장 진화된 용각류로 대부분 남반구에서 발견되며 또한 다른 그룹들과는 달리 백악기 말까지 생존했다. 중국 용각류들은 기존에 알려진 용각류와는 다른 아시아 특유의 용각류 그룹 에유헬로푸스류(Euhelopodidae)를 형성하였다는 것이 밝혀졌다.

용각류에서 가장 쉽게 관찰되는 진화방향은 콧구멍이 머리 위로 이동한다는 것이다. 카마라사우루스에서 콧구멍은 머리 앞쪽에 놓여 있으나 디플로도쿠스류, 브라키오사우루스류, 티타노사우루스류에서는 점점 더 진화되어 머리 꼭대기 눈구멍 사이에 놓이게 된다. 이빨도 원시용각류의 잎사귀 모양에서 점점 더 진화해 카마라사우루스는 톱니 모양의 돌기는 없어졌지만 숟가락 형태를 유지하

고 있다. 이러한 이빨들은 더 진화하면서 앞주둥이에만 생겨나고 모양도 연필같이 길쭉하게 변한다. 물론 이러한 이빨은 씹는 것이 아니라 가지에서 나뭇잎을 갈퀴처럼 훑는 역할을 했다.

거대한 크기의 용각류가 어떻게 긴 목을 자유롭게 움직일 수 있었는가는 목뼈의 구조를 보면 알 수 있다. 목뼈는 가볍지만 아주 강한 구조로서 기중기처럼 구멍이 많이 난 철골구조와 비슷하다. 이러한 구멍을 '플루로실'이라 하는데 이 공간은 뼈를 가볍게 하는 동시에 머리를 들어올리는 데 필요한 근육이 발달할 수 있게 한다. 이러한 근육은 기린처럼 심장으로부터 피를 펌프질해 머리 꼭대기까지 원활하게 공급하는 역할도 했다.

용각류의 발자국을 살펴보면 이들은 집단으로 이동했으며 왼발과 오른발 발자국 사이의 간격이 좁아 다리가 몸 아래 바로 수직으로 붙어 있었음을 알 수 있다. 또 꼬리가 끌린 자국은 전혀 나타나지 않기 때문에 긴 꼬리를 들고 걸었다는 것을 알 수 있다. 텍사스에서 발견된 용각류의 발자국은 23마리의 공룡이 시속 6.5km 정도로 같은 방향으로 걸어간 것을 보여준다. 이중으로 찍힌 발자국을 분석해본 결과 가장 큰 놈이 무리를 이끌고 새끼들은 뒤를 따랐다는 것을 알 수 있다.

1) 불카노돈류(Vulcanodontidae)

불카노돈 Vulcanodon

완전모식표본 / *Vulcanodon karibaensis* 크기/6.5m

존속기간 / 전기 쥐라기(2억 800만 년 전~2억 100만 년 전)

장소 / 아프리카 짐바브웨

전시박물관 / 짐바브웨국립박물관

불카노돈은 자신의 그룹을 형성할 수 있을 정도로 독특한 용각류이다. 왜냐하면 이 공룡은 원시용각류의 특징과 용각류의 특징을 모두 갖기 때문이다. 불카노돈은 잘 발달된 네 다리와 큰 몸집, 긴 목 그리고 현저하게 높은 어깨를 가진다. 불카노돈

용각류의 머리뼈 구조

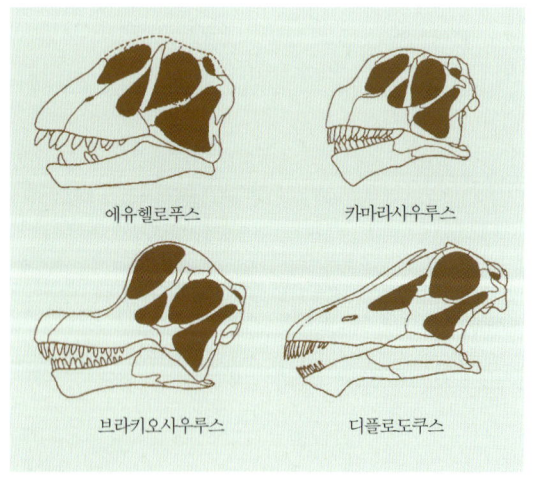

에유헬로푸스　　　카마라사우루스

브라키오사우루스　　　디플로도쿠스

강력한 방어무기인 꼬리곤봉을 휘두르는 슈노사우루스

오메이사우루스

은 나뭇잎 같은 이빨과 원시용각류의 골반구조를 가지지만 진화된 용각류의 특징인 긴 앞발과 납작한 발톱, 그리고 하나의 크고 뾰족한 엄지발가락이 발달해 있다. 현재 불카노돈은 가장 진화된 원시용각류가 아니라 가장 원시적인 용각류로 해석된다. 그 이유는 크고 기둥 같은 네 다리와 골반구조, 사족보행 등이 용각류의 특징을 나타내기 때문이다.

2) 에유헬로푸스류(Euhelopodidae)

슈노사우루스 Shunosaurus

완전모식표본 / *Shunosaurus lii* 크기 / 12m
존속기간 / 중기 쥐라기(1억 7500만 년 전~1억 6300만 년 전)
장소 / 중국
전시박물관 / 중국 쯔꿍공룡박물관

슈노사우루스가 처음 발견되었을 때 놀라운 특징 하나가 밝혀졌는데, 그것은 꼬리 끝에 있는 곤봉 모양의 구조이다. 이전의 어떠한 용각류에서도 이러한 구조는 발견되지 않았다. 이 곤봉에는 스테고사우루스와 유사하게 분명 방어의 수단으로 사용되었을 두 쌍의 조그만 창 모양의 돌기가 돌출되어 있다. 1979년 처음으로 중국 쓰촨(四川) 지역에서 발견된 후 현재까지 5개의 완전한 머리뼈를 포함하여 20개체 이상의 거의 완벽한 골격이 발견되었다. 따라서 슈노사우루스는 중국에서 발견된 용각류 중 가장 잘 알려져 있다.

오메이사우루스 Omeisaurus

완전모식표본 / *Omeisaurus junghsiensis* 크기 / 16~20m
존속기간 / 후기 쥐라기(1억 5600만 년 전~1억 4500만 년 전)
장소 / 중국
전시박물관 / 중국 뻬이뻬이박물관

오메이사우루스는 매우 긴 17개의 목뼈를 가지고 있어 머리를 아주 높게 올릴 수 있다. 1939년 처음 발견된 후 많은 오메이사우루스가 좁은 지역에서 발견되었기 때문에 이들이 집단생활을 한 것으로 추정하고 있다. 머리뼈는 깊고 뭉툭하며 이빨은 숟가락 모양으로 카마라사우루스와 비슷하다. 지금까지 5종이 알려져 있다.

마멘키사우루스 Mamenchisaurus

완전모식표본 / *Mamenchisaurus constructus* 크기 / 22m

존속기간 / 후기 쥐라기(1억 5600만 년 전~1억 4500만 년 전)

장소 / 중국

전시박물관 / 중국 척추고생물고인류연구소

마멘키사우루스는 아시아에서 가장 큰 공룡이며 19개의 목뼈로 구성된 엄청나게 긴 목이 특징적이다. 몸 전체 길이의 반을 차지하는 11m나 되는 목은 지구상에 생존했던 동물의 목 가운데 가장 길다. 꼬리는 채찍 모양으로 가늘지만 꼬리끝에는 슈

노사우루스처럼 곤봉 모양의 구조가 있었을 가능성이 있다. 척추의 크기나 형태는 오메이사우루스와 비슷하다. 다리 구조는 아파토사우루스와 유사하지만 머리뼈는 에유헬로푸스처럼 상자 형태이다.

에유헬로푸스 Euhelopus

완전모식표본 / *Euhelopus zdanskyi* 크기 / 15m

존속기간 / 후기 쥐라기(1억 5600만 년 전?~1억 5000만 년 전)

장소 / 중국

전시박물관 / 스웨덴 고생물박물관

에유헬로푸스는 북미에서 산출된 카마라사우루스와 유사하지만 더 긴 목뼈와 등뼈를 가지고 있으며 또한 긴 주둥이가 특

에유헬로푸스

마멘키사우루스

징적이다. 원래 이름은 헬로푸스(Helopus)였지만 1956년 에유헬로푸스로 재명명되었다.

3) 세티오사우루스류(Cetiosauridae)

세티오사우루스 Cetiosaurus

완전모식표본 / *Cetiosaurus medius* 크기 / 18m

존속기간 / 중기 쥐라기(1억 8100만 년 전~1억 6900만 년 전)

장소 / 영국, 모로코

전시박물관 / 모로코 지구과학박물관, 영국자연사박물관

  세티오사우루스는 뒷발에 견줄 만한 큰 앞발을 가진 용각류다. 여러 개의 세티오사우루스 뼈가 발견되었는데 1841년 오언은 이 뼈들을 커다란 악어의 것으로 믿었다. 척추에 나타나는 뼈조직이 고래와 같다고 생각하고 세티오사우루스가 수중동물일

것이라 오판했기 때문이다. 호수와 석호(潟湖) 환경에서 퇴적된 암석에서 이 공룡의 다리와 골반, 꼬리뼈 일부가 발견되었다. 척추는 다른 용각류에서 나타나는 플루로실이 없이 괴상(塊狀)이며 꼬리와 다리도 무거워 무게는 30톤에 이르렀다.

4) 브라키오사우루스류(Brachiosauridae)

브라키오사우루스 Brachiosaurus

완전모식표본 / *Brachiosaurus altithorax* 크기 / 25m

존속기간 / 후기 쥐라기(1억 5600만 년 전~1억 4500만 년 전)

장소 / 미국 콜로라도주, 아프리카 탄자니아

전시박물관 / 독일자연사박물관

  기린같이 높이 쳐든 목 때문에 키가 16m에 이르는 브라키오사우루스는 용각류 중에 가장 잘 알려

브라키오사우루스와 그 골격

진 공룡이다. 1900년 맨 처음 브라키오사우루스가
발굴된 곳은 미국 콜로라도주였지만 2차대전 중
거의 완전한 골격이 아프리카 탄자니아에서 발견
되었다. 이 브라키오사우루스의 머리는 카마라사
우루스와 유사했으며 짧고 강력한 턱과 커다란 정
같은 이빨을 갖고 있다. 가장 특징적인 머리뼈는
납작한 주둥이와 눈앞에 크게 부풀려진 콧구멍을
가지고 있다. 이러한 특징 때문에 초기에 연구자들
은 브라키오사우루스가 물속에서 이 콧구멍을 통
해 숨을 쉬었다고 믿었다. 그러나 이러한 거대한
용각류가 물속에서 산다는 것은 불가능하다.

브라키오사우루스는 육상동물이며 높은 나무에
있는 나뭇잎을 먹고, 콧구멍은 아마도 살아 있을
때에는 근육으로 덮여 있어 소리를 내는 역할을 했
던 것으로 믿어진다. 높이 솟은 콧구멍 때문에 냄
새도 잘 맡았고 또한 표면적을 넓혀 체온을 내리는
역할을 했을 것이다. 앞발의 첫째발가락에 발달한
발톱은 나뭇잎을 긁어모으거나 방어를 위해 사용
했으리라 믿어진다.

브라키오사우루스는 긴 목을 자유자재로 움직여

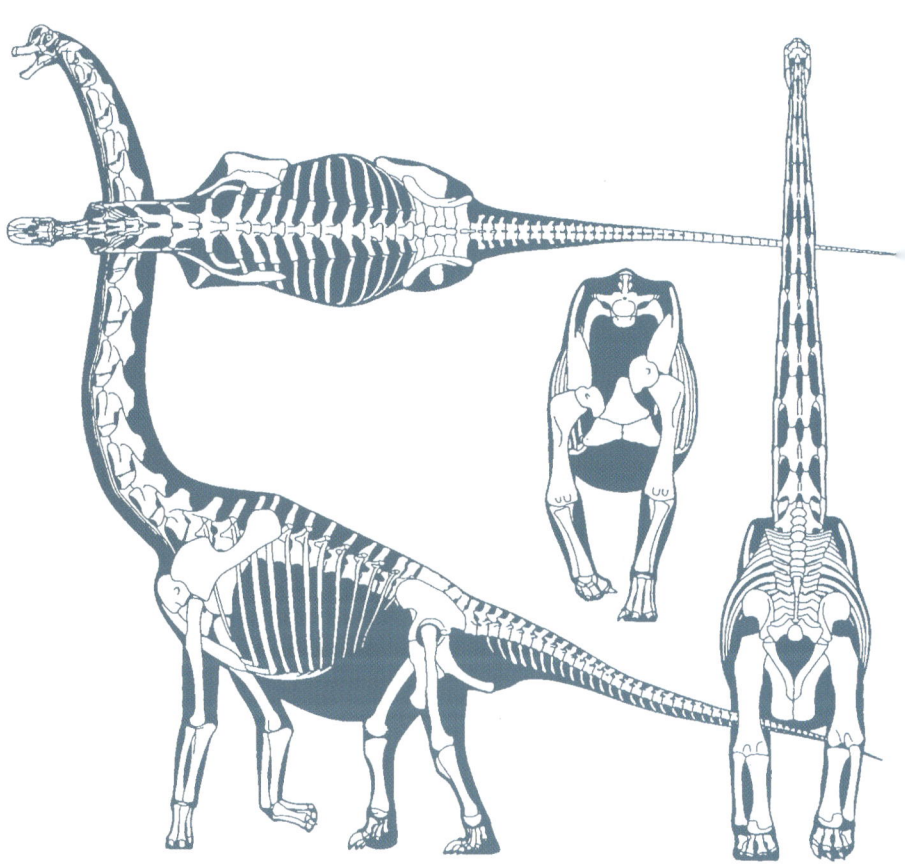

높은 나무의 잎을 먹는 데 익숙했다. 목뼈를 살펴보면 이들 뼈에 강한 근육이 발달했고, 각 목뼈가 구와(球窩, ball-and-socket)구조로 설계되어 목에 강한 힘과 유연성을 가질 수 있었다. 척추들은 가볍게 만들어져 있고 등뼈의 신경배돌기는 아파토사우루스처럼 양쪽으로 갈라져 있지 않으며 굉장히 큰 갈비뼈를 가진 것이 특징이다. 상박골의 길이는 2m 이상이고 무게는 코끼리 12마리에 해당하는 80톤이 넘었다.

카마라사우루스의 머리뼈

5) 카마라사우루스류(Camarasauridae)

카마라사우루스 Camarasaurus

완전모식표본 / *Camarasaurus supremus*

크기 / 18m

존속기간 / 후기 쥐라기(1억 5600만 년 전~1억 4500만 년 전)

장소 / 미국 콜로라도주·유타주·와이오밍주, 포르투갈

전시박물관 / 미국 카네기자연사박물관, 스미스소니언자연사박물관, 예일대 피바디자연사박물관

카마라사우루스는 북미의 모리슨(Morrison) 지층에서 가장 잘 나타나는 용각류 중의 하나이다. 머리는 짧으며, 동그랗고 커다란 콧구멍은 눈구멍

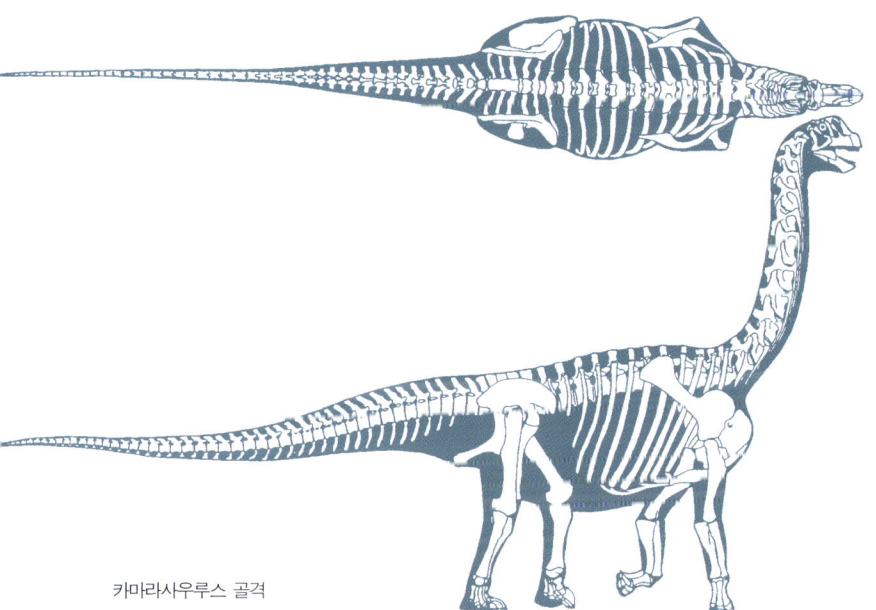

카마라사우루스 골격

바로 앞에 발달해 있다. 목은 대부분의 용각류보다 짧고 두껍다. 앞발과 뒷발이 거의 같은 길이라서 어깨와 엉덩이 부분이 수평을 이룬다. 앞발은 디플로도쿠스보다 잘 발달되어 있으나 아파토사우루스보다는 가늘며 상대적으로 길다. 꼬리는 짧고 다소 납작해 디플로도쿠스나 아파토사우루스의 채찍 같은 꼬리의 형태는 아니다. 완전한 새끼 카마라사우루스의 골격이 미국 유타주의 공룡공원에서 발굴되었다.

6) 티타노사우루스류(Titanosauridae)

알라모사우루스 Alamosaurus

완전모식표본 / *Alamosaurus sanjuanensis*

크기 / 21m

존속기간 / 후기 백악기(7300만 년 전~6500만 년 전)

장소 / 미국 뉴멕시코주·텍사스주·유타주

전시박물관 / 미국 뉴멕시코자연사과학박물관

알라모사우루스는 북미대륙에서 알려진 유일한 후기 백악기 용각류이다. 후기 쥐라기에 다양한 용각류가 북미대륙에 번성한 후 전기백악기에 겨우 명맥을 유지하다 약 2,500년 만에 다시 나타난 것이다. 이 공룡은 전기 백악기에 남반구에서 번성한 티타노사우루스류 중 일부가 북미로 이동해있음을 말해준다. 이빨을 제외한 머리뼈는 아직 발견되지 않았으며 다른 용각류와는 달리 골편들이 몸을 덮고 있다.

살타사우루스 Saltasaurus

완전모식표본 / *Saltasaurus loricatus*

크기 / 12m

존속기간 / 후기 백악기(8300만 년 전? ~7900만 년 전)

장소 / 아르헨티나

전시박물관 / 아르헨티나자연사박물관

　용각류는 거대한 몸 이외에 특별한 방어수단 없이 쥐라기 7천만 년 동안 존속했다. 그러나 살타사우루스는 독특하게 알라모사우루스처럼 골편을 가진 공룡이다. 8개의 골판과 수천 개의 돌기가 발견되었다. 발견 당시 이들 골판과 돌기는 등에 흩어져 있었으며, 판은 직경 12cm의 동그란 모양이고 형태가 불규칙한 돌기들은 6~7mm의 크기로 등과 옆구리 부분에 퍼져 있었다. 머리뼈는 발견되지 않았다.

7) 디플로도쿠스류 (Diplodocidae)

디플로도쿠스 Diplodocus

완전모식표본 / *Diplodocus longus*

크기 / 27m

존속기간 / 후기 쥐라기(1억 5600만 년 전~1억 4500만 년 전)

장소 / 미국 콜로라도주·와이오밍주·유타주·몬태나주

전시박물관 / 미국 카네기자연사박물관, 덴버자연사박물관, 스미스소니언자연사박물관

　디플로도쿠스는 긴 주둥이를 가지고 있으며 콧

살타사우루스

구멍은 머리 꼭대기에 있고 이빨은 주둥이 앞에만 발달해 있다. 이빨은 연필처럼 가늘고 길쭉하다. 신경배돌기는 머리에서 골반까지 V형으로 나뉘어 있어 이곳에 강한 힘줄이 들어가 균형을 이루면서 긴 목과 꼬리를 들어올렸다. 목과 꼬리는 매우 길

디플로도쿠스와 그 골격

어 전제 몸길이의 반을 차지한다. 다리는 매우 날렵하며, 뒷발이 앞발보다 길어 앞쪽으로 쏠린 듯한 자세를 취했다. 따라서 이들은 낮게 자라는 식물을 주식으로 했다.

디플로도쿠스는 완전한 골격이 발견된 용각류 중 가장 긴 공룡이지만 무게는 20톤이 넘지 않았다. 디플로도쿠스는 1877년 미국 콜로라도주에서 처음 발견되었지만 카네기자연사박물관의 후원으로 1900년에 가장 좋은 표본이 발견되어 디플로도쿠스 카네기아이(*Diplodocus carnegiei*)라 명명되었고, 이 공룡의 복제품들이 전세계 박물관으로 보내졌다.

아파토사우루스 Apatosaurus

완전모식표본 / *Apatosaurus ajax*

크기 / 21~27m

존속기간 / 후기 쥐라기(1억 5600만 년 전~1억 4500만 년 전)

장소 / 미국 콜로라도주 · 유타주

전시박물관 / 미국 카네기자연사박물관, 미국자연사박물관, 예일대 피바디자연사박물관

아파토사우루스는 과거 브론토사우루스로 알려졌던 용각류이다. 아파토사우루스는 두꺼운 목과 잘 발달된 갈비뼈가 특징적이어서 다른 용각류 공룡과는 구별된다. 목에서 골반까지 신경배돌기는 V형으로 갈라져 강한 힘줄을 발달시켰다.

머리뼈 뒤의 목뼈는 매우 작으나 등뼈로 가면서 길어지고 커진다. 육상동물의 특징인 크고 곧은 다리가 잘 발달되어 있고 안쪽을 향한 엄지 앞발톱을 갖고 있다.

아파토사우루스

뉴욕자연사박물관에 전시된 바로사우루스와 그
새끼. 알로사우루스의 공격을 피하고 있다.

바로사우루스 Barosaurus

완전모식표본 / *Barosaurus lentus* 크기 / 20m

존속기간 / 후기 쥐라기(1억 5600만 년 전~1억 4500만 년 전)

장소 / 미국 서부, 동아프리카

전시박물관 / 미국자연사박물관, 유타자연사박물관

바로사우루스는 상대적으로 드문 용각류이며 디플로도쿠스보다 긴 목과 짧은 꼬리를 가지고 있지만 뒷다리는 더 발달되어 있다. 바로사우루스가 알로사우루스로부터 새끼를 보호하기 위해 앞발을 들고 서 있는 모습이 뉴욕의 미국자연사박물관에 전시되어 있다.

앞발을 들고 일어선 바로사우루스의 높이는 15m 이상으로 세계에서 가장 높게 전시된 공룡이다. 그러나 실제 바로사우루스가 살아 있을 때 그러한 자세를 취했는지는 확인할 수 없다. 바로사우루스는 공룡학자 마시(O. Marsh)에 의해 1890년 미국 사우스다코타주에서 처음 발견된 후 와이오밍주와 서부 콜로라도 지역에서 발견되었다. 1908년 탄자니아에서도 발견되어 후기 쥐라기 때 아프리카와 북미가 접해 있었다는 것을 말해준다.

세이스모사우루스

세이스모사우루스 Seismosaurus

완전모식표본 / *Seismosaurus halli* 크기 / 39~52m

존속기간 / 후기 쥐라기(1억 5600만 년 전~1억 4500만 년 전)

장소 / 미국 뉴멕시코주

전시박물관 / 없음

세이스모사우루스는 지금까지 알려진 공룡 중 가장 길이가 긴 공룡이다. 거의 축구장 길이의 반만하다. 다리는 크기에 비해 짧아 거대한 몸집을 지탱하는 데 도움이 되었을 것으로 판단된다.

현재까지 골반과 등뼈, 꼬리뼈, 목뼈 일부가 발굴되었으며 이와 함께 101개의 위석들도 발견되었다. 뼈의 규모가 거대한 데다가 단단한 사암에 묻혀 있어 뼈의 위치를 알아내기 위해 음파·자력탐지기가 사용되기도 했다.

세이스모사우루스. 가장 긴 공룡으로 머리에서 꼬리끝까지의 길이는 46m로 추정된다.

2 수각류Theropoda

속이 빈 뼈와 가운데 세 발가락으로 보행하도록 진화된 것이 수각류의 특징이다.

수각류는 용각류를 제외한 모든 용반류를 포함한다. 모두 육식성이며 조류도 이 그룹에 속한다. 가운뎃발가락이 가장 크며 첫째와 다섯째 발가락은 매우 작아지거나 퇴화되어버렸다. 이러한 발구조는 빨리 뛰고 먹이를 잡기 위해 발달된 것이며 속이 빈 뼈는 몸무게를 줄이는 데 도움이 되었다. 최근 아르헨티나에서 발견된 에오랍토르와 헤레라사우루스의 정확한 진화계통 위치 문제는 아직 해결되지 않았다. 어떤 학자는 이것들이 공룡이 아니라고 주장하는 반면, 어떤 학자는 가장 원시적인 수각류라고 생각한다. 여기서는 후자의 견해를 따르기로 한다.

에오랍토르 Eoraptor

완전모식표본 / *Eoraptor lunensis* 크기 / 1m

존속기간 / 후기 트라이아스기(2억 2800만 년 전)

장소 / 아르헨티나

전시박물관 / 없음

에오랍토르는 가장 원시적인 공룡으로 여겨진다. 이 화석은 미국–아르헨티나의 국제공룡탐사 중 1991년 서부 아르헨티나 이시구알라스토(Ischigualasto) 지층에서 발견되었는데 꼬리 부분만 없고 나머지는 잘 보존되어 있었다. 이 지역은 가장 원시적인 공룡들이 발견되는, 세계에서 가장 중요한 지역 중의 하나이며 이전에 헤레라사우루스도 발견된 곳이다.

에오랍토르는 빠른 이족보행을 하였으며 앞발은 뒷발 길이의 반보다도 짧다. 원시적인 특징은 다른 수각류에서 나타나는 아래턱 가운데뼈의 접합지점이 없다는 것이며, 위턱의 앞니는 원시용각류처럼 나뭇잎 모양으로 톱니형의 돌기가 나 있다. 단지 3개의 선골(仙骨)이 요대(腰帶)를 지탱하며 다섯 개의 앞발가락을 가지고 있지만 다섯째 앞발가락

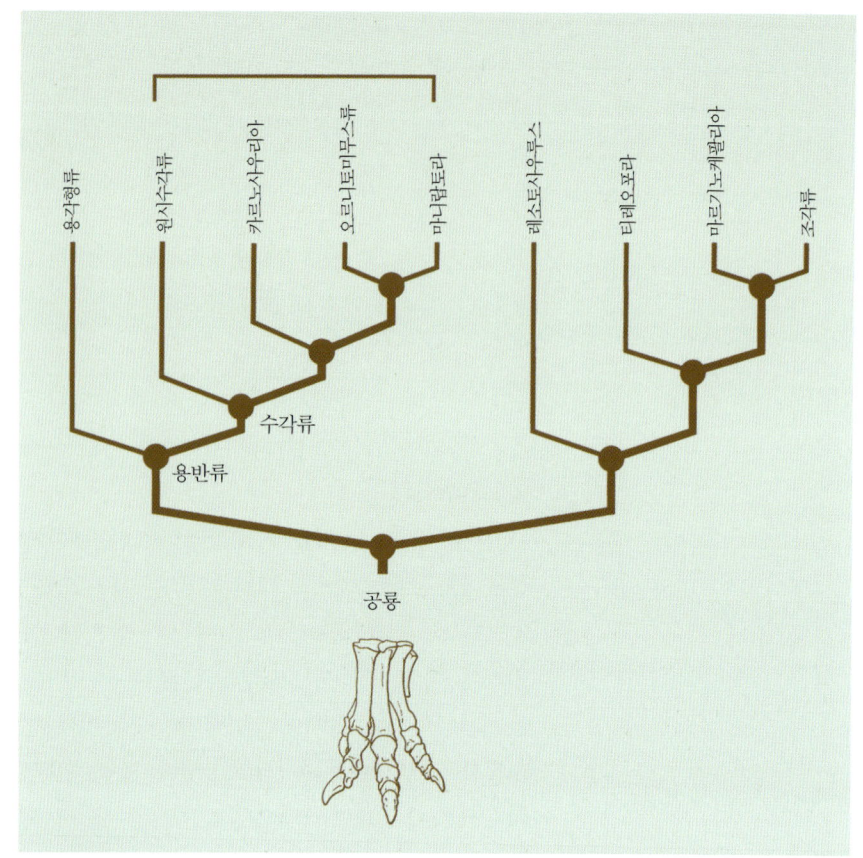

수각류 분기도

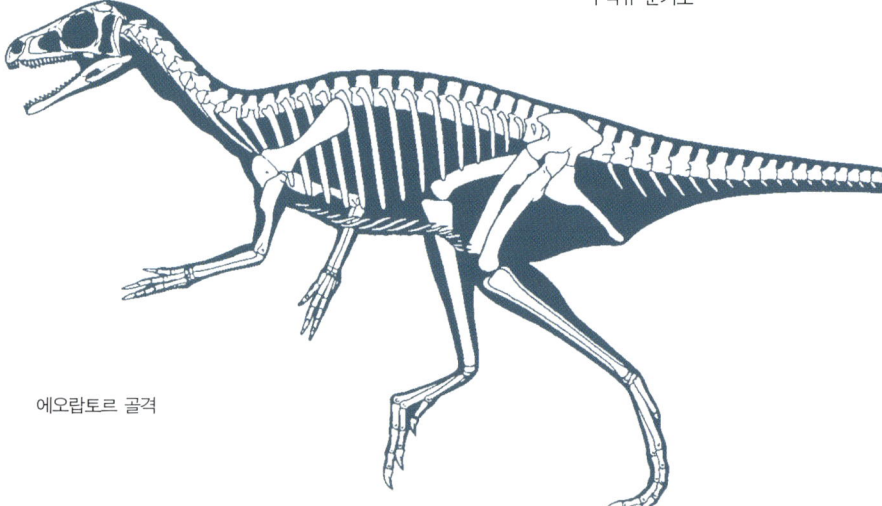

에오랍토르 골격

은 매우 작아져 있다.

헤레라사우루스 Herrerasaurus

완전모식표본 / *Herrerasaurus ischigualastensis* 크기 / 3m

존속기간 / 후기 트라이아스기(2억 2800만 년 전)

장소 / 아르헨티나

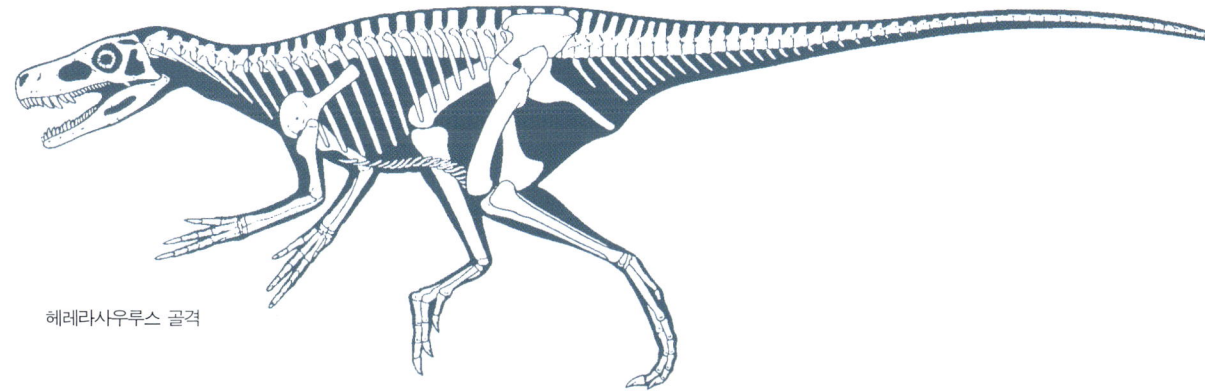
헤레라사우루스 골격

전시박물관/ 없음

헤레라사우루스는 큰 턱을 가진 가장 원시적인 공룡 중 하나다. 빠르고 민첩한 다리를 가졌으며 몸무게는 약 180kg이고 2중경첩처럼 생긴 턱으로 인해 입을 크게 벌릴 수 있어 쉽게 큰 고깃덩이를 물어 삼킬 수 있었다. 6cm 길이의 이빨은 매우 날카롭고 스테이크 칼처럼 톱니 모양이다. 작지만 귀뼈도 있어 청각이 발달했으며 긴 발톱을 가지고 있다. 이러한 모든 특징은 이 공룡이 사냥에 능숙했음을 말해주는 것이다. 원시적인 골격 특징은 다섯 개의 발가락이 모두 발달했다는 것이다. 헤레라사우루스의 뼈는 1959년 일부가 발견되었으며, 1988년 미국 시카고대학팀에 의해 완전한 골격이 발견되었다.

2-1 원시수각류 Ceratosauria

원시수각류는 날카로운 발톱으로 무장된, 움켜쥘 수 있는 강한 앞발을 갖고 있으며 목뼈에 두 쌍의 플루로실이 있는 것이 특징이다. 여덟 종류의 원시수각류가 북미와 유럽, 남아프리카에서 알려져 있다. 3m 길이의 코엘로피시스에서 6m 길이의 케라토사우루스까지 크기는 다양하다.

원시수각류는 후기 트라이아스기인 약 2억 2500만 년 전에 처음 나타나 가장 오래된 육식공룡 중의 한 그룹이다. 이들 공룡은 후에 진화된 수각류 공룡들보다 원시적인 특징을 갖는데 그중 하나가 네 앞발가락이 달린 앞발을 가지고 있다는 것이다. 점점 진화되면서 이들의 앞발가락 수는 세 개에서 두 개로 줄어든다.

원시수각류 공룡들의 계통발생 관계를 나타낸 분기도

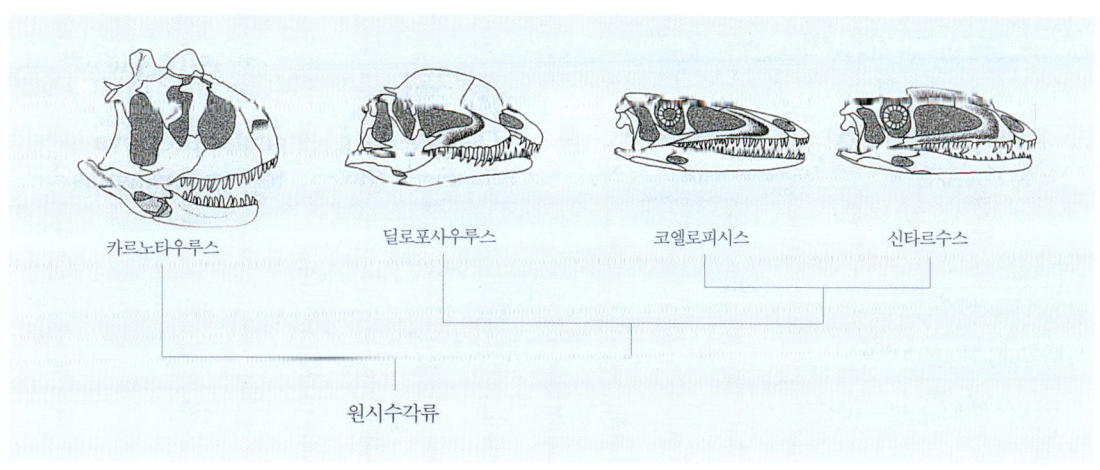

카르노타우루스 딜로포사우루스 코엘로피시스 신타르수스

원시수각류

카르노타우루스 Carnotaurus

완전모식표본 / *Carnotaurus sastrei* 크기 / 7.5m

존속기간 / 중기 또는 후기 백악기

　(1억 1300만 년 전～9100만년 전)

장소 / 아르헨티나

전시박물관 / 아르헨티나자연사박물관

　가장 독특하게 생긴 육식공룡 중의 하나로 얼굴형이 불독 같다. 머리뼈는 아주 크며 높이보다 앞뒤 길이가 짧아 주둥이는 좁고 매우 깊다. 가장 독특한 특징은 눈 위에 돌출한 한 쌍의 뿔인데 이것은 위쪽과 바깥쪽으로 솟아 있다. 이 구조의 용도에 대해 많은 의견이 있었으나 무기라기보다는 짝을 찾기 위한 과시용으로 해석된다. 작은 눈은 앞쪽을 향해 있으며 앞발은 매우 작은데 특히 아래팔뼈가 상박골에 비해 비정상적으로 짧다. 피부화석도 발견되었는데 조그만 돌기가 머리와 몸에 발달해 있다. 이것들은 조그만 원판형이 대부분이지만 옆구리를 따라 큰 반추형의 골편들이 나타나며 서로 겹치지 않게 배열되어 있다.

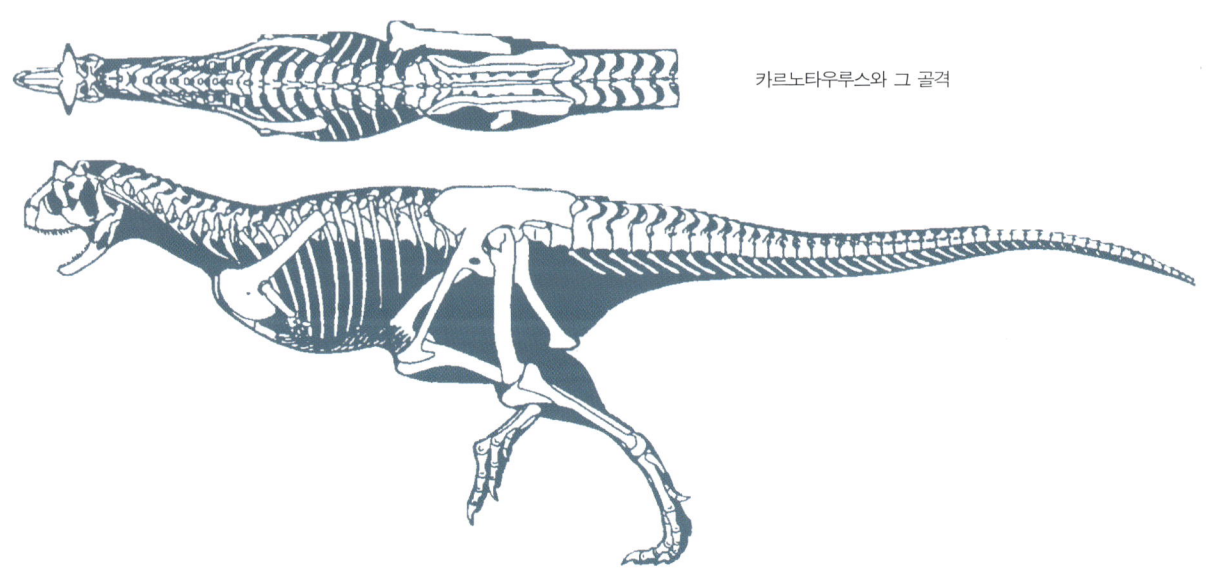

카르노타우루스와 그 골격

딜로포사우루스와 그 골격

딜로포사우루스Dilophosaurus

완전모식표본 / *Dilophosaurus wetherilli*

크기 / 6m

존속기간 / 선기 쥐라기

　(2억 800만 년 전~1억 9400만 년 전)

장소 / 미국 애리조나주

전시박물관 / 미국 캘리포니아주립대 버클리분교

　고생물박물관

　딜로포사우루스의 가장 큰 특징은 머리 위에 돌출한 한 쌍의 큰 아치형 장식인데 이 장식은 매우 섬세하며 얇다. 따라서 싸움을 위한 용도가 아니라 짝을 찾을 때 쓰인 과시용 구조로 여겨진다. 살아 있을 때는 아마도 밝은색을 띠었을 가능성이 높다. 머리는 몸에 비해 상대적으로 크다. 이빨은 길고 매우 가늘어 강력하게 물어뜯는 힘이 부족해 전적으로 사냥에 의존한 포식자가 아닐 수 있다는 주장도 제기되었다. 영화「쥐라기 공원」에서 딜로포사우루스는 목 주위에 부채 모양 장식이 있고 독이 있는 침을 뱉는 것으로 묘사되었는데 이에 대한 증거는 없고 단지 상상일 뿐이다. 세 마리의 딜로포사우루스가 함께 발견되어 이들이 떼로 이동하며 조직생활을 했다고 믿어진다.

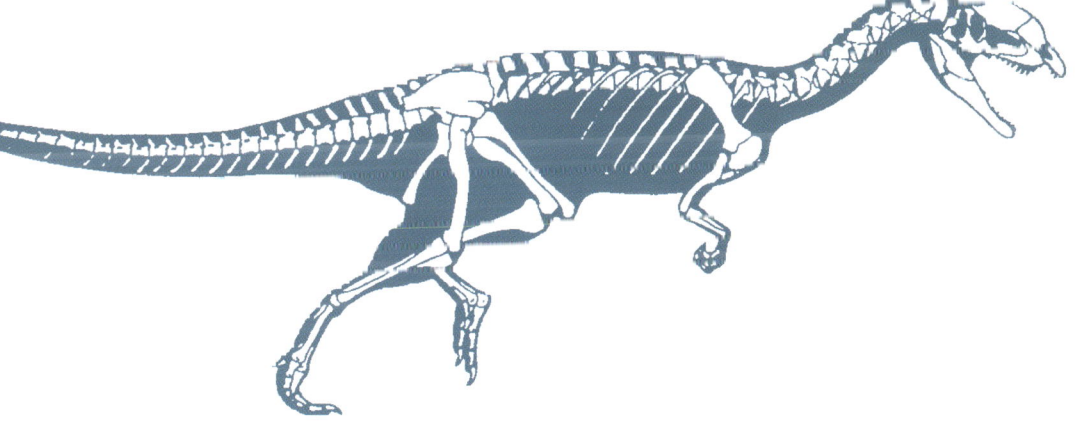

코엘로피시스 Coelophysis

완전모식표본 / *Coelophysis bauri* 크기 / 1.8m

존속기간 / 후기 트라이아스기(2억 2500만 년 전)

장소 / 미국 뉴멕시코주

전시박물관 / 미국 뉴멕시코자연사과학박물관, 미국자연사박물
관, 캐나다 티렐고생물박물관

큰 머리에 강한 턱, 날카로운 이빨, 길고 유연한
목, 유선형의 몸, 다소 긴 앞발을 가진 코엘로피시
스는 꼬리를 제외한 몸 크기가 칠면조보다 약간 크
다. 1947년 뉴멕시코주 고스트랜치에서 수백 마리
의 코엘로피시스 화석이 발견되었는데, 이들은 홍
수에 의해 몰살되어 집단으로 강바닥에 묻힌 것으
로 해석되었다. 코엘로피시스는 오늘날 육식포유
류와는 달리 무리지어 살았다는 점이 매우 독특하
다. 코엘로피시스의 몸 안에서 부화하지 않은 새끼
로 보기에는 너무 큰 새끼의 뼈가 발견되어 이들
공룡은 때로 어린 새끼들을 잡아먹었다는 것이 밝
혀졌다.

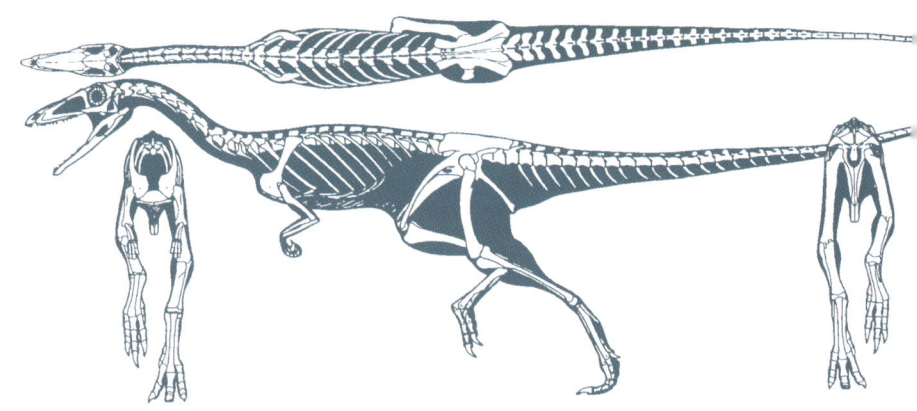

코엘로피시스와 그 골격

신타르수스 Syntarsus

완전모식표본 / *Syntarsus rhodesiensis* 크기 / 3m

존속기간 / 전기 쥐라기(2억 800만 년 전~1억 9400만 년 전)

장소 / 아프리카 짐바브웨, 미국 애리조나주

전시박물관 / 짐바브웨국립박물관

코엘로피시스와 매우 유사하나 머리와 턱이 다
소 크고 목은 더 작다. 앞발은 크고 잘 발달되어 날
카로운 발톱을 가진 세 앞발가락을 사용하여 움켜
쥘 수 있게 되어 있다. 발목뼈들이 서로 붙어 일체
화되어 있기 때문에 오랫동안 빠르게 달릴 수 있
다. 30개체 이상의 신타르수스가 아프리카 짐바브
웨에서 발견되었는데 두 종류로 구분된 뼈의 형태
중 굵은 것은 암컷, 다소 가늘고 날렵한 것은 수컷
의 뼈이다. 암컷의 뼈는 수컷보다 약 15cm가 더
크다. 원시용각류인 마소스폰딜루스 뼈가 함께 발
견되어 아마도 이들이 신타르수스의 사냥감이 아
니었나 추측된다.

신타르수스

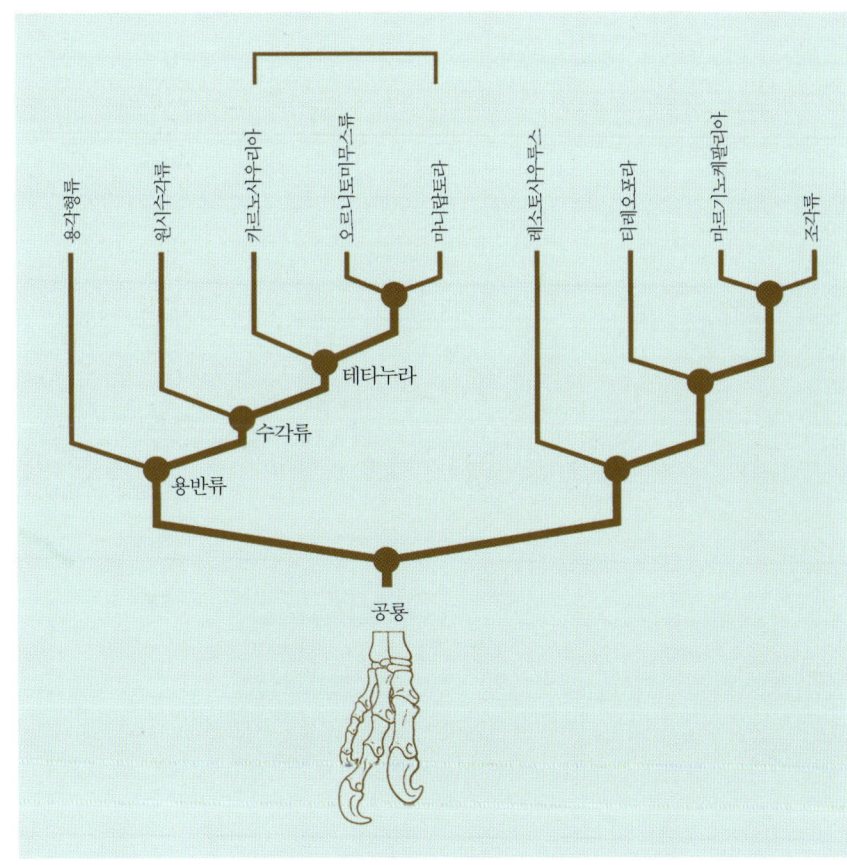

테타누라 분기도

포함해 세 개 이하로 줄어들게 되었다. 이러한 변화에 따라 이 육식공룡들은 먹이를 매우 효과적으로 움겨쥘 수 있는 능력을 갖게 된다.

바리오닉스 Baryonyx

완전모식표본 / *Baryonyx walkeri*

크기 / 10m

존속기간 / 전기 백악기(1억 2500만 년 전)

장소 / 영국

전시박물관 / 영국자연사박물관

발톱이라는 애칭으로 불리는 바리오닉스는 다소 이상하게 생긴 육식공룡이다. 얼굴은 악어와 비슷한 형태이며 32쌍의 이빨을 가지고 있다. 약 30cm에 이르는 커다란 앞발톱 한 개가 1983년 아마추어 화석수집가에 의해 발견된 후 대규모 발굴작업을 통해 거의 완벽한 바리오닉스의 골격이 산출되었다.

이 공룡은 영국에서 처음 발견된 육식공룡이며 또한 세계적으로도 매우 드문 전기 백악기 육식공룡이다. 긴 주둥이와 많은 이빨의 존재는 이 공룡이 주로 물고기를 잡아먹었음을 암시하는데, 이 공룡은 긴 앞발톱을 사용해 물고기를 잽싸게 낚아챌 수 있었다. 실제로 배 속에서 물고기의 잔해들이 함께 발견되었다.

2-2 테타누라 Tetanura

테타누라 그룹에 속한 공룡들의 특징은 세 개의 발가락을 가진 앞발이 진화한 점이다.

이 그룹으로 진화한 수각류는 앞발가락 중 넷째와 다섯째 발가락이 모두 없어진다. 따라서 앞발가락의 수는 안으로 접을 수 있는 강한 엄지발가락을

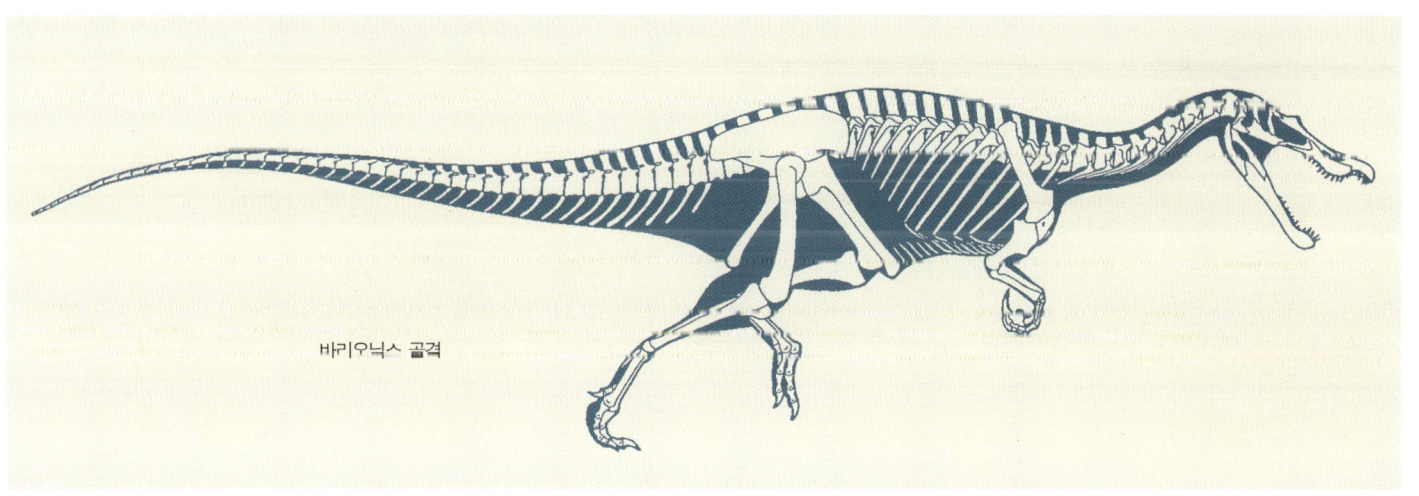

바리오닉스 골격

바리오닉스

2-3 조수각류 Avetheropoda

원시적인 큰 육식공룡들이 속한 그룹이다. 이족
보행을 하였으며 큰 뒷다리는 큰 발톱으로 무장되
어 있다. 과거에는 단지 크기에 따라 큰 수각류는
카르노사우리아 그룹으로, 작은 수각류는 코엘루
로사우리아로 분류하였다. 그러나 이러한 분류는
그들의 진화관계를 올바르게 밝힐 수 없기 때문에
단지 크기가 크다고 카르노사우리아에 속한 공룡
이라고 볼 수 없다. 예컨대 현재 가장 큰 육식공룡
인 티라노사우루스는 카르노사우리아 그룹이 아니
라 이들 그룹으로부터 진화된 코엘루로사우리아
그룹에 속한다. 전형적인 카르노사우리아 그룹에
속하는 알로사우루스는 티라노사우루스와 외형적
으로 크게 다르지는 않지만 뒷발과 앞발의 구조는
분명히 다르다. 티라노사우루스는 앞발이 짧아지
면서 앞발가락도 두 개로 줄어든다. 세 개의 발뼈
도 알로사우루스에서는 크기가 같지만 티라노사우
루스에서는 발목 부분이 더 작다. 또 티라노사우루
스는 치골 끝이 크게 확장되어 있다. 몸집도 알로
사우루스보다 더 커지며 몸에 대한 머리 크기 비율
도 커진다. 또 티라노사우루스의 위턱 앞부분에 네
쌍의 이빨이 있고 눈 아래 뺨 부분에 또 하나의 구
멍이 발달하게 된다.

알로사우루스

1) 알로사우루스류(Allosauridae)

알로사우루스 Allosaurus

완전모식표본 / *Allosaurus fragilis* 크기 / 9~12m

존속기간 / 후기 쥐라기(1억 5600만 년 전~1억 4500만 년 전)

장소 / 미국 콜로라도주·유타주·와이오밍주·몬태나주

전시박물관 / 캐나다 왕립온타리오박물관, 티렐고생물박물관,
　미국자연사박물관, 스미스소니언자연사박물관, 카네기자연
　사박물관

알로사우루스는 북미 서부지역에서 후기 쥐라기
를 대표하는 가장 잘 알려진 큰 육식공룡이다. 1m
나 되는 큰 머리에 길이 7.5cm의 이빨이 턱을 채
우고 있다. 다른 큰 수각류처럼 알로사우루스는 아
래턱 앞부분이 경첩처럼 되어 있어 입을 벌릴 때

알로사우루스 골격

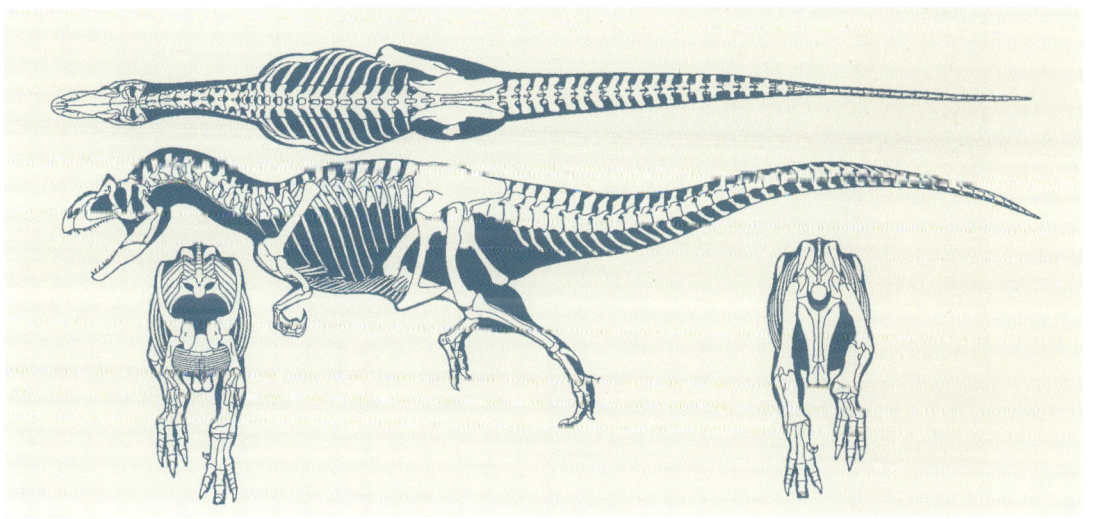

아크로칸토사우루스

아크로칸토사우루스

아래턱이 약간 옆으로 열린다. 머리뼈의 접합부분도 약간 움직일 수 있어 주둥이 부분을 위아래로 움직일 수 있었다. 이러한 구조는 커다란 고깃덩이를 쉽게 삼킬 수 있게 한다.

뒷다리는 크고 강한 근육으로 이루어져서 시속 30km로 뛸 수 있었다. 25cm나 되는 날카로운 발톱으로 무장한 세 개의 앞발가락은 먹이를 잡는 데 유용했다. 머리 위, 눈 앞쪽에 난 짧은 뿔 모양의 뼈의 기능은 아직 밝혀지지 않았다. 미국 유타주의 클리블랜드-로이드 공룡발굴지에서 1927년 이후 지금까지 1만 개 이상의 뼈가 발굴되었는데 그 중 반 이상이 알로사우루스의 뼈이다. 이 뼈들로 판단할 때 새끼는 약 3m 크기지만 다 자라면 12m에 이르렀던 것으로 밝혀졌다. 이들은 당시 같이 살았던 디플로도쿠스, 아파토사우루스, 바로사우루스 같은 큰 용각류 공룡들을 공격했다.

아크로칸토사우루스 Acrocanthosaurus

완전모식표본 / *Acrocanthosaurus atokensis* 크기 / 9m

존속기간 / 전기 백악기(1억 1500만 년 전~1억 500만 년 전)

장소 / 미국 오클라호마주·텍사스주

전시박물관 / 미국 포트워스과학박물관

이 육식공룡의 가장 큰 특징은 목뼈에서 꼬리뼈까지 발달한 긴 신경배돌기이다. 이 돌기는 60cm에 이르는 것도 있어 목과 꼬리에 강한 근육을 지

탱하는 역할을 한다. 불완전한 머리뼈가 1956년 미국 오클라호마주에서 발견된 후 최근 텍사스의 포트워스 지역에서 거의 완전한 몸뼈가 발견되어 달라스 남부감리대학에서 연구 중이다. 아크로칸토사우루스가 용각류 플레우로코엘루스를 공격하는 순간이 텍사스 글렌로즈의 주립공룡계곡에 발자국으로 남아 있다.

2) 신랍토르류(Sinraptoridae)

신랍토르 Sinraptor

완전모식표본 / *Sinraptor hepingensis* 크기 / 6m

존속기간 / 후기 쥐라기(1억 5000만 년 전)

장소 / 중국 전시박물관 / 없음

1987년 캐나다-중국 공룡탐사에서 발굴된 새로운 공룡으로 동시대 육식공룡인 알로사우루스보다 원시적인 머리뼈를 가지고 있다. 눈 위에 현저하게 놀출된 서진 뼈가 특징이다.

2-4 코엘루로사우리아 Coelurosauria

이 그룹의 특징은 긴 앞발이 진화한 점이다.

상대적으로 긴 앞발은 원시적인 카르노사우리아 그룹으로부터 진보된 특징 중의 하나로 먹이를 잡고 다루는 데 사용되었다. 이 그룹에 앞발이 짧은 티라노사우루스가 속하는 것은 이상하게 보일지

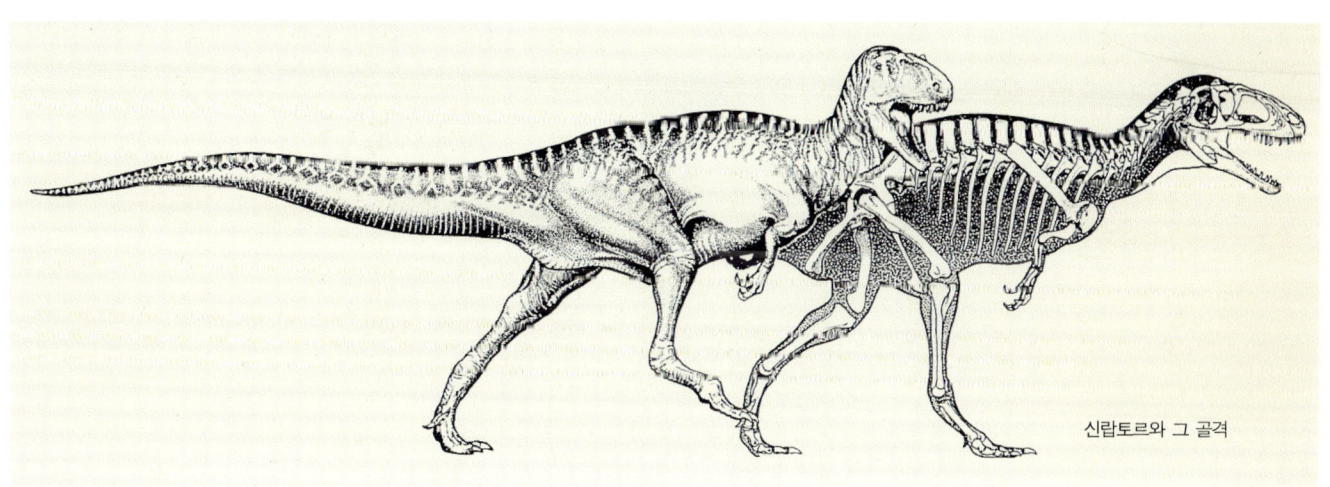

신랍토르와 그 골격

모르지만 이들의 앞발은 이차적으로 짧아진 것이다. 왜냐하면 수각류는 앞발가락의 수가 적어지는 방향으로 진화했기 때문에 두 개의 앞발가락을 가진 티라노사우루스는 더 진화된 형태이다. 따라서 티라노사우루스는 이차적으로 얻어진 거대한 몸집과 짧은 앞발에 상관없이 여러 가지 다른 특징들에 의해 코엘루로사우리아 그룹에 속한다.

콤프소그나투스 Compsognathus

완전모식표본/ *Compsognathus longipes* 크기/1m

존속기간/후기 쥐라기(1억 5100만 년 전~1억 4500만 년 전)

장소/독일, 프랑스

전시박물관/독일 바바리아박물관, 프랑스 국립자연사박물관

콤프소그나투스는 가장 작은 공룡 중의 하나로 납작한 머리의 길이는 6.5cm 정도이다. 목은 상대적으로 길고 앞발은 그리 길지 않다. 두 개의 앞발가락은 쥐라기의 수각류들 중에서 독특하다. 골격을 보면 이들이 민첩한 공룡이었음을 알 수 있는데 주로 곤충이나 작은 동물들을 잡아먹었을 것이다. 실제 배 부분에서 도마뱀의 잔해가 발견되었다. 또 이 공룡은 시조새의 골격과 매우 유사하다. 실제 헉슬리(Thomas Huxley)는 '새 같은 파충류'로부터 새가 진화했다는 그의 이론을 제시하는 데 콤프소그나투스를 예로 들어 설명하였다.

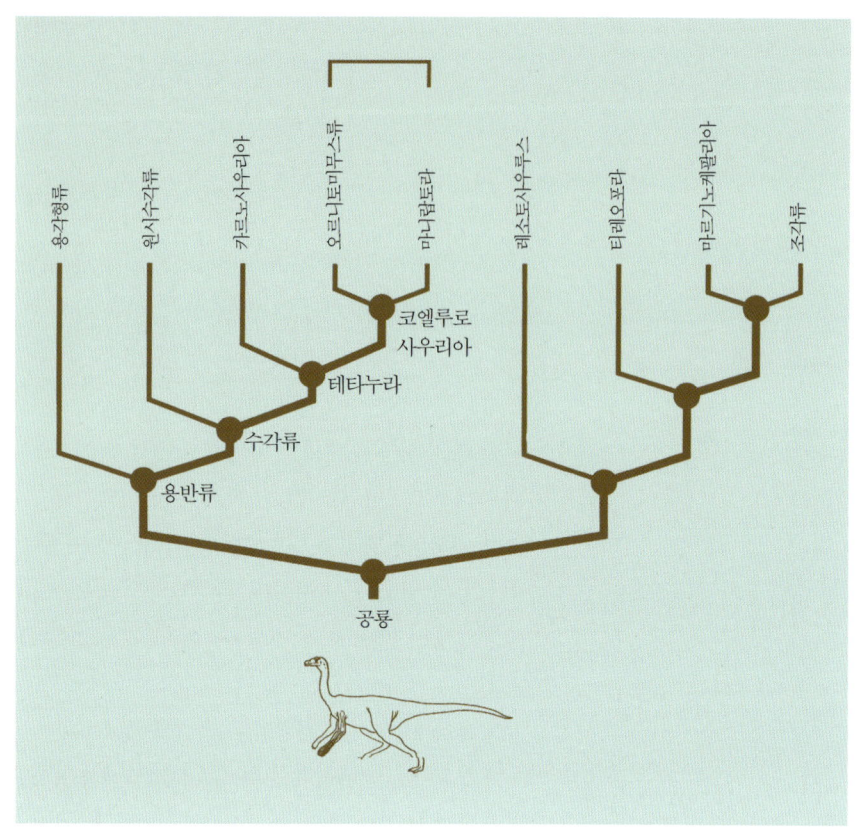

코엘루로사우리아 분기도

오르니톨레스테스 Ornitholestes

완전모식표본/ *Ornitholestes hermanni* 크기/1~2m

존속기간/후기 쥐라기(1억 5600만 년 전~1억 4500만 년 전)

장소/미국 와이오밍주·유타주

전시박물관/캐나다 티렐고생물박물관, 미국자연사박물관

1900년 아파토사우루스가 발견된 장소에서 미

콤프소그나투스

국자연사박물관팀에 의해 처음 발견된 후 오르니톨레스테스는 그후 새로 완전한 표본이 발견되지 않고 있다. 조그만 머리에 커다란 콧구멍을 가졌으며 콧구멍 위에는 작은 뿔 같은 구조가 발달되어 있다. 넷째 앞발가락은 흔적만 남아 실제 세 개의 긴 앞발가락을 갖고 있다. 뒷다리는 길고 가벼워 꼬리와 함께 균형을 이루면서 매우 빨리 달릴 수 있는 구조이다.

1) 티라노사우루스류(Tyrannosauridae)

티라노사우루스 Tyrannosaurus

완전모식표본 / *Tyrannonsaurus rex* 크기 / 12m

존속기간 / 후기 백악기(6800만 년 전~6500만 년 전)

장소 / 미국 몬태나주·와이오밍주·콜로라도주·뉴멕시코주·사우스다코타주, 캐나다 서부

전시박물관 / 캐나다 티렐고생물박물관, 미국자연사박물관, 덴버자연사박물관, 카네기자연사박물관

티라노사우루스는 아마 가장 유명한 공룡일 것이다. 비록 가장 큰 육식공룡은 아닐 수도 있으나 지구상에서 가장 힘센 육상 육식동물이었다. 거대한 몸집에 커다란 머리, 짧고 강력한 목과 강력한 발톱으로 무장된 뒷다리, 그리고 이에 반해 우스꽝스러울 정도로 작은 두 개의 앞발가락이 달린 짧은 앞발을 갖고 있다. 머리는 약 1.35m에 이르고 60개나 되는 이빨 한 개의 길이는 16cm, 폭도 2.5cm나 된다. 강력한 근육이 발달한 턱은 한입에 200kg의 고기를 물어뜯을 수 있다.

뇌의 구조를 보면 후각을 관장하는 부분이 잘 발달되어 있음을 알 수 있다. 머리는 길고 납작해 앞을 잘 볼 수 있고 귀의 구조도 악어와 비슷해 잘 들을 수 있었다. 가장 완전한 머리뼈가 1990년 미국 사우스다코타주에서 발견되어 발견자의 이름을 따서 '수'(Sue)라는 애칭으로 불린다. 이 머리뼈에는 상처가 난 후 자연 치유된 흔적들도 남아 있다. 티라노사우루스의 앞발은 1989년 몬태나에서 처음 발견되었다. 앞발의 길이는 90cm지만 200kg을 들 수 있을 정도로 강력하다.

몽골에서 발견된 타르보사우루스 바타르(*Tarbosaurus bataar*)는 더 작고 납작한 이빨과 작은 앞발을 갖고 있고 티라노사우루스의 선조로 여겨지며 티라노사우루스류가 아시아에서 기원해 북미로 이동해갔음을 보여준다.

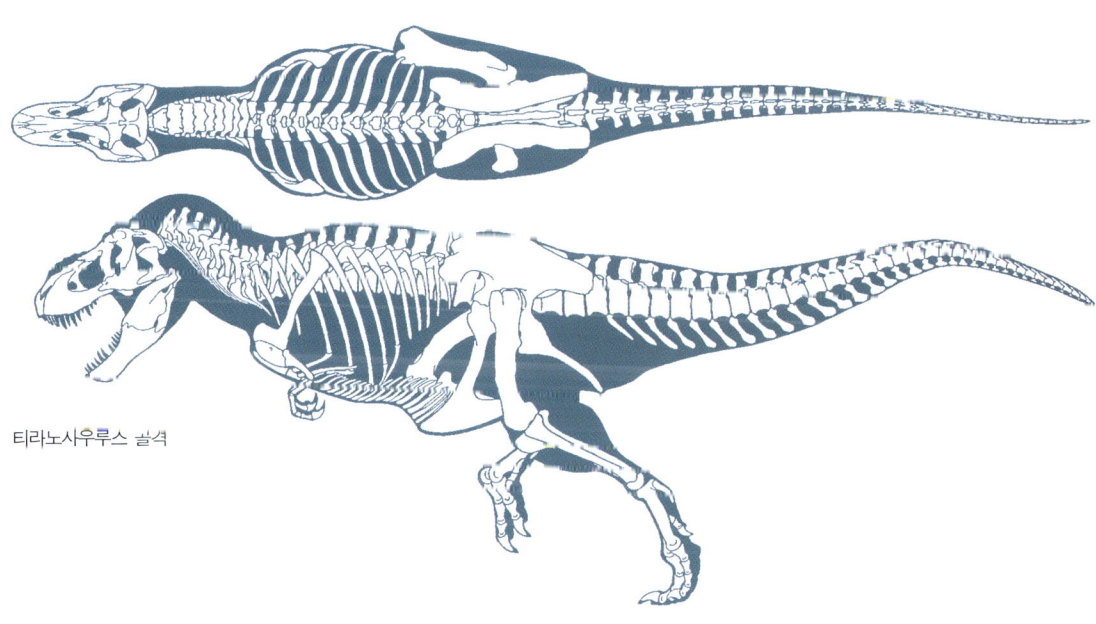

티라노사우루스 골격

알베르토사우루스가 람베오사우루스를 습격하고 있다. 물가는 대부분의 육식공룡들에게 좋은 매복장소였다.

알베르토사우루스 Albertosaurus

완전모식표본 / *Albertosaurus sarcophagus* 크기 / 8~10m

존속기간 / 후기 백악기(7600만 년 전~6800만 년 전)

장소 / 캐나다 알버타주

전시박물관 / 캐나다 티렐고생물박물관, 미국자연사박물관, 스미스소니언자연사박물관

　알베르토사우루스는 티라노사우루스보다 약 8백만 년 먼저 나타났다. 티라노사우루스처럼 커다란 머리에 날카로운 이빨과 두 개의 앞발가락을 가졌지만 팔 길이는 더 길다. 알베르토사우루스는 좀 더 넓적한 주둥이를 갖고 있고 앞쪽을 향한 티라노사우루스의 눈보다 더 옆쪽으로 치우쳐 있다. 서너 종이 알려져 있는데 최근 나노티라누스(*Nano-*

나노티라누스

tyrannus)는 새끼 티라노사우루스로 판명되었다.

2) 트로오돈류(Troodontidae)

트로오돈 Troodon

완전모식표본 / *Troodon formosus* 크기 / 1.75m

존속기간 / 후기 백악기(7600만 년 전~7000만 년 전)

장소 / 미국 몬태나주·와이오밍주, 캐나다 알버타주

전시박물관 / 없음

　트로오돈은 1856년 북미에서 발견된 이빨 한 개에 의해 처음으로 이름 붙여진 후 골격 형태에 대한 정보가 없었다. 그후 1983년에 이르러 턱뼈가 발견되었고 머리뼈를 포함한 불완전한 골격이 알려졌다.

　트로오돈은 아마도 가장 두뇌가 발달한 공룡이었을 것이다. 몸무게는 22.7kg밖에 안되지만 뇌의 무게는 37~45g이나 되었기 때문이다. 이렇듯 몸무게에 비해 큰 뇌용량은 현생 조류에 비견될 정도이다. 또한 직경 4.4cm의 커다란 눈을 갖고 있어 밤에도 잘 활동했을 것으로 추정된다. 트로오돈은 앞발을 회전할 수 있었으며 다리는 매우 길어 민첩했다. 가느다랗고 유연한 꼬리는 재빠른 몸동작의

한 마리이 초식공룡 뒤를 쫓고 있는
트로오돈의 무리

3) 오르니토미무스류(Ornithomimosauria)

하르피미무스 Harpymimus

완전모식표본 / *Harpymimus okladnikovi* 크기 / 3.6m

존속기간 / 전기 백악기(1억 1900만 년 전∼9750만 년 전)

장소 / 몽골

전시박물관 / 없음

하르피미무스는 타조처럼 생긴 오르니토미무스류 중 가장 원시적인 형태이다. 이들 긴 다리 공룡의 후손들은 몽골에서 북미로 퍼져나갔다. 가장 큰 특징은 세 개의 긴 앞발가락이며 길고 날씬한 다리는 다른 어떤 공룡보다도 빨리 달릴 수 있는 능력을 제공했다.

이 그룹 대부분은 오늘날의 조류처럼 이빨이 없는 부리를 가졌지만 하르피미무스는 여섯 개의 작고 뭉툭한 앞니를 가지고 있다. 이것은 육식공룡들이 신화하면서 이빨이 없어긴다는 것을 보여주는 것이다. 그렇다면 육식공룡으로서는 비효과적인 이러한 이빨로 이들은 무엇을 먹었을까? 확실히 알 수는 없지만 그들은 빠른 걸음과 긴 앞발을 이용해 주로 곤충이나 조그만 포유류를 잡아먹었으리라 추정한다.

균형을 맞추는 데 아주 효과적이고, 두 개의 날카로운 발톱 중 둘째발가락이 가장 크다. 이러한 특징은 드로마이오사우루스와 비슷하나 그 공룡의 것처럼 강력한 힘을 가진 것은 아니고 긴 발가락은 조그만 포유류나 파충류를 잡는 데 이용되는 정도였다.

하르피미무스

오르니토미무스 Ornithomimus

완전모식표본 / *Ornithomimus velox* 크기 / 3.5m

존속기간 / 후기 백악기(7600만 년 전~6500만 년 전)

장소 / 미국 콜로라도주·유타주·몬태나주·와이오밍주, 캐나다 알버타주

전시박물관 / 캐나다 왕립온타리오박물관

1889년 발견된 이 '타조처럼 생긴 공룡'은 실제 타조와 비슷하게 긴 다리와 가는 목, 작은 머리를 갖고 있다. 긴 다리 덕분에 최소한 시속 50km로 달릴 수 있었던 것으로 판단된다. 이빨은 없으며 앞발은 매우 길다. 주둥이가 곤충을 주식으로 하는 조류의 주둥이와 매우 비슷해 이들도 주로 곤충을 먹지 않았나 유추하게 된다. 또한 빈약하게 발달된 턱 근육으로 보건대 이들이 알이나 부드러운 먹이를 취했을 가능성이 높다. 오르니토미무스는 비슷한 스트루티오미무스보다 더 오래 존속했으며 넷째발가락의 흔적이 완전히 없어졌다.

스트루티오미무스 Struthiomimus

완전모식표본 / *Struthiomimus altus*

크기 / 4m

존속기간 / 후기 백악기(7600만 년 전~7000만 년 전)

장소 / 캐나다 알버타주

전시박물관 / 미국자연사박물관

다른 오르니토미무스류처럼 작은 머리에 긴 목, 상대적으로 긴 앞발과 긴 앞발가락, 긴 다리를 갖고 있다. 이빨은 모두 퇴화되었다. 이빨이 없기 때문에 먹이를 취하기 위해 주로 빠른 속도와 강한 앞발과 강한 부리를 이용했다. 단단한 꼬리는 달리면서 갑자기 방향을 바꿀 때 몸의 균형을 잡는 역할을 했다. 앞발가락은 크고 매우 길어 상완골의 길이와 같으며, 매우 길고 약간 휘어진 발톱이 달려 있다. 앞발가락은 세 개이며 안쪽 것은 다른 것보다 짧다.

위 / 오르니토미무스

아래 / 스트루티오미무스

4) 테리지노사우루스류(Therizinosauroidae)

세그노사우루스 Segnosaurus

완전모식표본 / *Segnosaurus galbinensis* 크기 / 6.5m

존속기간 / 후기 백악기(9750만 년 전? ~8850만 년 전?)

장소 / 중국, 몽골 전시박물관 / 없음

이 공룡이 1979년 몽골에서 처음 발견되었을 때 그 괴상한 특징에 대해 많은 논란이 있었다. 왜냐하면 세그노사우루스는 조반류, 수각류, 원시용각류의 특징들을 모두 갖고 있기 때문이다. 머리는 이상하게 작고 긴 목과 짧아진 꼬리를 갖고 있다. 전형적인 수각류의 이빨과는 다르게 원시용각류와 유사한 주둥이와 이빨을 가졌다. 비록 네 개의 발가락, 골반구조는 초식공룡의 특징을 보이지만 커다란 뒷발의 엄지발가락은 이들이 진화된 육식공룡 테타누라임을 보여준다. 뒷다리로 걸었으며 앞발은 길고 날카로운 발톱으로 무장되어 있다.

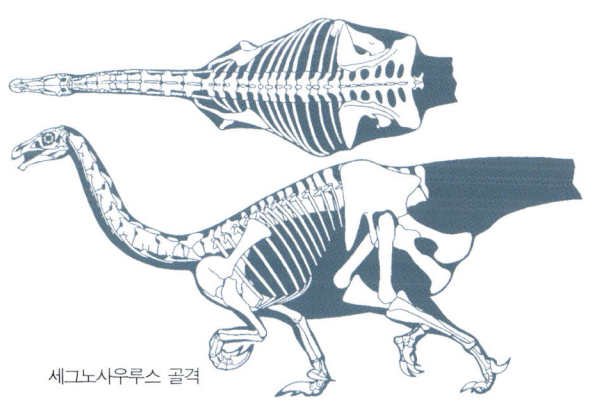

세그노사우루스 골격

5) 오비랍토르류(Oviraptoridae)

오비랍토르 Oviraptor

완전모식표본 / *Oviraptor philoceratops* 크기 / 1.8m

존속기간 / 후기 백악기(8800만 년 전? ~7000만 년 전)

장소 / 몽골

전시박물관 / 몽골자연사박물관, 미국자연사박물관

오비랍토르라는 이름은 '알도둑'이란 뜻으로 만들어졌다. 이는 이 공룡이 프로토케라톱스의 알둥지에서 자주 발견되고, 입 안쪽에 있는 한 쌍의 조그만 이빨 구조가 알을 집기에 효과적으로 굽어 있다는 사실에 기인한 것이다. 그러나 최근 미국자연사박물관팀이 발굴한 오비랍토르의 둥지를 보면 이들이 새처럼 둥지를 틀고 새끼를 돌보는, 이름에 걸맞지 않게 모성애가 강한 공룡임이 밝혀졌다. 최근에는 새와 같은 쇄골과 함께 깃털 구조도 발견되었다. 새로이 발견된 표본들은 주둥이와 머리 위에 크고 둥그런 돌기구조가 매우 다양하게 진화되었다는 것을 보여준다. 눈구멍은 매우 크고 깊은 아래턱에 하트 모양의 커다란 구멍이 발달해 있다.

세그노사우루스

오비랍토르와 그 골격

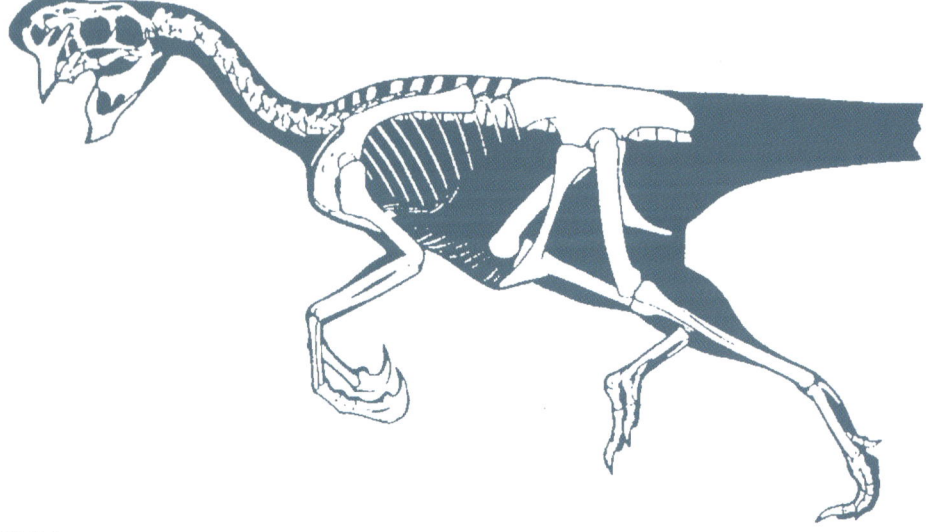

2-5 마니랍토라 Maniraptora

이 그룹의 특징은 반달 모양의 큰 앞발목뼈가 진화된 점이다. 코엘루로사우리아 중 더 진화된 앞발목뼈를 가진 그룹으로 데이노니쿠스, 벨로키랍토르, 조류가 여기에 속한다. 이들의 진화된 앞발목뼈는 하나의 커다란 반달 모양으로 변해 손목을 자유롭게 움직일 수 있었다. 이들 공룡은 몸에 비해 상대적으로 가장 큰 뇌를 가지고 있어 지능이 뛰어나고 민첩한 포식자였다. 이들

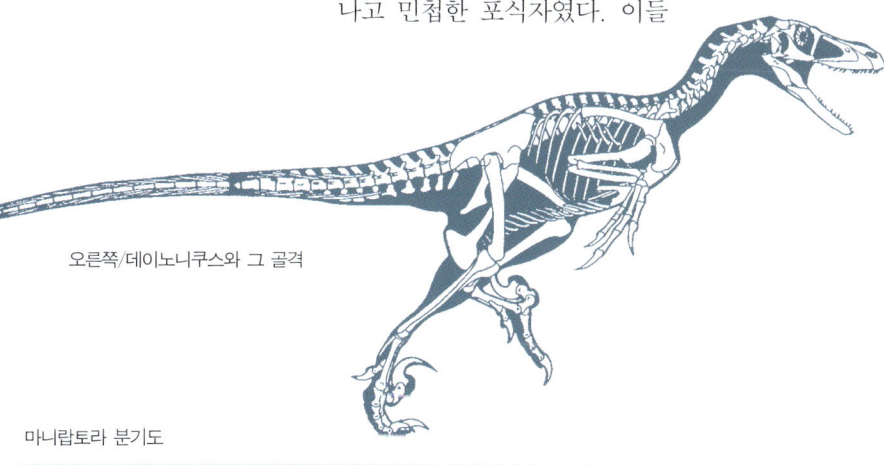

오른쪽/데이노니쿠스와 그 골격

마니랍토라 분기도

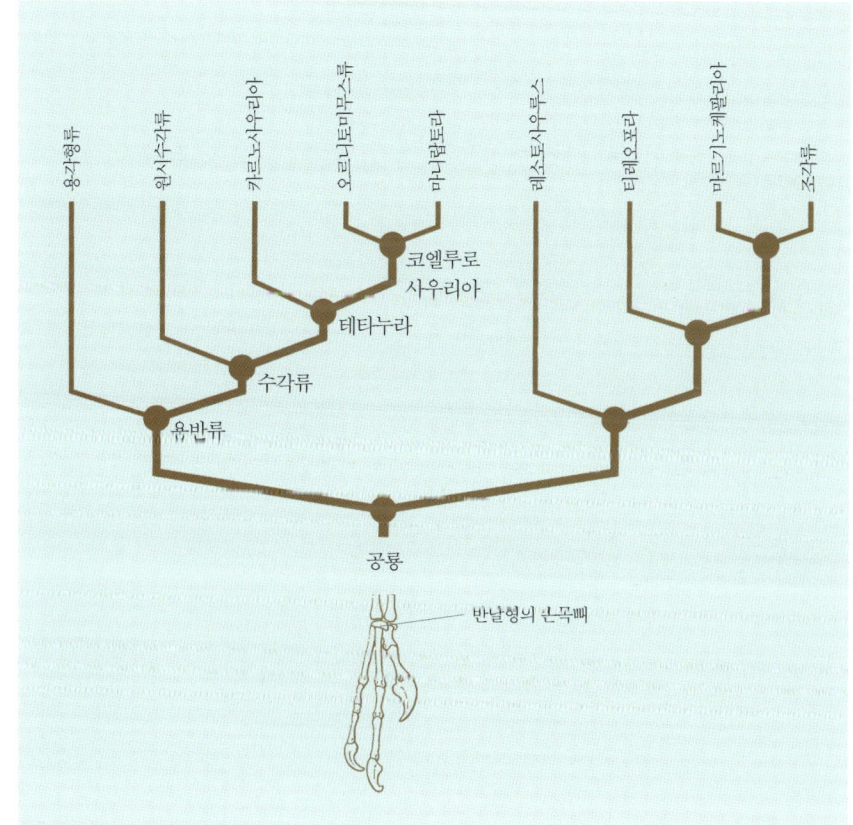

용각형류 / 원시수각류 / 카르노사우리아 / 오르니토미무스류 / 마니랍토라 / 테스토사우루스 / 티레오포라 / 마르기노케팔리아 / 조류류

코엘루로사우리아
테타누라
수각류
용반류
공룡
반달형의 손목뼈

의 발톱 기저부는 강력한 근육과 연결되어 낫과 같은 발톱을 강력하게 휘두를 수 있었다.

데이노니쿠스 Deinonychus

완전모식표본 / *Deinonychus antirrhopus* 크기 / 3m

존속기간 / 전기 백악기(1억 1900만 년 전 · 9300만 년 전)

장소 / 미국 몬태나주 · 와이오밍주

전시박물관 / 미국 예일대 피바디자연사박물관, 필라델피아 자연과학원

데이노니쿠스는 가장 특징적이고 진화상 매우 중요한 공룡이다. 무게 80kg 정도의 매우 작은 육식공룡이지만 큰 눈과 긴 주둥이, 날카롭게 톱니화된 이빨, 그리고 긴 앞발은 세 개의 날카로운 발톱으로 무장되어 있다. 커다란 크기의 네 발가락이 있지만 다섯째 발가락은 거의 퇴화했다.

가장 중요한 특징은 둘째발가락에 발달해 있는 낫 모양의 큰 발톱이다. 이 발톱은 13cm로 매우 길이 셋째와 넷째 발가락을 사용해 걸을 때 위로 들어올려져 보호되며 먹이를 사냥할 때 사용되었다. 이빨은 아래를 향한 게 아니라 뒤쪽으로 휘어져 있어 먹이를 죽이는 역할보다는 고기를 자르는 용도에 더 적합했다.

꼬리는 긴 척추로 구성되어 있으며 이들을 가로지르는 막대구조의 뼈로 딱딱하게 굳어 있다. 이러

한 꼬리는 상하 또는 좌우로 움직일 수 있지만 유연하게 휘지는 않았다. 그러나 뻣뻣한 꼬리는 큰 초식공룡을 사냥하여 뒷발의 발톱을 이용해 먹이의 배를 가를 때 순간적인 힘을 주면서 몸의 기동성을 증가시키는 데 사용되었다. 앞발목은 매우 유연하여 양 앞발을 서로 맞잡을 수 있었다. 이러한 앞발은 먹이를 잡기 위해 디자인된 것이다. 먹이를 재빠르게 쫓아 앞발로 잡고 뒷발의 큰 발톱을 이용해 먹이의 배를 갈랐다.

1964년 데이노니쿠스의 발견으로 공룡이 매우 활동성이 큰 동물임이 밝혀졌으며 또한 새와의 진화관계에 새로운 증거로 제시되었다. 따라서 데이노니쿠스는 공룡이 온혈동물이라는 가설을 뒷받침하는 데 자주 인용되고 있다. 데이노니쿠스와 함께 발견된 초식공룡 테논토사우루스는 한 마리의 데이노니쿠스가 사냥하기에는 너무 큰 공룡이기 때문에 이들이 떼로 사냥을 했을 것이라는 유추를 낳았다. 이들의 큰 뇌는 그러한 복잡한 행동양식을 할 정도로 지능이 발달했음을 암시한다.

벨로키랍토르 Velociraptor

완전모식표본 / *Velociraptor mongoliensis* 크기 / 1.8m

존속기간 / 후기 백악기(8500만 년 전 ~ 8000만 년 전)

장소 / 몽골, 중국

전시박물관 / 폴란드 고생물연구소, 몽골자연사박물관

벨로키랍토르의 커다란 눈, 날카로운 이빨, 자유자재로 움직일 수 있는 앞발, 그리고 긴 다리를 보면 이들이 실제 매우 민첩한 육식공룡이었음을 알 수 있다. 벨로키랍토르는 데이노니쿠스처럼 둘째 발가락에 달린 낫 모양의 매우 큰 발톱이 주요 무기다. 이들의 커다란 입은 상당히 큰 먹이도 다룰 수 있었음을 말해준다.

1971년 몽골 고비사막에서 발견된 매우 흥미로운 표본에는 벨로키랍토르가 프로토케라톱스와 필사의 싸움을 벌이는 장면이 고스란히 간직되어 있다. 벨로키랍토르는 프로토케라톱스의 얼굴을 앞

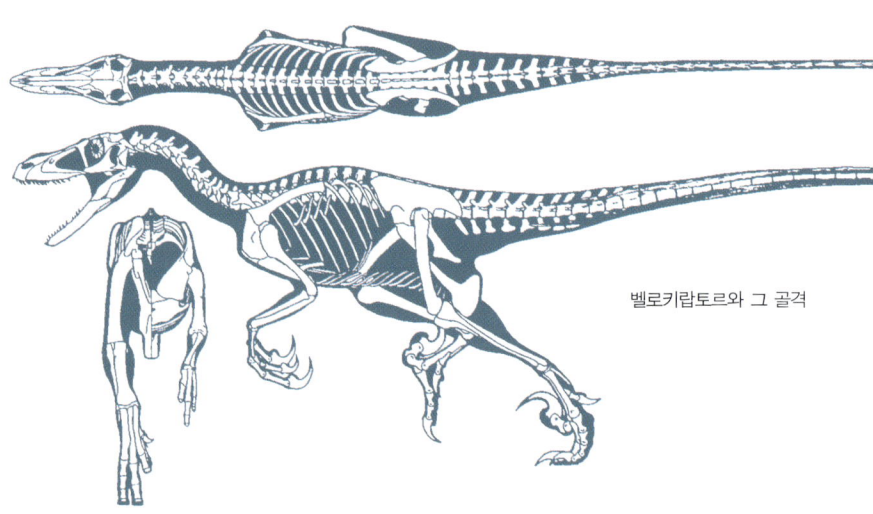

벨로키랍토르와 그 골격

발로 잡고 뒷발의 발톱은 프로토케라톱스의 배를 가르고 있다(제3부 4장 참조). 벨로키랍토르는 시조새와 유사한 골반을 가지고 있어 어떤 학자들은 이들이 깃털을 가지고 있었을 것이라고 주장하기도 하지만 아직 깃털이 발견된 적은 없다.

2-6 조류 Aves

시조새 Archaeopteryx

완전모식표본 / *Archaeopteryx lithographica*

크기 / 50cm

존속기간 / 후기 쥐라기(1억 5100만 년 전~1억 5000만 년 전)

장소 / 독일

전시박물관 / 독일자연사박물관, 영국자연사박물관

시조새는 가장 오래된 새이다. 왜냐하면 깃털과 날개, 그리고 차골(叉骨)을 가지고 있기 때문이다 (제1부 5장 참조). 그러나 또한 많은 점에서 작은 육식공룡 데이노니쿠스와 유사한 점이 많다. 이러한 특징은 긴 꼬리, 앞발목뼈의 형태, 치골이 뒤로 향한 것, 이빨의 존재에서 알 수 있다.

1861년 처음으로 표본이 발견된 이후 현재까지 6점의 시조새 화석이 독일 졸렌호펜 지역에서 발견되었다. 시조새가 가장 오래된 새이지만 현생의 새와는 뼈구조가 다르기 때문에 이들이 실제 날 수 있었을까 하는 논란이 있다. 하지만 그들의 비대칭적인 깃털을 보면 실제 하늘을 날았음이 분명하다.

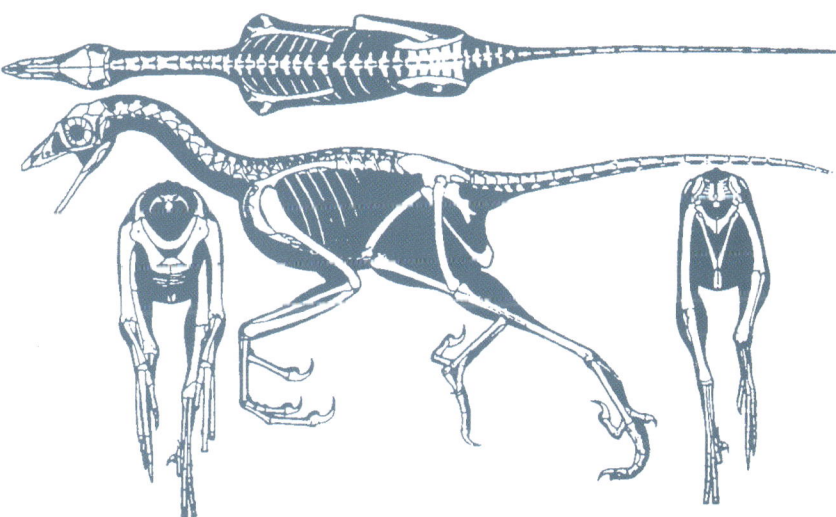

시조새와 그 골격

모노니쿠스와 그 골격

모노니쿠스 Mononykus

완전모식표본 / *Mononykus olecranus*

크기 / 90cm

존속기간 / 후기 백악기(7200만 년 전)

장소 / 몽골 전시박물관 / 미국자연사박물관

　이상한 형태의 새로 몽골에서 발견되었다. 하나의 짧고 단단한 앞발가락은 일반적인 새의 날개와는 거리가 멀게 느껴진다. 그러나 몸 전체의 골격은 전형적인 새의 그것이다. 따라서 모노니쿠스는 날지 못하는 새였다. 이러한 짧은 앞발의 기능은 확실히 알 수 없지만 짧으면서도 근육질로 되어 있는 것으로 미루어보아 어떤 특별한 기능을 했던 것으로 생각된다. 그러나 최근 연구를 통해 이러한 공룡이 새가 아니고 알바레즈사우루스류라는 새로운 그룹의 공룡에 속한다는 것이 밝혀졌다. 알바레즈사우루스류는 마니랍토라 그룹에 속하는 공룡이다.

3장 조반류 공룡

조반류(Ornithischia)의 특징은 치골이 뒤를 향하며 아래턱에 전하악골(前下顎骨, 앞아래턱뼈)이 진화한 점이다.

조반류 공룡은 용반류 공룡보다 진보된 골반구조를 갖고 있다. 이들 공룡의 치골은 새와 비슷하게 뒤쪽으로 뻗어 있지만 실제 새는 앞에서 설명한 것처럼 용반류의 수각류 마니랍토라 그룹에서 진화되어 나온 것이다. 현재 새의 치골이 뒤를 향하는 이유는 앞으로 뻗은 마니랍토라 공룡의 치골이 하늘을 날면서 이차적으로 뒤를 향하게 되었기 때문이다. 그러므로 조반류 공룡은 실제 새와 전혀 관계가 없다. 조반류는 극히 다양한 초식공룡들을 포함하고 있다. 따라서 모든 조반류 공룡들은 초식성이다. 조반류 공룡들은 방어와 자기과시, 먹이 습성과 움직임에 따라 여러 형태로 때로는 특이한 모양으로 진화하였다.

조반류 분기도

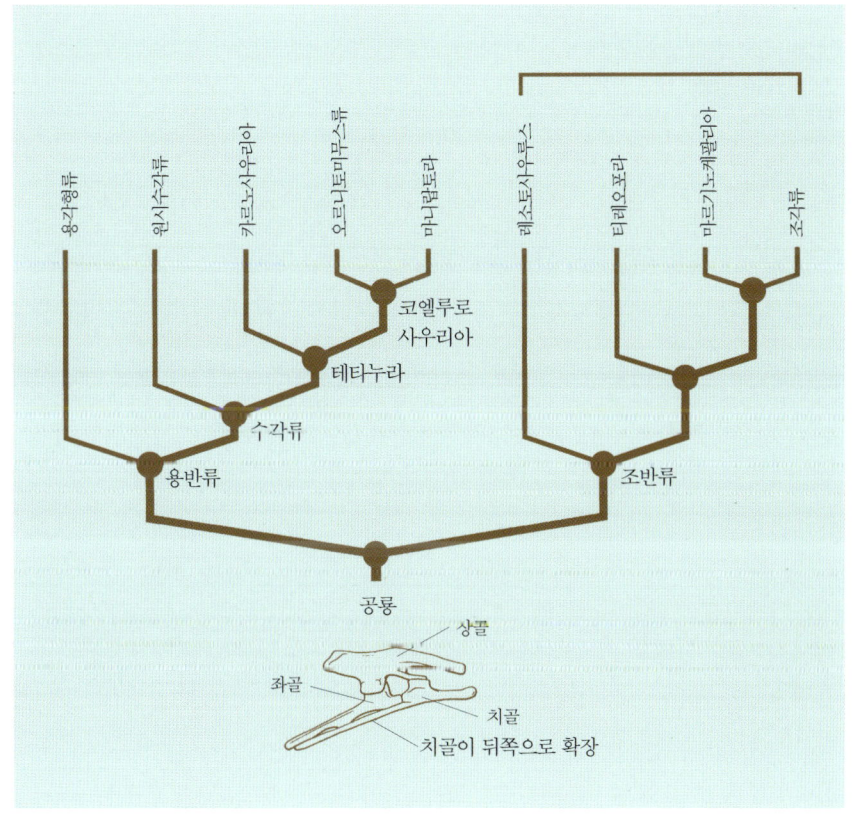

레소토사우루스 Lesothosaurus

완전모식표본 / *Lesothosaurus diagnosticus* 크기 / 1m

존속기간 / 전기 쥐라기(2억 800만 년 전~2억 년 전)

장소 / 남아프리카

전시박물관 / 남아프리카박물관

레소토사우루스는 가장 원시적인 조반류 공룡이다. 몸은 작고 날렵하게 생겼으며 갑옷 같은 피부는 발달되지 않았다. 머리는 10cm 정도인데 커다란 눈 때문에 전반적인 머리형은 삼각형이다. 긴 주둥이는 식물을 뜯기에 알맞게 각질의 부리로 덮여 있고 나뭇잎 모양의 이빨은 단순하게 일렬로 배열되어 있다. 앞발은 짧아 뒷다리 길이의 40%밖에 안 되지만 물건을 쥘 수 있는 네 개의 앞발가락이 발달했다. 조그만 엄지발가락은 걸을 때 땅으로부터 들어올려져 있어 실제 조그만 발톱이 달린 네 발가락으로만 걸었다. 꼬리는 보존이 잘 안 되어 있으나 몸 전체 길이의 반 정도를 차지했을 것으로 추정된다.

레소토사우루스와 그 골격

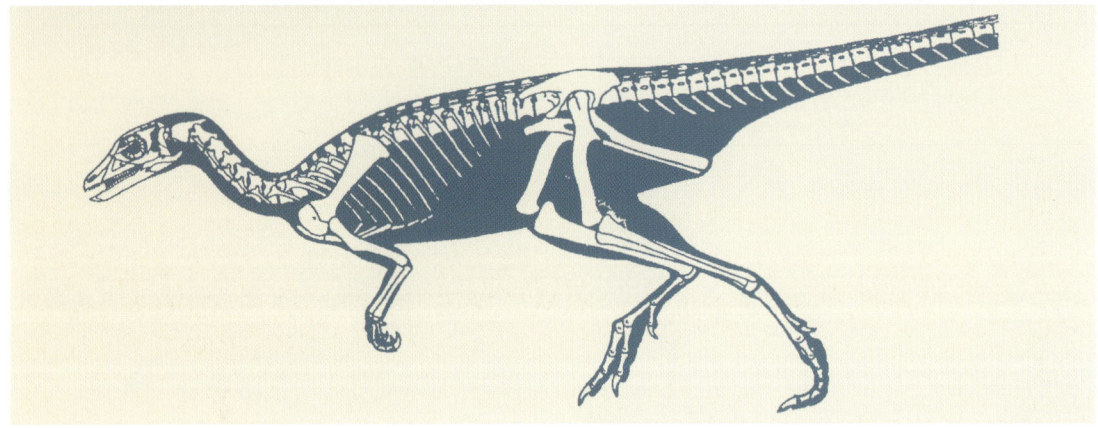

1 게나사우리아 Genasauria

이 그룹의 특징은 치열이 턱 가장자리로부터 안쪽으로 이동해 뺨이 진화한 점이다.

씹을 수 있는 이빨들이 턱 가장자리에서 안쪽으로 놓이게 진화하여 이빨과 그것을 싸고 있는 뺨 사이에 볼주머니를 만들 수 있었다. 이것은 씹을 때 음식이 입 밖으로 흘러나가는 것을 방지하며 본격적으로 씹는 작용을 할 수 있는 기능을 제공한다. 따라서 이 그룹의 공룡들은 다양한 이빨들을

발달시킬 수 있었으며 자신을 방어하기 위해 여러 가지 형태의 방어수단을 지닌 티레오포라 그룹으로 진화된다.

1-1 티레오포라 Thyreophora

티레오포라 그룹의 특징은 등에 갑옷 같은 골판들이 진화한 점이다.

두 개의 주요 그룹이 있는데 그것은 등에 골판과 꼬리끝에 창 같은 뼈를 가진 판공룡 스테고사우리

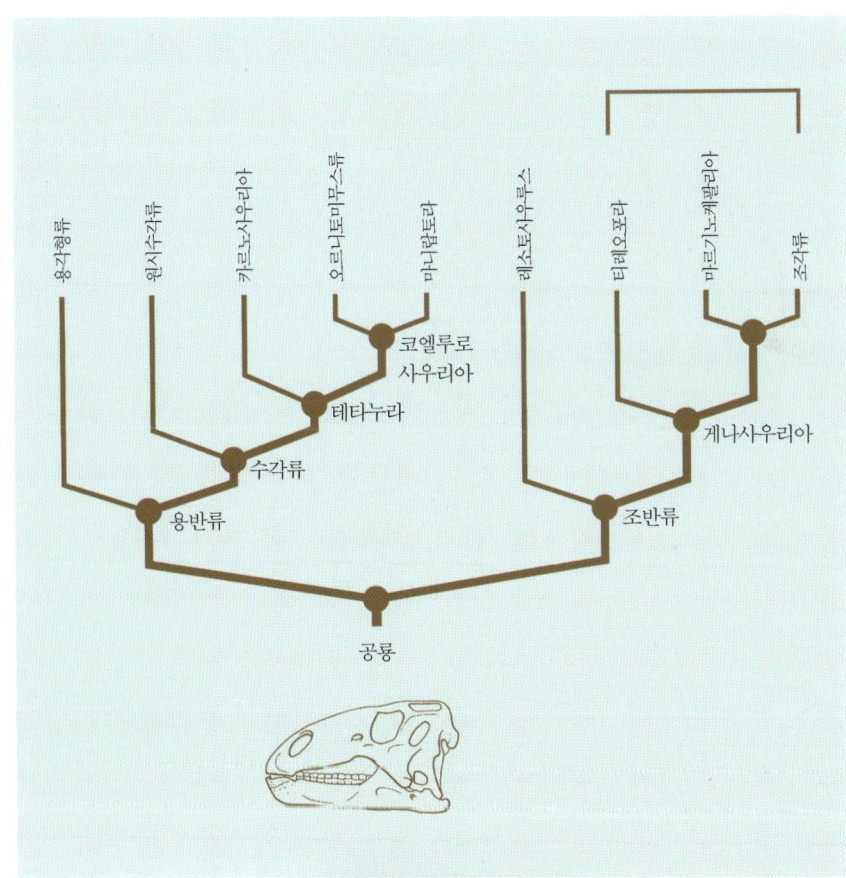

위 / 게나사우리아 분기도

오른쪽 / 스쿠텔로사우루스

아와 여러 형태의 골판과 골편으로 거의 몸을 감싼 갑옷공룡 안킬로사우리아이다. 조반류에서 이러한 골판의 피부는 2억 년 전부터 일찍 진화했다.

스쿠텔로사우루스 Scutellosaurus

완전모식표본 / *Scutellosaurus lawleri* 크기 / 1.2m

존속기간 / 전기 쥐라기(2억 800만 년 전~2억 년 전)

장소 / 미국 애리조나주

전시박물관 / 미국 북애리조나박물관, 하버드대 비교동물박물관

스쿠텔로사우루스는 티레오포라 그룹에서 가장 원시적인 공룡이다. 이 공룡은 긴 꼬리와 짧은 뒷다리, 그리고 많은 골편들로 특징지어진다. 한 표본에서 304개의 골편이 발견되었는데 실제는 그보다 더 많은 골편을 가지고 있었으리라 추정된다. 발견된 골편들은 그 형태에 따라 여섯 종으로 나눌 수 있으며 가장 큰 것은 직경 3cm 정도이다. 다소 긴 뒷다리를 보면 이 공룡이 이족보행을 하지 않았

셀리도사우루스

을까 생각되지만 긴 몸통과 뒷다리에 비견되는 긴
앞다리, 그리고 큰 발등을 살펴보면 사족보행을 한
공룡임을 알 수 있다.

셀리도사우루스 Scelidosaurus

완전모식표본 / *Scelidosaurus harrisonii* 크기 / 4m

존속기간 / 전기 쥐라기(2억 800만 년 전~2억 년 전)

장소 / 영국

전시박물관 / 영국자연사박물관

　셀리도사우루스는 1859년 오언이 이름 붙인 가
장 오래된 공룡 중의 하나이다. 매우 원시적인 사
족보행의 초식공룡으로 몸은 여러 종류의 골편으
로 덮여 있다. 골편들 중 둥근 형태의 판은 등 쪽에
발달해 있고 독특하게 생긴 삼각형의 판은 머리 뒤
에 발달해 있다.

　최근 발견된 피부화석을 보면 셀리도사우루스의
몸은 모자이크처럼 조그맣고 동그란 비늘들로 감
싸여 있음을 알 수 있다. 셀리도사우루스는 스쿠텔
로사우루스와 함께 검룡류와 곡룡류의 원시 조상
으로 추정된다.

1-1-1 스테고사우리아(검룡류) Stegosauria

　'천장을 가진 파충류'란 뜻의 이 그룹은 거의 전
세계에 분포했다. 이 그룹에 속하는 모든 공룡은
사족보행을 했고 작은 머리를 갖고 있으며 등에
골판과 꼬리에 창 같은 뼈가 나 있다. 지금까지 약

12종이 알려져 있으며 대부분 쥐라기에 살았지만
몇종은 백악기까지 생존했다.

휴양고사우루스 Huayangosaurus

완전모식표본 / *Huayangosaurus taibaii* 크기 / 4m

존속기간 / 중기 쥐라기(1억 7000만 년 전)

장소 / 중국

전시박물관 / 중국 쯔꿍공룡박물관

　휴양고사우루스는 가장 원시적인 판공룡이다.
작고 쌍을 이룬 하트형의 골판이 두 줄로 머리에서
부터 발달하다 어깨에 이르러 창 모양으로 바뀐다.
이러한 판들은 골반지점을 지나면서 갑자기 작아
져 꼬리 중간까지 확장되어 있다. 꼬리끝에는 4개
의 창뼈가 돌출해 있다.

　원시적인 특징은 앞발
과 뒷발의 길이가 거
의 같고 앞주둥이

휴양고사우루스

에 이빨이 발달해 있는 것이다. 또한 눈앞과 아래 턱 중간에 조그만 구멍이 발달하는데 이러한 구멍은 더 진화된 검룡류에서는 나타나지 않는다.

1979년에 중국 쓰촨 지역에서 용각류 슈노사우루스와 함께 12개체의 휴양고사우루스가 발굴되었다. 1992년 발견된 한 표본의 눈 사이에서는 조그만 뿔구조가 발달된 것이 확인되었는데 이는 수컷에서만 나타나는 특징으로 추정되고 있다.

스테고사우루스 Stegosaurus

완전모식표본 / *Stegosaurus armatus*

크기 / 7m

존속기간 / 후기 쥐라기(1억 5600만 년 전~1억 4500만 년 전)

장소 / 미국 콜로라도주 · 유타주 · 와이오밍주

전시박물관 / 미국자연사박물관, 스미스소니언자연사박물관, 카네기자연사박물관, 덴버자연사박물관, 예일대 피바디자연사박물관

등에 판이 발달한 스테고사우루스는 그 특징적인 모양 때문에 가장 잘 알려진 공룡 중 하나다. 완전모식표본은 이 공룡이 발견된 지 1세기가 넘도록 아직 완전하게 알려져 있지 않고 실제로 스테고사우루스의 특징은 스테고사우루스 스테놉스(*Stego-*

saurus stenops)의 것들이다. 스테고사우루스는 뒷발의 반 정도밖에 안 되는 짧은 앞발과 좁은 주둥이를 가진다.

이 공룡의 가장 큰 특징은 등을 따라 발달한 얇은 골판들인데, 이것들은 등 가운데로 갈수록 커져 골반 위에서 가장 크게 발달했다가 꼬리를 향해 다시 작아진다. 골판의 위치에 대해 아직까지 논쟁이 계속되고 있으나 한 쌍의 판들이 서로 교호하는 상태로 등에 배열되었다는 주장이 우세한 편이다. 꼬리끝에는 두 쌍의 기다란 창 모양의 뼈가 뒤로 돌출되어 있어 무기로 사용되었다.

그러나 등에 난 골판 속에는 수많은 미세한 혈관들이 발달하고 있어 이것은 방어를 위해서가 아니

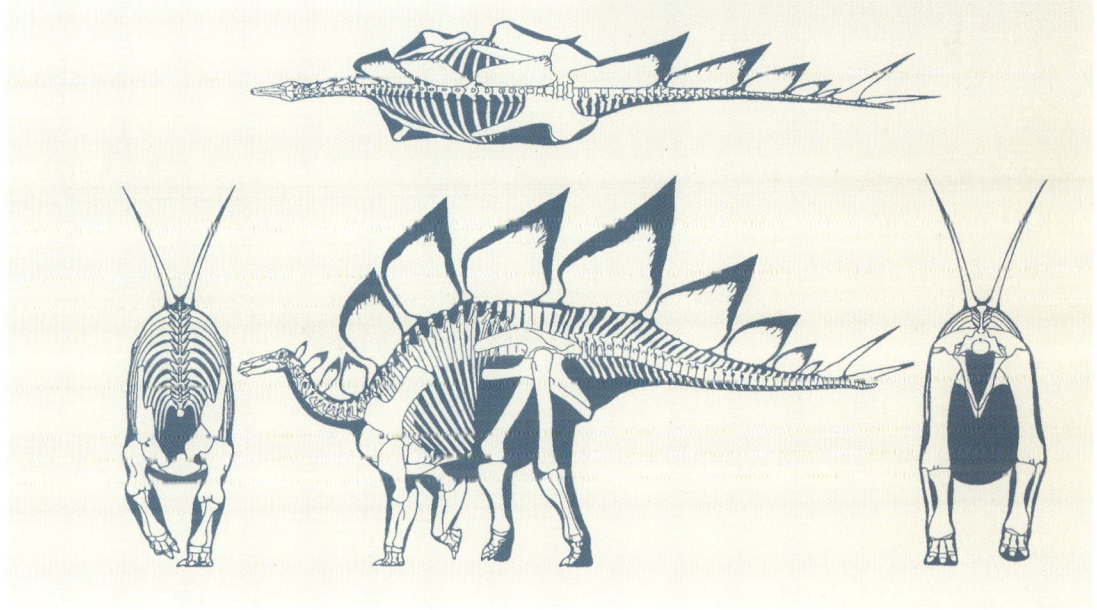

스테고사우루스와 그 골격

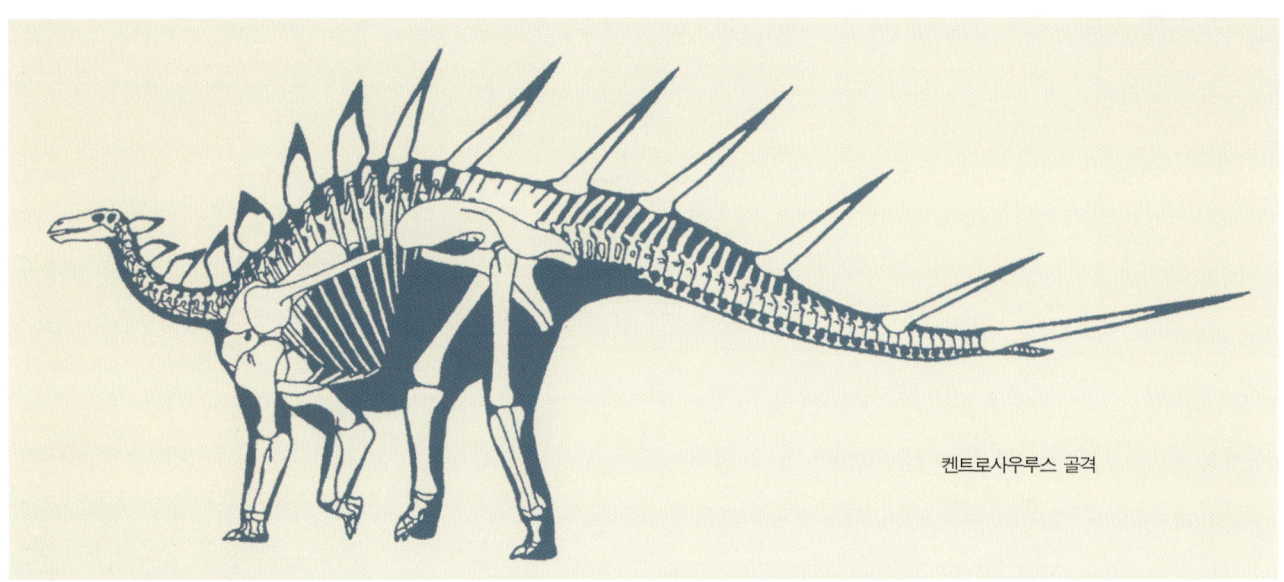

켄트로사우루스 골격

라 체온을 조절하는 방열판 역할을 한 것으로 여겨진다. 몸에는 조그맣고 납작하며 모양이 불규칙한 직경 3.5cm의 골편들이 분포한다. 또 하나의 특징은 2톤의 몸집에 비해 상대적으로 굉장히 작은 뇌를 가졌다는 것인데, 뇌의 실제 크기는 골프공만 했고 무게는 70그램가량이었다.

켄트로사우루스 Kentrosaurus

완전모식표본/ *Kentrosaurus aethiopicus* 크기/3m

존속기간/ 후기 쥐라기(1억 5600만 년 전~1억 5000만 년 전)

장소/ 아프리카 탄자니아

전시박물관/ 독일자연사박물관, 독일 튀빙엔 지질고생물연구소박물관

　켄트로사우루스는 스테고사우루스의 반 정도 크기이며 한 쌍의 골판을 목에 가지고 있다. 골판들은 단지 등의 중간까지 발달해 있고 여기서부터 창처럼 생긴 여덟 쌍의 뼈가 꼬리끝까지 연결된다. 독특하게 한 쌍의 창뼈가 옆구리와 골반에서 뒤로 돌출해 있으며 커다란 삼각형의 골판이 어깨에 발달했다. 발톱은 말굽처럼 뭉툭하여 1톤이 넘는 몸무게를 효과적으로 지탱하였다.

튜오지앙고사우루스 Tuojiangosaurus

완전모식표본/ *Tuojiangosaurus mutispinus* 크기/7m

존속기간/ 후기 쥐라기(1억 6300만 년 전~1억 5000만 년 전)

장소/ 중국 전시박물관/ 중국 뻬이페이박물관

　1970년 중반 아시아에서 처음 발견된 판공룡이며 한 개체가 거의 완전한 형태로 발굴되었다. 서로 겹치게 배열된 숟가락 모양의 이빨을 가지고 있고 판공룡의 특징인 17쌍의 삼각형 골판들이 목부터 배열되어 있다. 두 쌍의 창뼈가 꼬리끝에 돌출해 있으며 어깨 위에도 이러한 구조가 나타난다. 목 부분의 골판은 낮고 동그란 형태인데 골반 쪽으로 가면서 점점 커진다.

튜오지앙고사우루스

1-1-2 안킬로사우리아(곡룡류) Ankylosauria

사족보행을 한 초식성 조반류로서 짧고 육중한 몸을 가지고 있다. 몸은 조그만 골편으로 덮여 있어 모든 공룡 가운데 가장 완전하게 갑옷을 입은 것처럼 무장하고 있다. 골편은 둥근 형태이거나 사각형인데 커다란 골편들은 주로 몸 앞쪽을 덮는 경

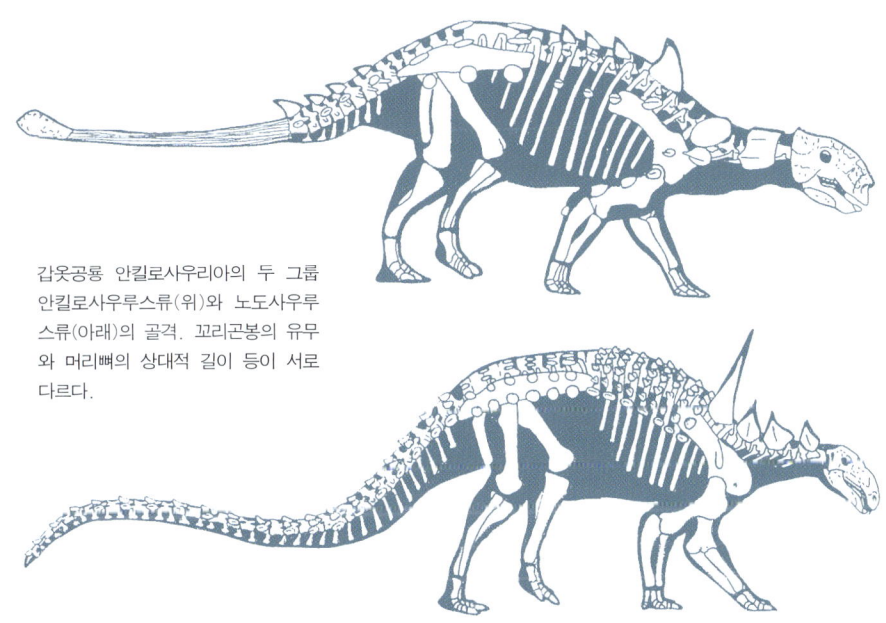

갑옷공룡 안킬로사우리아의 두 그룹 안킬로사우루스류(위)와 노도사우루스류(아래)의 골격. 꼬리곤봉의 유무와 머리뼈의 상대적 길이 등이 서로 다르다.

왼쪽/파파사우루스. 갑옷공룡들은 물가에서 서식한 것으로 추정된다. 대부분의 화석들이 바다에 접하는 석호퇴적층에서 발견되기 때문이다.

향이 있다.

어떤 종은 심지어 눈동자를 보호하는 눈꺼풀뼈도 가지고 있으며 이빨은 나뭇잎 모양으로 대부분 작다. 이들은 쥐라기에 중국, 미국, 영국에서 발견되었으며 백악기 동안 거의 전세계에 퍼져나갔다. 이들 곡룡류(曲龍類)는 노도사우루스류와 안킬로사우루스류의 두 그룹으로 나뉜다.

1) 노도사우루스류(Nodosauridae)

안킬로사우루스류와 달리 꼬리곤봉 없이 밋밋한 꼬리를 하고 있으며 머리뼈는 길다. 골편들은 꼬리까지 잘 덮여 있고 몸 양옆에 창뼈가 있기도 하다. 원시적인 종류는 전악치(Premaxillary teeth)가 있으나 진화하면서 없어진다.

파파사우루스 Pawpawsaurus

완선모식표본/ *Pawpawsaurus campbelli* 크기/ 3.5m?

존속기간/ 전기 백악기(1억 년 전~9750만 년 전)

장소/ 미국 텍사스주

전시박물관/ 미국 포트워스과학박물관

새끼 뼈와 함께 머리뼈가 아마추어 화석수집가에 의해 발견되었다. 완전하게 발견된 머리뼈는 노도사우루스류 중 가장 원시적이다. 머리뼈 길이는 25cm로 그리 크시 않으며 특히 호흡기관이 매우 원시적이어서 입천장뼈가 불완전하게 발달되어 있다. 표본이 발견된 퇴적층에는 상어 이빨, 게, 물고기 화석 등이 함께 산출되어 죽은 후 퇴적물에 함께 바다 쪽으로 운반되어 화석화된 것으로 판단된다. 노도사우루스류에서는 처음으로 눈꺼풀뼈도 발견되었는데 안킬로사우루스류의 것보다 작아 완전하게 눈을 가릴 수는 없었다.

사우로펠타 Sauropelta

완전모식표본 / *Sauropelta edwardsi* 크기 / 6m

생존시기 / 전기 백악기(1억 1600만 년 전~9100만 년 전)

장소 / 미국 몬태나주・와이오밍주

전시박물관 / 미국자연사박물관

  사우로펠타는 1930년대 미국자연사박물관팀에 의해 처음 발견된 후 1960년대 예일대 피바디자연사박물관팀이 5개체 이상을 발굴하였다. 등의 골편이 모두 제자리에 있는 상태로 거의 완전한 골격이 발견되었으나 머리뼈는 다소 불완전하다. 뒷다리는 앞다리보다 길며 꼬리는 몸 길이의 반을 차지한다. 목은 둥근 골편으로 덮여 있고 옆구리에는 커다란 삼각형 창뼈들이 돌출해 있는데 가장 큰 뼈는 어깨 바로 앞에 놓여 있다.

에드몬토니아 Edmontonia

완전모식표본 / *Edmontonia longiceps*

크기 / 7m

존속기간 / 후기 백악기(7600만 년 전~6800만 년 전)

장소 / 미국 몬태나주, 캐나다 알버타주

전시박물관 / 미국 스미스소니언자연사박물관

  골편으로 무장한 에드몬토니아는 탱크 크기만 한 몸집을 가지고 있다. 1928년 스턴버그(Charles Sternberg)에 의해 캐나다 주디스리버(Judith River) 지층과 미국 몬태나주 투메디슨(Two Medicine) 지층에서 거의 완전한 형태로 발견되었다. 머리는 길고 납작하며 목 주위는 크고 납작한 골편들로 덮여 있다. 또한 몸에서 꼬리끝까지 작은 골편들이 발달해 있다. 노도사우루스류의 특징인 어깨 주위의 커다란 가시돌기가 매우 위협적이다.

파노플로사우루스 Panoplosaurus

완전모식표본 / *Panoplosaurus mirus* 크기 / 5.5m

존속기간 / 후기 백악기(7600만 년 전~7300만 년 전)

장소 / 캐나다 알버타주, 미국 몬태나주

전시박물관 / 캐나다 국립자연과학박물관

위 / 사우로펠타

아래 / 에드몬토니아

  파노플로사우루스는 1917년 캐나다 알버타주 주디스리버층에서 두 개체가 발견되었다. 이 층은 세계에서 공룡화석을 가장 많이 함유하는 지층 중의 하나이다. 파노플로사우루스는 여러 형태와 크기의 골편이 머리에서 꼬리까지 덮고 있다. 옆구리에는 창 모양의 돌기가 돌출해 있어 방어용으로 사용되었지만 목에는 그러한 구조가 없다. 에드몬토사우루스와 매우 유사하며 실제로 같은 시기에 살았다.

파노플로사우루스

2) 안킬로사우루스류(Ankylosauridae)

머리뼈는 넓적하며 꼬리끝에는 커다란 곤봉 모양의 뼈가 있어 공격용 무기로 사용되었다. 공격을 당할 때 약한 복부 부분이 드러나지 않도록 땅에 납작하게 엎드려 뒤집히지 않는 자세로 육식공룡의 공격을 피하면서 때론 적극적으로 꼬리끝의 곤봉을 휘둘러 육식공룡의 다리뼈를 부러뜨렸다. 이러한 뼈방망이는 다리 근육과 강력하게 연결되어 결코 땅에 끌리지 않았다.

피나코사우루스

이 그룹은 잘 발달된 입천장뼈와 복잡한 호흡구조를 가지고 있어 먹이를 씹는 동안에 호흡을 할 수 있었다.

피나코사우루스 Pinacosaurus

완전모식표본 / *Pinacosaurus grangeri*

크기 / 3.5m

존속기간 / 후기 백악기(8500만 년 전? ~8100만 년 전)

장소 / 몽골, 중국

전시박물관 / 몽골자연사박물관, 폴란드 고생물연구소

갑옷공룡은 혼자 생활했다고 믿어져왔다. 그러나 1988년 캐나다-중국 국제공룡탐사에서 12마리이 새끼 피나코사우루스가 함께 발견되었는데 이들은 갑자스러운 모래폭풍 때문에 죽은 것으로 밝혀졌다. 몽골 고비사막에서 발견된 피나코사우루스는 다른 안킬로사우루스류보다 더 작고 날렵하며 꼬리곤봉을 좌우뿐 아니라 위아래로도 움직일 수 있었다.

피나코사우루스는 아시아에서만 발견되는 원시적인 공룡으로 다른 안킬로사우루스류와 다르게 머리뼈가 골판으로 완전하게 덮이지 않았다.

안킬로사우루스

안킬로사우루스 Ankylosaurus

완전모식표본 / *Ankylosaurus magniventris* 크기 / 9m

존속기간 / 후기 백악기(7000만 년 전~6500만 년 전)

장소 / 미국 와이오밍주·몬태나주, 캐나다 알버타주

전시박물관 / 미국자연사박물관

안킬로사우루스는 머리 크기만 76cm에 이르는 가장 큰 갑옷공룡이다. 머리뼈 뒤쪽의 위아래 구석에는 뿔 모양의 돌기가 특징적으로 돌출해 있다. 꼬리곤봉은 서너 개의 골편이 뭉쳐 두 개의 커다란 뼈덩어리를 이룬 것으로 종마다 모양이 서로 다르다. 안킬로사우루스의 꼬리곤봉은 넓고 길게 발달해 있다. 꼬리끝의 척추들은 서로 겹쳐 단단히 붙어 있어 무거운 꼬리곤봉을 지탱한다. 안킬로사우루스는 겨우 세 표본만이 발견되었는데 이것은 이들이 주로 내륙에서 살았기 때문이며, 죽은 후 강물에 씻겨 내려와 범람원에 묻혀 화석화된 경우가 대부분이다.

에유오플로케팔루스 Euoplocephalus

완전모식표본 / *Euoplocephalus tutus* 크기 / 5m

존속기간 / 후기 백악기(7600만 년 전~7000만 년 전)

장소 / 캐나다 알버타주

전시박물관 / 영국자연사박물관

많은 표본이 발견되어 가장 잘 연구된 갑옷공룡이다. 골편은 등 가운데와 꼬리 부분에서는 작고 앞쪽과 옆구리에서는 크게 발달해 있다. 대부분의 골편은 오각형 내지 육각형이며 표면은 돌출되어 능선을 이룬다. 눈꺼풀뼈는 육식공룡의 날카로운 이빨과 발톱으로부터 눈동자를 보호하기 위해 셔터처럼 눈을 덮는다. 에유오플로케팔루스의 꼬리

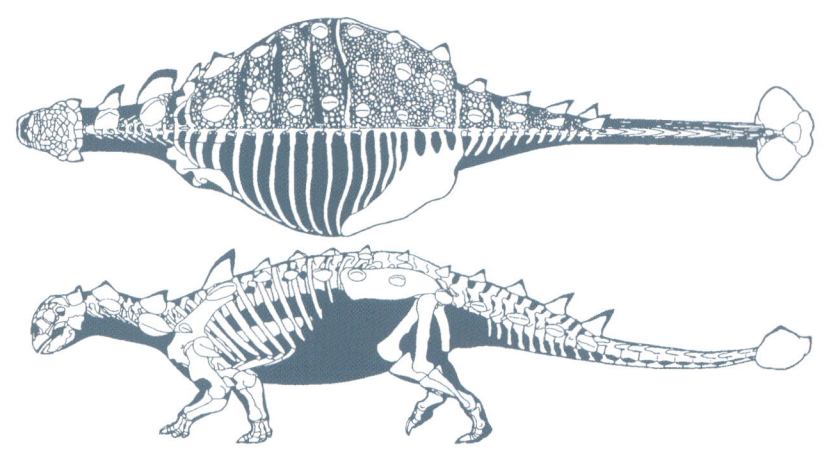

에유오플로케팔루스와 그 골격

뼈는 10개의 척추가 서로 붙어 단단해져 있고 그 끝에 네 개의 뼈가 뭉쳐진 꼬리곤봉이 있다. 다리는 짧고 몸은 거대해 마치 탱크 같은 인상을 준다.

사이카니아 Saichania

완전모식표본 / *Saichania chulsanensis* 크기 / 7m

존속기간 / 후기 백악기 (7900만 년 전 ~ 7500만 년 전)

장소 / 몽골

전시박물관 / 몽골자연사박물관, 폴란드 고생물연구소

사이카니아

케라포다 분기도

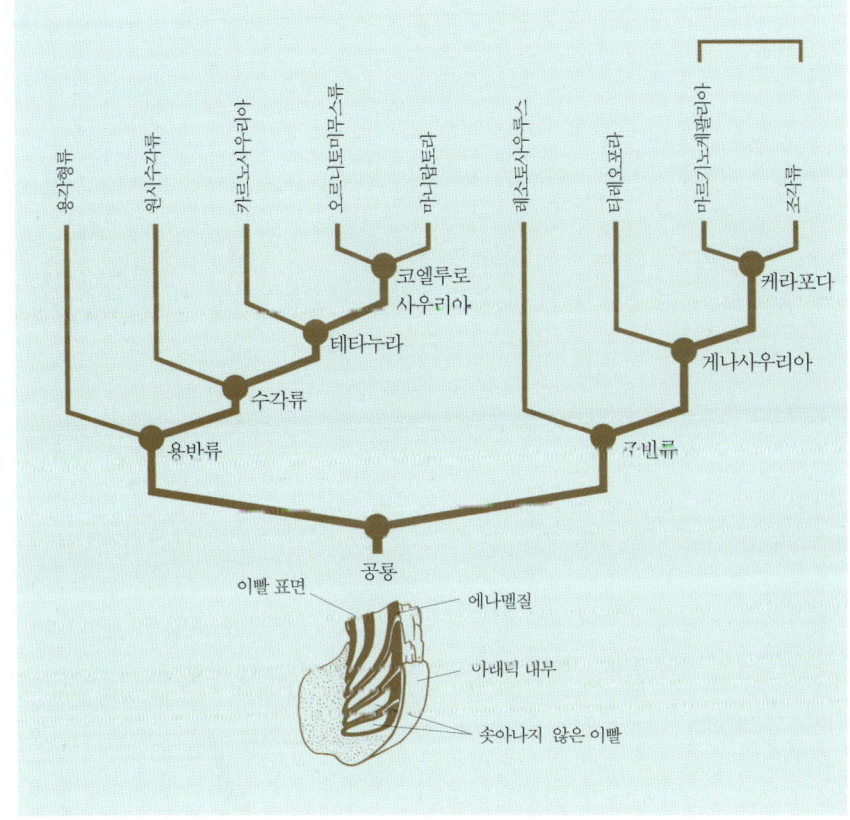

사이카니아는 배 부분에도 골편이 발달하였다는 점에서 독특하다. 이들의 콧구멍은 양쪽으로 나뉜 구조로 되어 있어 후각이 잘 발달했을 것으로 추정된다. 머리뼈는 앞부분이 높이 솟아 상자 형태를 하고 있다. 3개의 골판이 합쳐진 꼬리곤봉을 가지고 있다.

2 케라포다 Cerapoda

이빨의 한쪽 면에 에나멜질이 진화된 점이 케라포다 그룹의 특징이다.

오리주둥이공룡(hadrosaurs)과 뿔공룡(ceratopsians), 박치기공룡(pachycephalosaurs)을 포함하는 그룹이다. 진화된 특징은 윗이빨의 바깥쪽, 아랫이빨의 안쪽 면에만 에나멜질이 발달한 것이다. 그 결과 먹이를 씹을 때 윗이빨과 아랫이빨이 마주치면서 이빨의 한쪽 면만 닳게 되어 에나멜질이 있는 면만 날카롭게 남게 된다. 이로써 다른 공룡보다도 더 효과적으로 질긴 나뭇잎을 자를 수 있었다.

2-1 마르기노케팔리아 Marginocephalia

마르기노케팔리아 그룹의 특징은 머리뼈 뒤쪽에 선반 모양의 뼈가 진화한 점이다. 이 그룹은 두꺼운 머리뼈를 가진 박치기공룡과 뿔공룡을 포함한다. 머리뼈 뒤에 발달한 선반 모양의 뼈는 박치기공룡에서는 작게 발달해 있지만 뿔공룡에서는 프릴(frill)로 발전해 목을 덮을 정도로 커진다. 프릴은 커다란 턱근육이 발달할 수 있는 구조를 제공하여 더 강력하게 식물을 씹을 수 있게 했다.

(1) 파키케팔로사우리아(후두류)
    Pachycephalosauria

두꺼운 머리뼈가 특징인 이 그룹은 사실 잘 알려져 있지 않은 이족보행 공룡이다. 북미와 유럽, 아시아, 마다가스카르섬에서 발견된 몇 개의 불완전한 뼈를 제외하고 단지 세 종류만이 자세히 기재되어 있다. 크기는 1.9m에서 9m에 이르기까지 다양하다. 이빨은 작고 단순하며 약간 톱니 모양으로 되어 있어 별 특징이 없지만 불쑥 돌출한 머리뼈는 매우 특징적이다.

머리의 두께는 다양해 어떤 것은 단지 부풀어 있는 정도지만 어떤 것은 매우 두껍다. 두꺼운 머리뼈는 오늘날의 산양처럼 암컷을 차지하기 위해 서로 박치기를 할 때 사용되었을 것으로 추정된다. 왜냐하면 목뼈는 충격을 방지하도록 설계되어 있으며 머리에서 꼬리까지 척추를 수평으로 놓을 수 있기 때문이다. 그러나 어떤 학자들은 이들의 둥그런 머리 형태가 박치기에는 적합하지 않으며 상대방의 옆구리를 박을 때 유용했을 것이라고 주장하기도 한다.

스테고케라스 Stegoceras

완전모식표본 / *Stegoceras valium* 크기 / 2m

존속기간 / 후기 백악기(7600만 년 전~6500만 년 전)

장소 / 캐나다 알버타주, 미국 몬태나주

전시박물관 / 없음

스테고케라스는 중간 크기의 이족보행 박치기공룡이다. 1902년 처음 기재되었을 때 뿔공룡으로 해석되었다가 1924년 다시 올바르게 분류되었다. 머리는 두 가지의 돔 형태가 있는데 두껍고 무거운 것은 수컷, 얇고 낮은 것은 암컷으로 여겨진다. 다양한 연령의 표본이 발견되어 어릴 때는 납작했던 머리뼈가 자라면서 점점 더 커져 위로 솟아난다는 것이 밝혀졌다.

머리뼈는 뇌에 충격이 가지 않을 정도로 두꺼우며 뼈힘줄이 척추를 강하게 묶고 있어 박치기의 충격으로부터 척추가 뒤틀리지 않게 보호하는 역할을 한다. 박치기할 때 머리를 숙이고 목과 등, 꼬리를 일직선으로 하여 충격이 신경배돌기에 흡수되도록 하였다.

스테고케라스

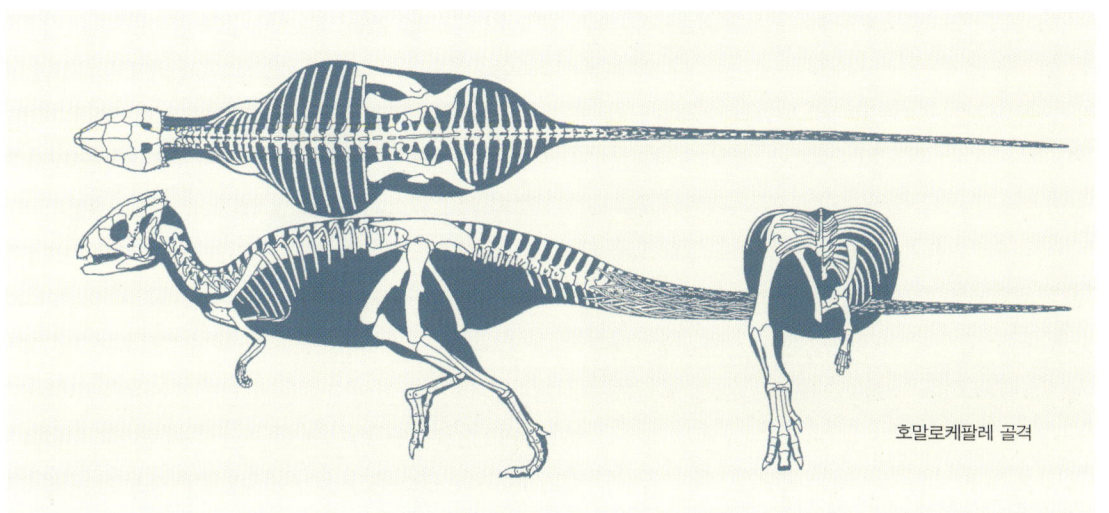

호말로케팔레 골격

파키케팔로사우루스 Pachycephalosaurus

완전모식표본 / *Pachycephalosaurus wyomingensis*

크기 / 4.5m?

존속기간 / 후기 백악기(6800만 년~6500만 년 전)

장소 / 미국 몬태나주 · 와이오밍주 · 사우스다코타주

전시박물관 / 미국자연사박물관

파키케팔로사우루스는 가장 크고 가장 진화된 박치기공룡이다. 좁은 얼굴에 나뭇잎 모양의 이빨을 가지고 있고, 매우 두꺼운 돔 모양의 머리 뒤쪽과 주둥이 위에는 다양한 크기의 돌기들이 솟아 있다. 머리뼈 전체 길이는 64cm이지만 머리 두께는 22cm에 이른다.

(2) 케라톱시아(각룡류) Ceratopsia

아시아와 북미에서 발견되는 초식공룡으로 앵무새 같은 부리의 윗부분에 좁은 주둥이뼈가 발달한 것이 특징이다.

이 뼈는 뿔이 발달하기 전에 진화한 것이다. 뿔공룡의 가장 큰 특징은 머리뼈 뒤에 발달한 프릴이다. 이 프릴은 강력한 턱근육이 발달하는 공간에 뼈가 확장되어 만들어진 것이다. 이빨이 없는 앞주둥이는 질긴 식물을 뜯는 데 이용되었고 칼날 같은 입 안쪽의 이빨이 이를 잘게 잘랐다. 긴 다리를 가진 초기 뿔공룡은 이족보행을 하였으나 진화하면서 사족보행으로 바뀐다.

파키케팔로사우루스

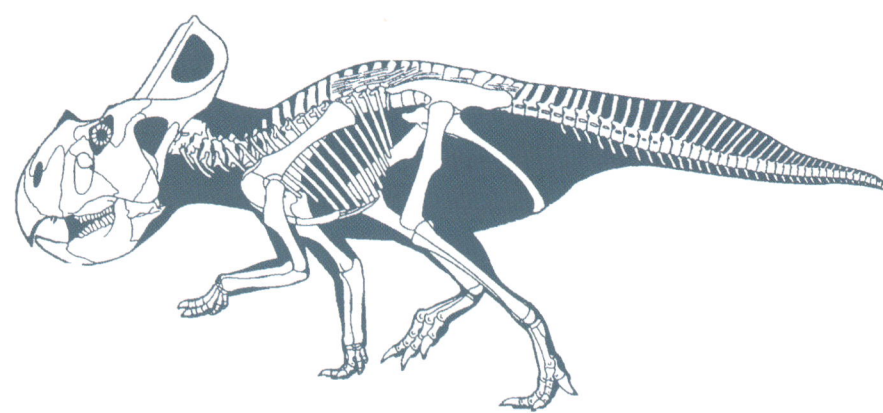

프로토케라톱스의 머리뼈와 그 골격

프시타코사우루스의 머리뼈

프시타코사우루스 Psittacosaurus

완전모식표본/ *Psittacosaurus mongoliensis* 크기/2m

존속기간/ 전기 백악기(1억 1900만 년 전~9750만 년 전)

장소/중국, 몽골, 태국

전시박물관/ 몽골자연사박물관, 미국자연사박물관, 중국 척추

　고생물고인류연구소

　가장 원시적인 뿔공룡으로 1922년 몽골에서 처음 발견되었다. 크기는 작고 이족보행을 했으며 머리뼈는 짧고 깊다. 주둥이에는 앵무새처럼 커다란 부리가 발달해 있다. 앞발은 짧으나 앞발가락이 길며 엄지발가락은 나머지 발가락과 갈라져 어느 정도 먹이를 쥘 수 있었다고 판단된다. 머리뼈에는 전형적인 뿔공룡의 특징인 뿔이나 프릴이 아직 진화하지 않았으나 높은 입천장뼈와 옆으로 확장된 광대뼈가 뿔공룡임을 알려준다.

프로토케라톱스 Protoceratops

완전모식표본/ *Protoceratops andrewsi* 크기/2.4m

존속기간/ 후기 백악기(8500만 년 전~7700만 년 전)

장소/몽골

전시박물관/ 몽골자연사박물관, 미국자연사박물관, 카네기자

　연사박물관

　프로토케라톱스는 1922년 미국자연사박물관팀의 아시아원정 때 앤드루즈에 의해 둥지와 함께 처음 발견되었다. 조그만 프릴이 진화했으나 아직 뿔

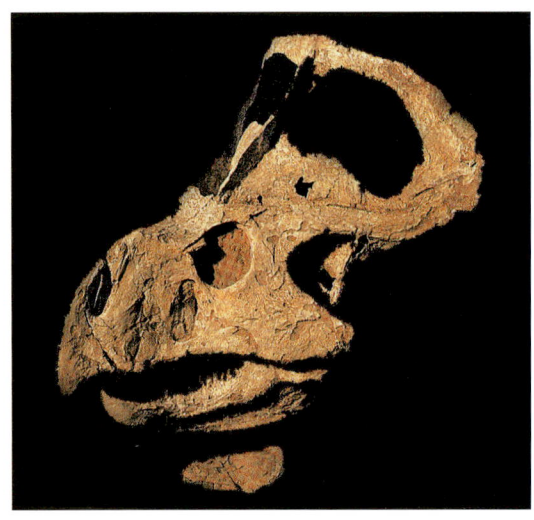

은 발달하지 않았다. 머리는 삼각형이며 사족보행이 가능한 튼튼한 다리를 가지고 있다. 프로토케라톱스는 몽골에서 가장 흔하게 발견되는 공룡으로 지금까지 100개체 이상이 발굴되어 연령별로 프로토케라톱스의 골격이 어떻게 변하는지도 연구되었다. 현재 프로토케라톱스는 모든 뿔공룡의 조상으로 판단된다. 이들은 사막지역에서 무리지어 살았으며 모래에 얕게 구멍을 파고 알을 낳았다.

트리케라톱스 Triceratops

완전모식표본/ *Triceratops borridus* 크기/8m

존속기간/ 후기 백악기(6800만 년 전~6500만 년 전)

장소/미국 콜로라도주・와이오밍주・몬태나주・사우스다코타

　주, 캐나다 알버타주

전시박물관/ 미국자연사박물관, 스미스소니언자연사박물관,

　캐나다 국립자연과학박물관

최대 2.5m에 이르는 프릴은 구멍이 없으나 다른 뿔공룡처럼 그 가장자리는 조그만 돌기들로 장식되어 있다. 이빨은 서로 엇갈리며 자르는 구조로만 되어 있어 먹이를 갈거나 씹는 구조로 발전하지 못했다. 과거에 16종의 트리케라톱스가 기재되었지만 최근 연구에 따르면 이들은 모두 트리케라톱스 호리두스(*Triceratops horridus*)의 개체변이체임이 밝혀져 실제 한 종만이 존재한다.

센트로사우루스 Centrosaurus

완전모식표본 / *Centrosaurus apertus*

크기 / 5m

존속기간 / 후기 백악기(7600만 년 전~7200만 년 전)

장소 / 캐나다 알버타주

전시박물관 / 캐나다 티렐고생물박물관

프릴은 정교하게 위를 향해 있는데 한 쌍의 갈고리 같은 뼈가 뒤쪽으로 돌출해 있고 한 쌍의 뿔이 프릴의 구멍을 넘어 앞으로 뻗어 있다. 프릴의 가장자리는 톱니형이며 작지만 눈 위에도 뿔이 돌출해 있다. 가장 큰 뿔은 코 위에 난 것으로 길이가 47cm에 이르고 앞으로 휘거나 뒤로 또는 똑바르게 뻗은 것 등 다양하다. 센트로사우루스의 뼈는 캐나다 공룡계곡에서 엄청나게 많이 발견되고 있

트리케라톱스와 그 골격

뿔공룡 중 가장 잘 알려진 트리케라톱스는 무게가 5톤이나 되는 가장 큰 뿔공룡이다. 맨 처음 뿔만 발견되있을 때 공룡학자 마시는 들소 뿔로 잘못 분류하기도 했다. 90cm 길이의 커다란 뿔 한 쌍이 눈 위에 그리고 하나의 작은 뿔이 코 위에 돌출되어 있다. 이러한 뿔들은 같은 시대에 살았던 티라노사우루스 같은 큰 육식공룡으로부터 자신을 보호하는 무기로 사용되었다. 소나 양처럼 뿔의 기저부는 비어 있어 뿔 바로 아래에 위치한 두개골에 가해지는 충격을 감소시켰다.

센트로사우루스의 머리뼈

다. 이들은 아마도 범람한 강을 건너다 대규모로 익사해 화석화된 것으로 해석된다. 이들의 뼈는 육식공룡들이 밟고 다니면서 물어뜯어 부서진 채 화석화되었으며 육식공룡의 이빨자국들도 남아 있다. 피부화석도 발견되었는데 오각형 내지 육각형의 조그만 구조들이 서로 맞물려 찍혀 있다. 센트로사우루스는 과거 모노클로니우스와 동일한 종으로 생각되었으나 프릴의 형태 차이에 의해 각기 다른 속으로 분류되고 있다.

카스모사우루스 Chasmosaurus

완전모식표본 / *Chasmosaurus belli* 크기 / 5.8m

존속기간 / 후기 백악기(7600만 년 전~7000만 년 전)

장소 / 캐나다 알버타주, 미국 텍사스주

전시박물관 / 캐나다 왕립온타리오박물관

카스모사우루스는 1901년 처음 발견되어 많은 표본들이 발굴되어왔다. 머리뼈의 길이는 1.5m인데 납작하고 긴 프릴이 전체 머리 길이의 반 이상을 차지한다. 이들 공룡은 방어할 때와 짝짓기할 때 고개를 숙이고 프릴을 수직으로 세워 자신을 더 크게 보이려고 했을 것이다. 프릴의 구멍은 매우 크며 뒷부분은 얇아 목을 효과적으로 방어하지는 못했을 듯하다. 프릴은 뒤쪽 가운데가 오목하게 들어가 위에서 볼 때 하트 모양이다. 눈 위에 솟은 뿔은 작고 뒤쪽으로 휘어져 있으나 코의 뿔은 크고 두껍다. 다리는 몸집에 비해 날렵하며 모든 뿔공룡 중 가장 광범위하게 퍼져 살았다.

펜타케라톱스 Pentaceratops

완전모식표본 / *Pentaceratops sternbergii* 크기 / 7~8m

존속기간 / 후기 백악기(7500만 년 전?~6500만 년 전)

장소 / 미국 뉴멕시코주

전시박물관 / 뉴멕시코자연사과학박물관

펜타케라톱스의 의미는 '다섯 개의 뿔을 가진 커다란 뿔공룡'이란 뜻이나 사실 이 공룡은 세 개의 뿔을 가졌다. 눈 위에서 앞을 향한 한 쌍의 뿔과 그

카스모사우루스의 머리와 그 골격

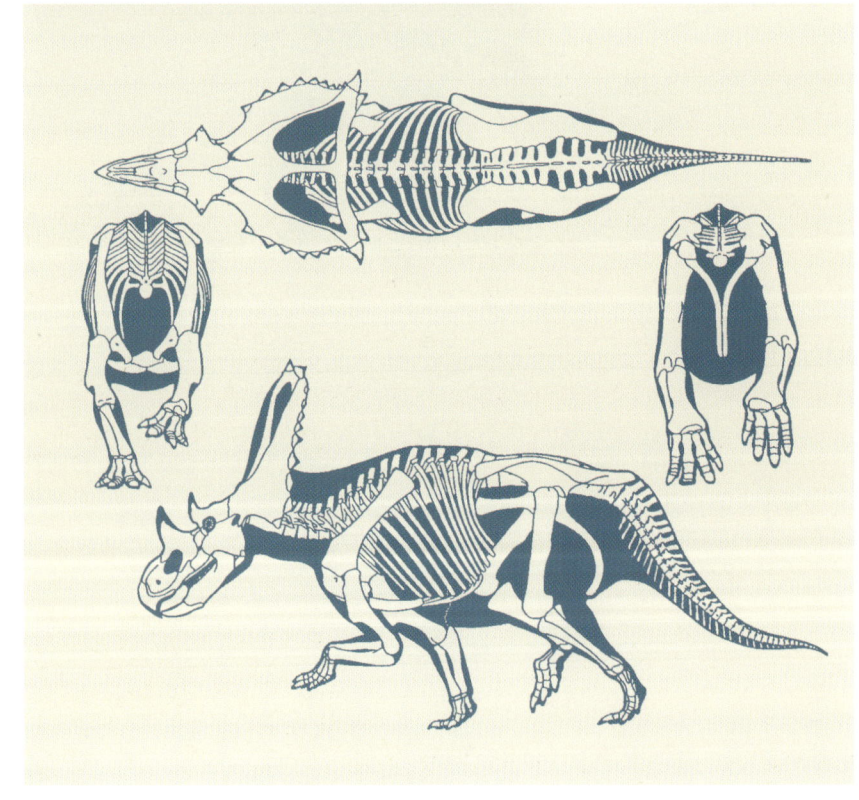

펜타케라톱스

보다 더 작은 코뿔이 그것이고 나머지 두 개는 뺨에 돌출해 있는데 이러한 구조는 모든 뿔공룡에 나타나지만 특히 펜타케라톱스의 경우 매우 길다. 프릴의 가장자리는 톱니처럼 치장되어 있고 가운데에는 기다란 구멍이 나 있다. 이 공룡은 머리 길이만 2.3m에 이른다.

는 창 모양으로 프릴의 가장자리에 부채 모양으로 발달해 있다. 이러한 프릴의 용도에 관해 여러 가지 이론이 제기되는데 자신의 머리를 더 크게 보여 육식공룡으로 하여금 겁을 먹게 하거나 짝짓기 때에 싸울 필요 없이 경쟁자를 물리치는 역할을 했을 것으로 추정된다.

스티라코사우루스 Styracosaurus

완전모식표본 / *Styracosaurus albertensis* 크기 / 5.3m

존속기간 / 후기 백악기(7700만 년 전~
　7300만 년 전)

장소 / 캐나다 알버타주, 미국 몬태나주

전시박물관 / 캐나다 국립자연사박물관,
　미국자연사박물관

스티라코사우루스는 1913년 캐나다 알버타주의 벨리리버(Belly River) 지층에서 처음 발견되었는데 무게가 2~3톤 정도인 상대적으로 작은 뿔공룡이다. 가장 특징적인 프릴은 끝이 점점 가늘어지

스티라코사우루스

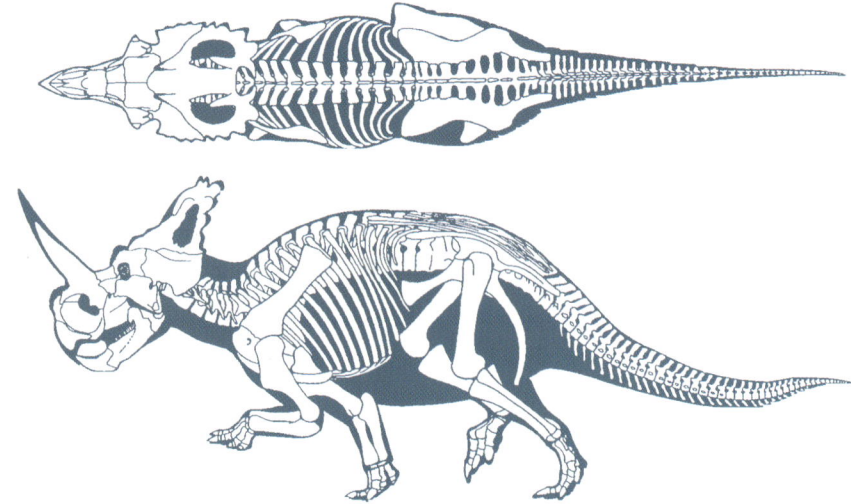

센트로사우루스와 그 골격

모노클로니우스 Monoclonius

완전모식표본 / *Monoclonius crassus* 크기 / 5m

존속기간 / 후기 백악기(7600만 년 전~7300만 년 전)

장소 / 미국 몬태나주, 캐나다 앨버타주

전시박물관 / 미국자연사박물관

모노클로니우스는 조그만 눈 위의 뿔에 비해 현저하게 큰 코뿔을 가진 것이 특징이다. 프릴은 작고 동그란 모양이며 센트로사우루스에 발달된 돌출구조가 없다. 1876년 코프(Edward Cope)가 불완전한 뼈를 미국 몬태나주에서 발견한 후 1937년 캐나다 앨버타주에서 완전한 표본이 발견되었다.

파키리노사우루스 Pachyrhinosaurus

완전모식표본 / *Pachyrhinosaurus canadensis* 크기 / 7m

존속기간 / 후기 백악기(7200만 년 전~6800만 년 전)

장소 / 캐나다 앨버타주, 미국 알래스카주

전시박물관 / 없음

1987년 캐나다 앨버타주의 파이프스톤 계곡에서 두 개의 머리뼈를 포함한 278개의 뼈가 발굴되었다. 파키리노사우루스의 머리뼈는 사각형이며 주둥이에서 갑자기 좁아진다. 눈 위에는 뿔이 발달하지 않았으며 대신 코 위에 커다란 뼈뭉치가 있어 잘린 나무 그루터기처럼 보인다. 프릴의 중심선에는 똑바른 뿔이 한 개 내지 세 개가 발달한다. 최근 파키리노사우루스의 잔해가 알래스카 북사면에도

파키리노사우루스

발견되어 뿔공룡들이 멀리 고위도 지방까지 이동했음이 밝혀졌다.

3 조각류 Ornithopoda

이 그룹의 특징은 턱 접합점이 치열 아래쪽에 위치하도록 진화한 점이다.

조각류는 넓은 지역에 매우 성공적으로 번성하여 중부 백악기에는 오리주둥이공룡으로 진화하면서 가장 다양한 공룡이 속하게 되었다. 원시적인 조반류의 턱관절은 치열과 같은 위치에 있어 먹이를 자르는 역할밖에 할 수 없었으나 조각류에 이르러 턱관절은 치열 아래로 내려가 위아래 이빨이 동시에 마주치게 되었다. 따라서 아랫이빨은 다른 공

헤테로돈토사우루스

룡들과는 달리 먹이를 부수고 가는 능력을 갖게 되었다. 소식류의 몸은 크게 변하지 않았는데 길긴힌 뒷다리는 세 발가락만 발달하고 나머지 발가락은 퇴화되었다. 때로 작은 앞발을 땅에 대고 네 발로 걸었지만 뛸 때는 뒷발만 사용하였다.

헤테로돈토사우루스 Heterodontosaurus

완전모식표본 / *Heterodontosaurus tucki* 크기 / 1m

존속기간 / 전기 쥐라기 (2억 800만 년 전~2억 년 전)

장소 / 남아프리카

전시박물관 / 남아프리카박물관, 하버드대 비교동물박물관

　　헤테로돈토사우루스는 가장 원시적인 조각류이

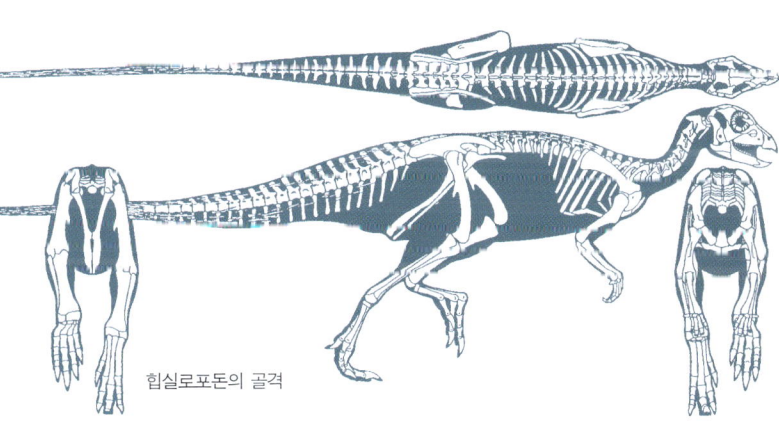

힙실로포돈의 골격

다. 토끼 머리뼈 크기의 짧은 얼굴에 커다란 눈과 특이한 이빨구조를 가진다. 마치 분화된 포유류의 이빨처럼 작은 앞니와 큰 송곳니 그리고 먹이를 갈 수 있는 어금니를 갖고 있다. 정강이뼈가 대퇴골보다 길고 새처럼 발목뼈도 함께 일체화되어 빨리 뛸 수 있었다. 긴 앞발가락은 잘 발달된 앞발톱으로 무장되어 먹이를 잡을 수 있었다.

1) 힙실로포돈류 (Hypsilophodontidae)

힙실로포돈 Hypsilophodon

완전모식표본 / *Hypsilophodon foxii* 크기 / 2.3m

존속기간 / 전기 백악기 (1억 2500만 년 ~1억 1500만 년 전)

장소 / 영국, 스페인, 미국 텍사스주

전시박물관 / 영국자연사박물관

　　힙실로포돈은 1849년 영국에서 처음 발견된 조그맣고 날렵한 초식공룡으로, 머리에서 골반까지의 길이는 약 50cm이다. 맨텔(Mantell) 과 오언(Owen)은 처음 힙실로포돈을 보았을 때 이구아노돈의 새끼화석으로 오판하였다. 뼈힘줄로 지지되는 꼬리는 길고 딱딱하며 뒷발의 발가락이 매우

길어 빠르게 달릴 수 있었던 공룡이다. 최근 미국 텍사스주에서 이들의 집단 둥지가 발견되어 상세한 연구가 가능하게 되었다.

테논토사우루스 Tenontosaurus

완전모식표본 / *Tenontosaurus tilletti* 크기 / 7m

존속기간 / 전기 백악기(1억 1600만 년 전~1억 1300만 년 전)

장소 / 미국 몬태나주·와이오밍주·유타주·텍사스주

전시박물관 / 미국 포트워스과학박물관, 미국 필라델피아 자연과학원

　테논토사우루스는 이구아노돈처럼 생긴 머리뼈를 가지고 있으나 더 큰 콧구멍과 상대적으로 긴 앞발, 그리고 매우 긴 꼬리가 특징이다. 뼈힘줄이 철조망처럼 꼬리뼈를 감싸고 있어 꼬리로 몸의 균형을 잘 잡을 수 있었다. 달릴 때는 이족보행을 하지만 천천히 걷거나 먹이를 먹을 때는 앞발로 땅을 짚었다고 추정된다. 데이노니쿠스가 테논토사우루스의 뼈와 함께 발견되어 이들이 서로 먹고 먹히는 관계에 있었음을 알 수 있다. 이들은 이구아노돈과 함께 전기 백악기의 큰 초식공룡군을 형성하였다.

드리오사우루스 Dryosaurus

완전모식표본 / *Dryosuaurs altus* 크기 / 3~3.5m

힙실로포돈과 테논토사우루스

존속기간 / 후기 쥐라기(1억 5600만 년 전~1억 4500만 년 전)

장소 / 미국 와이오밍주·콜로라도주·유타주, 아프리카 탄자니아

전시박물관 / 미국 공룡국립공원, 카네기자연사박물관

　드리오사우루스는 날렵한 이족보행의 조각류로 길고 강력한 뒷다리를 갖고 있어 매우 빨리 뛸 수 있는 공룡이다. 잘 발달된 5개의 앞발가락으로 나뭇가지를 잡을 수도 있었다. 20세기 초 아프리카 탄자니아에서 수백 개체가 발굴되었다.

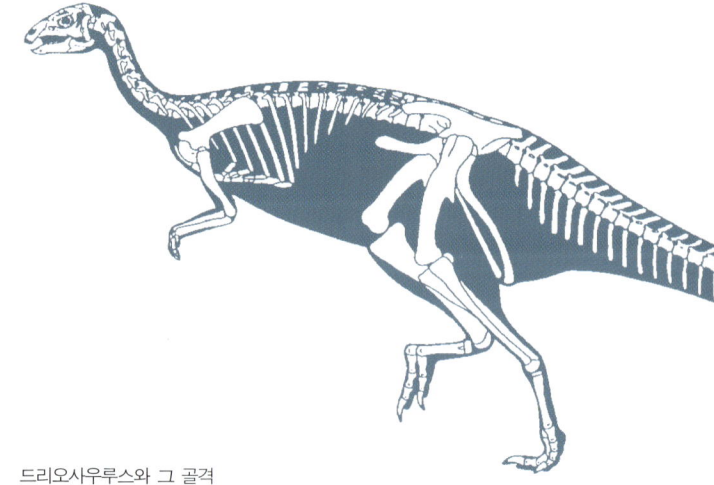

드리오사우루스와 그 골격

2) 이구아노돈류(Iguanodontidae)

이 그룹은 콧구멍이 크게 확장되어가는 특징을 보이는데 가장 원시적인 캄프토사우루스도 긴 주둥이와 큰 콧구멍을 갖고 있다. 더 진화된 이구아노돈에서 콧구멍 부분은 머리 전체 길이의 1/3을 차지하며 오리주둥이공룡은 거의 반 이상을 차지한다.

캄프토사우루스 Camptosaurus

완전모식표본 / *Camptosaurus dispar* 크기 / 6m

존속기간 / 후기 쥐라기(1억 5600만 년 전~1억 4500만 년 전)

장소 / 미국 와이오밍주·콜로라도주·유타주, 영국

전시박물관 / 캐나다 왕립온타리오박물관, 미국자연사박물관,

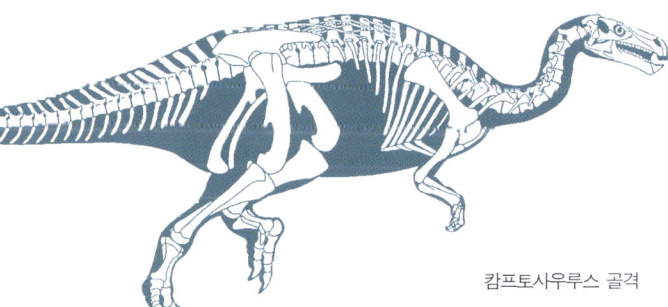

캄프토사우루스 골격

카네기자연사박물관, 스미스소니언자연사박물관

후기 쥐라기의 조각류들은 대부분 작은 몸집을 가졌으나 캄프토사우루스는 하나의 예외이다. 이 공룡은 이구아노돈과 비슷한 체형에 원시적인 앞발을 가지고 있다. 엄지앞발가락은 이구아노돈처럼 고깔 모양의 앞발톱이 발달했지만 그 크기가 작다. 그리고 둘째와 셋째 앞발가락도 더 휘어져 있다. 캄프토사우루스는 튼튼한 뒷다리에 짧고 빈약한 앞발을 가져 주로 이족보행을 하였다.

오우라노사우루스 Ouranosaurus

완전모식표본 / *Ouranosaurus nigeriensis* 크기 / 7m

존속기간 / 전기 백악기(1억 1500만 년 전)

장소 / 아프리카 니제르

전시박물관 / 니제르 국립박물관

1966년 아프리카 니제르에서 발견된 오우라노사우루스의 가장 큰 특징은 매우 긴 신경배돌기이다. 살아 있을 때 돛단배처럼 높은 등을 가졌을 것이다. 이러한 긴 신경배돌기는 에너지를 저장하는 기관으로 여겨진다. 오우라노사우루스의 특징은 매우 긴 머리뼈와 납작한 주둥이다. 이러한 얼굴

오우라노사우루스

형태는 오리주둥이공룡 에드몬
토사우루스와 외견상 유사하다.
눈 위에는 한 쌍의 낮은 돌기가
발달해 다른 이구아노돈류와 구별된다. 앞발
뼈는 매우 정교해 작은 다섯째 앞발가락은 삐죽
옆으로 튀어나왔고 엄지는 이구아노돈처럼 고깔
형태의 뼈로 되어 있다.

이구아노돈 골격

이구아노돈 Iguanodon

완전모식표본 / *Iguanodon anglicus* 크기 / 10m

존속기간 / 전기 백악기(1억 3500만 년 전~1억 1000만 년 전)

장소 / 영국, 벨기에, 몽골, 미국 사우스다코타주

전시박물관 / 벨기에 베르니사르박물관, 영국자연사박물관

　이구아노돈의 가장 큰 특징은 나머지 네 앞발가
락과는 달리 옆쪽으로 뻗은 고깔형의 큰 엄지앞발
가락이다. 이는 분명 방어용 무기로 사용되었다.
가운데 세 앞발가락은 뭉툭한 굽 모양으로 사족보
행에 이용되었고 작은 다섯째 앞발가락은 사람의
엄지손가락처럼 안으로 접어 나뭇가지를 잡을 수
있었다. 이구아노돈은 공룡으로 인식된 두 번째 공
룡으로, 1822년 영국 서섹스(Sussex) 지방에서 7개
의 이빨이 처음 발견된 후 1878년 벨기에 탄광에
서 24개체가 완전하게 발견되었다. 이구아노돈은
전기 백악기를 대표하는 가장 일반적인 큰 초식공
룡이기 때문에 전세계에서 발견되는 전기 백악기
조각류 발자국들의 대부분이 이구아노돈의 것으로
해석되고 있다. 발자국으로 계산해보면 이들은 보
통 시속 4km로 떼지어 천천히 이동하였음을 알 수
있다.

3) 하드로사우루스류(Hadrosauridae)

　이들 오리주둥이공룡은 상대적으로 납작한 머리
와 눈자위에 이르기까지 길게 뻗은 콧구멍이 특징
적이다. 특히 수천 개의 이빨이 장착된 치판이라는
구조는 먹이를 효과적으로 씹고 갈 수 있는 능력을

발달시켜 이들 그룹이 그토록 다양하게 번성한 원
인이 되었다.

마이아사우라 Maiasaura

완전모식표본 / *Maiasaura peeblesorum* 크기 / 9m

존속기간 / 후기 백악기(7700만 년 전~7300만 년 전)

장소 / 미국 몬태나주

전시박물관 / 미국 로키박물관

　마이아사우라는 길고 넓은 머리에 짧고 넓적한
주둥이를 갖고 있다. 머리 길이는 82cm이며 높이
는 35cm이다. 조그만 콧구멍과 길고 넓적한 코뼈
가 발달되어 있다. 미국 몬태나주의 에그마운틴이
라 명명된 화석지는 마이아사우라의 알껍질 및 태
아화석과 함께 다양한 연령의 새끼화석이 대규모
로 발견되어 매년 마이아사우라들이 모여 알을 낳
고 새끼를 기르던 곳으로 밝혀졌다.

　알은 길쭉한 타원형이다. 새끼는 짧은 주둥이에
상대적으로 큰 다리를 갖고 있다. 2m 직경의 움푹
파인 둥지 속에서 7마리의 새끼가 발견되었는데
새끼가 부화했을 때 크기는 35cm 정도이며 1년 안
에 3m로 자라 매우 빠르게 성장했음을 알 수 있
다. 새끼가 90cm 정도로 클 때까지 어미의 도움을
받기 때문에 '좋은 어미공룡'이라는 뜻의 이름을
갖게 되었다. 어린 새끼들은 다리의 관절부가 완전
히 경화되지 않아 둥지를 빨리 떠날 수 없었던 것
이다.

오른쪽 / 새끼들을 돌보는 하드로사우루스류

코리토사우루스 Corythosaurus

완전모식표본 / *Corythosaurus casuarius* 크기 / 9m

존속기간 / 후기 백악기(7800만 년 전~7200만 년 전)

장소 / 캐나다 알버타주

전시박물관 / 캐나다 왕립온타리오박물관·티렐고생물박물관,
　미국자연사박물관, 카네기자연사박물관

　코리토사우루스는 머리 위에 솟은 헬멧 같은 골
즐로 쉽게 구별된다. 머리는 높고 좁으며 옆으로
납작하다. 골즐의 가장 높은 곳은 바로 눈 위에 위
치한다. 이러한 골즐은 후각 능력을 증진시키고 소
리 내는 역할을 한다. 또 이러한 구조는 서로를 쉽
게 확인할 수 있도록 시각효과를 높이는 데 유용했
으리라 믿어진다. 주둥이는 짧고 좁으며 약간 앞으
로 튀어나와 있다. 위턱과 아래턱에는 각각 43개
의 치열과 37개의 치열이 발달해 600개 이상의 이
빨로 채워져 있다. 화석화된 피부에는 38mm의 길
이와 32mm의 폭, 8mm의 높이를 가진 골편들이
동그란 모양이나 피라미드 형태를 하고 있다.

람베오사우루스 Lambeosaurus

완전모식표본 / *Lambeosaurus lambei* 크기 / 9m

존속기간 / 후기 백악기(7600만 년 전~7200만 년 전)

장소 / 캐나다 알버타주, 미국 몬태나주, 멕시코

전시박물관 / 캐나다 알버타주박물관, 왕립온타리오박물관, 미
　국자연사박물관

　'램비의 파충류'란 뜻의 람베오사우루스는 1914년
램비(Lawrence Lambe)를 기념하기 위해 1923년
에 이름 붙여진 공룡이다. 당시 그는 그것이 새로
운 공룡인지는 알지 못했지만 가장 완벽한 화석을
발견하였다. 람베오사우루스는 머리 위의 우뚝 솟
은 속이 빈 골즐이 특징적이다. 골즐의 형태는 성
과 나이에 따라 약간씩 차이를 보이는데 일반적으
로 눈 위에서 앞쪽으로 튀어나온 형태다. 골즐의
속은 콧구멍과 연결되어 있어 후각 기능을 도운 것
으로 판단된다. 다각형 무늬의 피부가 균일하게 온
몸을 싸고 있다.

위, 가운데 / 코리토사우루스　아래 / 람베오사우루스

오른쪽 / 크리토사우루스

크리토사우루스 Kritosaurus

완전모식표본 / *Kritosaurus navajovius* 크기 / 9m

존속기간 / 후기 백악기(7600만 년 전~6500만 년 전)

장소 / 미국 뉴멕시코주·몬태나주

전시박물관 / 캐나다 왕립온타리오박물관

'로마인의 코'로 알려진 크리도사우루스는 넓고 납작한 머리에 특징적으로 매우 큰 콧구멍을 가지고 있으나 머리 위에 골즐은 없다. 커다란 콧구멍 때문에 코뼈는 위로 크게 솟아 있다. 이렇게 큰 콧구멍은 살아 있을 때 부드러운 피부로 덮여 풍선처럼 부풀려질 수도 있었으리라 믿어진다.

파라사우롤로푸스 Parasaurolophus

완전모식표본 / *Parasaurolophus walkeri* 크기 / 9m

존속기간 / 후기 백악기(7600만 년 전~6500만 년 전?)

장소 / 캐나다 알버타주, 미국 유타주·뉴멕시코주

전시박물관 / 캐나다 왕립온타리오박물관

파라사우롤로푸스는 머리의 골즐이 긴 관을 만들면서 머리 뒤쪽까지 뻗어 있다. 이렇게 뒤로 휘어진 골즐 부분은 머리뼈보다도 길다. 골즐 속은 두 개의 빈 통로가 서로 끝에서 연결되어 있다. 이러한 긴 튜브의 기관으로 저음을 발생시키고 서로 의사소통을 하였다. 또한 후각 능력을 증진시키고 자기 집단을 서로 빨리 인지하게끔 하는 시각적 효과도 있었던 것으로 판단된다.

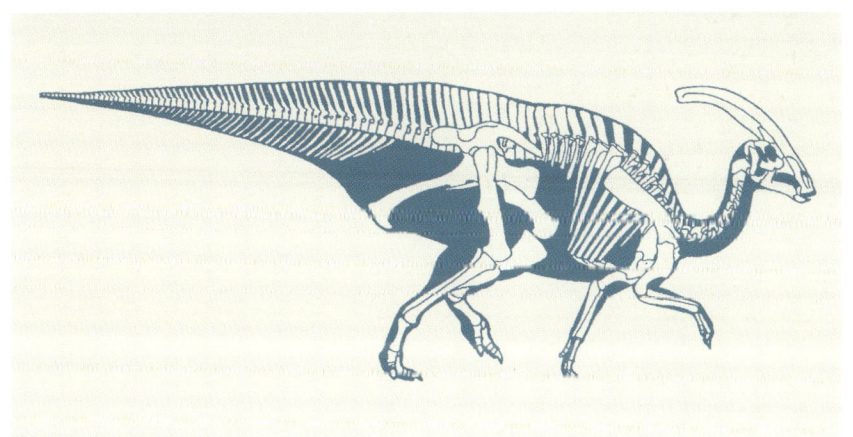

위, 아래 / 파라사우롤로푸스와 그 골격

에드몬토사우루스 Edmontosaurus

완전모식표본 / *Edmontosaurus regalis* 크기 / 12m

존속기간 / 후기 백악기(7300만 년 전~6500만 년 전)

장소 / 미국 와이오밍주·콜로라도주·몬타나주·사우스다코타
주, 캐나다 알버타주

전시박물관 / 캐나다 왕립온타리오박물관, 미국자연사박물관

　가장 많은 수의 화석들이 발견되었으며 가장 큰
오리주둥이공룡 중의 하나이다. 에드몬토사우루
스는 골즐이 없다. 잘 보존된 두 개체의 미라 화석
이 미국 와이오밍주에서 발견되었다. 머리, 어깨,
앞발과 뒷다리, 꼬리를 감싸고 있는 피부화석을 보
면 작은 골편들이 목 주위에 솟아 있고 옆구리는
둥근 골편들이 일정한 패턴을 이룬다. 가운데 세
개의 앞발가락은 서로 가깝게 붙어 벙어리장갑처
럼 하나로 뭉쳐져 있다.

히파크로사우루스 Hypacrosaurus

완전모식표본 / *Hypacrosaurus altispinus* 크기 / 9m

존속기간 / 후기 백악기(7200만 년 전~7000만 년 전)

장소 / 캐나다 알버타주, 미국 몬태나주

전시박물관 / 캐나다 티렐고생물박물관

에드몬토사우루스

　코리토사우루스처럼 헬멧 같은 골즐이 발달해
있으나 크기가 작고 덜 동그랗다. 머리는 짧고 높
으며 좁은 주둥이를 갖고 있다. 24개의 치판으로
구성된 주둥이의 앞은 짧고 이빨이 없다. 상당히
높은 신경배돌기는 강한 근육과 뼈힘줄에 의해 지
탱되었다. 새끼들의 머리뼈는 짧고 골즐도 없지만
자라면서 길어지고 골즐도 발달한다.

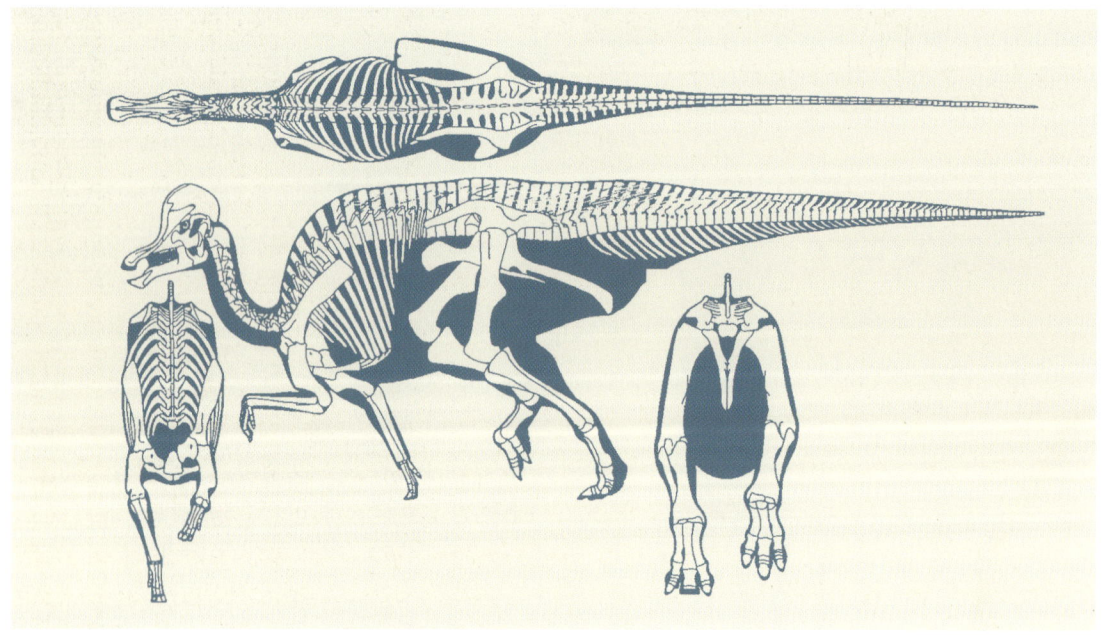

히파크로사우루스 골격

제3부

공룡을 쫓는 사람들

1장 공룡연구의 역사

공룡시대에 인간은 존재하지 않았다. 공룡과 원시인이 함께 등장하는 일은 터무니없는 영화 속에서만 가능하다. 지구상에 최초의 인류가 나타나기 훨씬 이전인 6500만 년 전에 공룡들은 사라져버렸기 때문이다.

그런데 공룡의 존재가 처음 알려진 지 불과 150년 정도밖에 지나지 않았지만 공룡은 과학자는 물론 일반인들에게도 매우 흥미로운 존재로 인식되고 있다. 무엇 때문에 우리는 공룡에게 그다지 관심을 가지는 것일까? 왜 당신은 지금 이 책을 읽는 중인가? 이러한 질문에 대답하기 위해서는 우선 공룡에 대한 사람들의 인식이 어떻게 바뀌어왔는가를 살펴볼 필요가 있다.

공룡화석은 수천만 년 동안이나 암석 속에 존재해왔다. 고대 중국인들은 공룡뼈를 용뼈라 생각해 뼛가루를 주술과 의학용으로 사용했다. 공룡뼈에 대한 최초의 기록은 AD 300년쯤에 나오는데, 지금의 쓰촨 지역에서 용뼈가 발견된 것을 기록하고 있다. 영국에는 지금 우리가 공룡뼈라고 알고 있는 사진과 설명이 실린 많은 책과 박물관 표본들이 남아 있다. 당시에는 단지 이런 뼈를 공룡뼈로 정확히 인식하지 못했을 뿐이다. 1802~1860년 사이에 엄청난 수의 공룡 발자국도 발견되었는데 그것들은 모두 거대한 새의 발자국으로 해석되었다.

이러한 실제적인 증거들이 있음에도 불구하고 왜 당시 과학자들은 공룡의 존재를 인식하지 못했을까? 당시 유럽과 미국의 대부분 사람들은 전통

맨텔 부부

적인 기독교 교리를 신봉했으며 종이 멸종한다는 것은 그들의 종교적인 해석에 맞지 않았다. 왜 신이 그토록 어렵게 창조한 생명을 멸종시키는지 이해할 수 없었던 것이다. 지구의 나이가 성경이 제시하는 것보다 수십억 년이나 더 오래되었고 암석 속에 화석화된 동물 등이 존재한다는 것은 믿기 어려웠을뿐더러 입증할 수도 없었다. 이러한 상황에서 거대한 파충류가 수천만 년 전 지구에 살았다는 사실을 받아들이는 것은 한마디로 불가능했다. 그러므로 초창기 공룡학자들은 당시 팽배했던 비과학적 사고방식을 근본적으로 바꾸는 큰 용기가 필요했던 것이다.

1. 이구아나의 이빨과 맨텔 부부

거대한 파충류가 먼 과거에 존재했다는 것을 처음으로 인식한 사람은 맨텔(Gideon Mantell)이었다. 영국의 루이스라는 도시의 왕진의사 맨텔은 일상적인 아마추어 고생물학자였다. 1822년 이느 봄날 맨텔은 아내 메어리와 함께 왕진을 나갔다. 그가 집 안에서 환자를 돌보는 동안 메어리는 집 주위를 산책하고 있었는데 마침 일꾼들이 길을 보수하는 중이었다. 그런데 공사장에서 파헤쳐진 돌무더기 속에 무엇인가 반짝 빛나는 것이 있었다. 그녀가 그것을 집어들고 살펴보니 이상하게 생긴 화석이빨이었다. 그것을 남편에게 보여주자 그는 곧

이것이 매우 중요한 화석이라는 것을 알아차렸다. 왜냐하면 그것은 현생 파충류의 이빨보다 수백 배나 더 컸기 때문이다. 맨텔은 그 이빨의 정체를 밝히려 노력하던 중 런던의 헌터리안(Hunterian) 박물관에서 결정적인 단서를 찾아냈는데, 그것은 다름 아닌 남미에서 온 현생 이구아나의 골격이었다. 이구아나의 작은 턱에는 맨텔이 발견한 이빨과 매우 흡사한 이빨들이 솟아 있었다. 실제 이 화석이빨은 파충류의 것이며 거대한 이구아나 같은 도마뱀의 것이라는 확신이 생겼다. 드디어 1825년 그의 아내가 처음 이빨을 발견한 지 3년이 지나 맨텔은 이구아노돈(*Iguanodon*, 이구아나의 이빨)이라는 이름으로 학계에 발표하게 된다.

이로부터 9년 후 이구아노돈에 대한 더 확고한 증거가 발견되었다. 1834년 다량의 이구아노돈 골격이 메이드스톤 채석장에서 발견된 것이다. 마침내 맨텔은 그가 이름 붙인 이구아노돈의 크기와 형태에 대한 실질적인 정보를 얻게 되었다. 채석장에서 산출된 뼈에 기초하여 맨텔이 스케치한 이구아노돈은 오늘날 우리가 알고 있는 이구아노돈의 실

제 모양과 전혀 다르게 네 발을 땅에 짚고 코에 뿔이 난 도마뱀으로 묘사되어 있다(제3부 2장 참조).

왼쪽/1822년 메어리 맨텔이 발견한 이구아나돈의 이빨

2. 무서운 도마뱀과 오언

공룡학뿐 아니라 다른 분야도 마찬가지로, 처음으로 기재되고 명명된 생물이 활자화되어 논문으로 출판되었을 때가 학명이 공식 인정받는 순간이다. 이러한 법칙에 의하여 실제 공룡(당시 공룡이란 말을 사용하지는 않았지만)을 처음으로 기재하고 이름을 붙여 논문으로 발표한 사람은 맨텔이 아니라 버클랜드(William Buckland)였다. 그는 맨텔의 이구아노돈이 출판되어 나오기 1년 전인 1824년 한 동물의 턱을 기재하고 '거대한 도마뱀'이라는 뜻의 메갈로사우루스(*Megalosaurus*)라 명명하였다.

맨텔과 버클랜드의 발표가 있은 후 영국과 유럽의 중생대 지층에서 다른 거대한 파충류 화석들이 발견되기 시작했다. 1840년대까지 9개의 파충류가 이름이 붙여졌다. 이 시점에서 오언의 존재가 등장한다. 오언(Richard Owen)은 당시 동물해부학 분야에서 세계적으로 가장 유명한 인물 중 하나였다.

공룡을 처음으로 명명한 사람은 버클랜드로 1824년에 메갈로사우루스의 아래턱을 기재하였다.

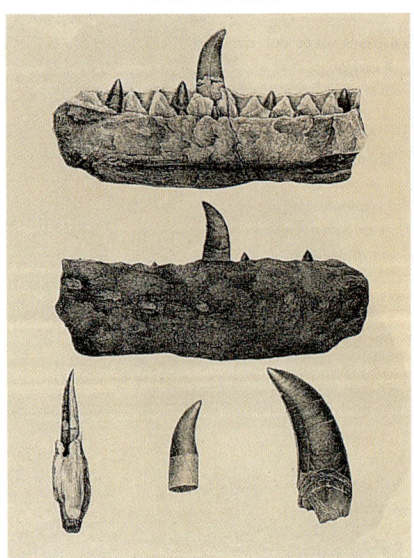

오언과 그가 감독한 런던 수정궁공원의 공룡모델. 이 공원은 개관 이후 수십만 명의 관람객이 방문했으며 지금도 런던의 명물로 남아 있다.

그는 수많은 단체와 학회의 일원으로서 빅토리아 여왕과도 가까운 친구로 지냈으며 런던자연사박물관의 최고책임자였다. 그의 임무 중 하나는 런던동물원에서 죽은 동물들을 해부하는 일이었는데 직접 다양한 동물들을 해부함으로써 여러 가지 동물의 몸구조에 관한 해박한 지식을 습득했다.

오언은 당시 수집된 거대한 화석들이 현생 파충류와는 전혀 관계없는 새로운 동물이라는 결론에 도달했다. 만약 이들이 과거에 살던 악어나 도마뱀이 아니라면 과연 이들은 무엇일까? 앞에서 밝혔듯이, 그는 메갈로사우루스와 이구아노돈에 대해 그리스어로 '무섭도록 거대한'이라는 뜻의 'deinos'와 '도마뱀'이라는 뜻의 'sauros'를 합성해 공룡(恐龍, Dinosauria)이라는 새로운 이름을 만들어 1841년 영국 필모스에서 있었던 영국과학협회 총회에서 처음으로 그 이름을 알렸다.

이 일은 실로 오언의 중요한 업적이다. 오늘날 과학자가 어떤 새로운 동물그룹의 이름을 제안하기 위해서는 수백 개체의 표본들을 연구한 후에나

가능하다. 오언은 단지 세 가지의 동물화석을 사시고 이러한 일을 해냈다. 그는 이러한 동물들이 실제 어떻게 생겼는지 알지 못했으며 이것은 1854년 그가 감독한 공룡의 복원모델을 보아도 알 수 있다. 이 모델들은 지금도 런던 수정궁공원에서 볼 수 있는데 공룡은 코끼리나 코뿔소처럼 육중한 네 다리를 가진 동물로 묘사되어 있다.

3. 사족보행설 대 이족보행설

고끼리 같은 공룡이 런던 수정궁공원에 전시된 직후 미국 뉴저지주에서 발견된 한 공룡은 오언의 해석에 강한 의심을 불러일으켰다. 1858년 포울키(William Foulke)는 하돈필드의 한 농장에서 엄청나게 많은 뼈를 발굴해 필라델피아대학의 레이디(Joseph Leidy)에게 보냈다. 레이디는 몇 개월의 연구를 통해 하드로사우루스(*Hadrosaurus*)라는 이름을 붙여 발표하였다. 잘 보존된 다리뼈를 보고

레이디는 이 공룡이 이구아노돈과 매우 유사하며 오언이 제시한 것처럼 네 발로 걷는 것이 아니라 두 발로 설 수 있다고 주장했다.

그후 20년 동안 이러한 의견 차이에 따른 각 진영 사이의 대립은 계속되었다. 날렵한 육식공룡 콤프소그나투스 같은 골격은 공룡이 두 다리로 걸었다고 주장하는 사람들의 좋은 예로 사용된 반면, 검룡류나 두꺼운 갑옷으로 무장한 셀리도사우루스에 대한 오언의 연구는 이들이 네 발로 걸어다닌 동물이라는 사실을 뒷받침했다. 물론 현재 우리가 알고 있듯이 두 발과 네 발로 걷는 공룡이 다 존재하므로 이들의 의견은 모두 옳다.

4. 베르니사르의 대발견과 돌로

이러한 논쟁을 포함한 여러 가지 문제들을 단숨에 해결한 중요한 발견이 있었다. 1878년 4월 벨기에 베르니사르(Bernissart) 지방의 어느 탄광에서 광부들이 땅속 322m 지점에 커다란 화석뼈 수백 개가 함께 묻혀 있는 것을 발견했다. 이 사실은 즉시 브뤼셀의 자연사박물관 과학자들에게 연락되어 곧 발굴이 시작되었다. 광부들이 발견한 것은 바로 이구아노돈의 '무덤'이었는데 약 30개체의 이구아노돈이 거의 손상 없이 죽은 그 자리에 묻혀 있었던 것이다.

더욱 놀라운 것은 화석들이 한 층면을 따라 보존된 것이 아니라 수직으로 30m가 넘게 석탄층을 가로질러 묻혀 있는 것이었다. 어떻게 이런 일이 가능했을까? 3년에 걸친 조심스러운 작업을 통해 과학자들은 이곳이 과거에는 깊고 좁은 협곡지역이었음을 알아냈다. 뼈들이 서로 다른 깊이에서 산출되었기 때문에 이구아노돈이 한꺼번에 빠져 죽은 것이 아니라 오랜 시간에 걸쳐 한두 마리씩 빠져 쌓인 것으로 여겨진다.

한 조각 한 조각 수백 개의 뼈들이 발굴되어 브

뤼셀로 옮겨진 후 박물학자 돌로(Louis Dollo)에 의해 복원이 시작되었다. 이것은 이전에 가능하지 않았던 새로운 공룡연구의 기회였으며 그 후로도 이러한 일은 전세계적으로 흔치 않았다. 돌로는 단 한 마리가 아니라 서로 비교할 수 있는 수십 개의 완전한 표본을 가졌던 것이다.

그는 결론적으로 이구아노돈이 두 발로 걸었으며 맨텔과 오언이 코에다 붙였던 뿔이 사실은 엄지 앞발톱이며 마름모꼴로 얽혀 있는 골힘줄은 척추와 꼬리뼈를 강화하기 위한 구조라는 것을 밝혀냈다. 그는 이구아노돈이 움직이는 방법과 근육의 위치 및 크기를 밝히기 위해 많은 화석 증거를 이용했다. 동시에 브뤼셀 박물관에 이들을 전시하기 위한 작업도 병행했다. 이들 화석 중 30개체의 이구아노돈을 현재에도 브뤼셀 박물관에서 볼 수 있다.

베르니사르의 이구아노돈에 대한 돌로의 연구는 많은 점에서 공룡을 실제 환경에 살아 있는 동물로 바라보는 기초를 제공했다. 공룡뼈 자체에 대한 연구뿐 아니라 그는 이구아노돈이 발굴된 장소의 연

벨기에 베르니사르의 한 탄광에서 발견된 이구아노돈을 박물관에 전시하기 위해 작업하는 돌로와 연구자들

코프(위)와 마시(아래)

코프와 마시의 '공룡전쟁'을 불러일으킨 문제의 엘라스모사우루스 복원도. 위는 코프의 잘못된 복원도이며 아래는 올바른 복원도이다.

구도 병행해 그곳에서 서너 종류의 악어와 거북을 포함한 다양한 동물들을 찾아냈다. 그는 또한 식물연구를 수행했으며 퇴적암이 암석화되는 작용도 연구함으로써 공룡이 살던 환경에 대한 정확한 그림을 복원하고 어떻게 이들이 살았는가를 알아내려고 시도했다.

5. 공룡연구사의 영원한 맞수, 코프와 마시

베르니사르에서 대규모로 공룡화석이 발견될 무렵 미국의 공룡연구는 코프(Edward Drinker Cope)와 마시(Othniel Charles Marsh) 두 사람에 의해 주도되었다. 이 특출한 두 학자는 공룡화석을 찾고 기재하는 데 엄청나게 열성적이었으며 또한 서로를 미워했다. 그들의 경쟁관계는 공룡학 역사 중 가장 큰 사건으로 일러져 있으며 이들의 활동은 서부개척시절 황금을 찾아 서부로 나선 대사건처럼 미국의 '공룡찾기' 열풍(dinosaur rush)을 야기했다.

1868년 후반까지 그들의 관계는 아주 좋아 실제 서로 협력하며 함께 공룡탐사를 한 적도 있었다. 그러나 2년 후 그들은 서로를 헐뜯는 관계가 되고

말았는데 그 이유는 다음과 같다. 코프는 엘라스모사우루스(*Elasmosaurus*)로 명명된 새로운 수장룡을 기재하고 그것의 기다란 척추에 특별한 관심을 기울이고 있었다. 마시가 이 새로운 화석을 보기 위해 찾아왔고 그 자리에서 그는 코프가 머리뼈를 꼬리끝에 붙여 잘못 복원한 것을 지적하였다. 코프는 물론 대단히 자존심이 상했으며 그때의 굴욕을 평생 잊을 수가 없었다.

이유가 어떻든 그들의 경쟁은 1877년부터 시작되어, 두 학자에 의해 조직된 팀들은 독립적으로 콜로라도 지역에서 새로운 공룡화석을 발견하였다. 각 팀은 더 좋은 공룡을 발굴하기 위해 전쟁을 방불케 하는 혈전을 벌였다. 코프팀은 초반기에 더 크고 좋은 화석들을 발굴하였지만 1877년 후반에 마시는 이 공룡 발굴 경쟁에서 확고히 앞설 수 있는 행운을 맞는다. 두 명의 철도인부가 와이오밍의 비밀장소에서 거대한 뼈들을 발견했다고 제보한 것이나. 그들이 발견한 것은 연합태평양철도를 따라 코모블러프(Como Bluff) 지역에 약 12km나 뻗어 있는 쥐라기의 화석층이었다. 마시는 곧 그들과 계약을 맺어 수천 톤의 뼈들을 수집하기 시작했다. 이를 알아차린 코프는 그 지역에서 더 좋은 공룡뼈를 찾기 위해 발굴에 뛰어들었고 두 사람의 경

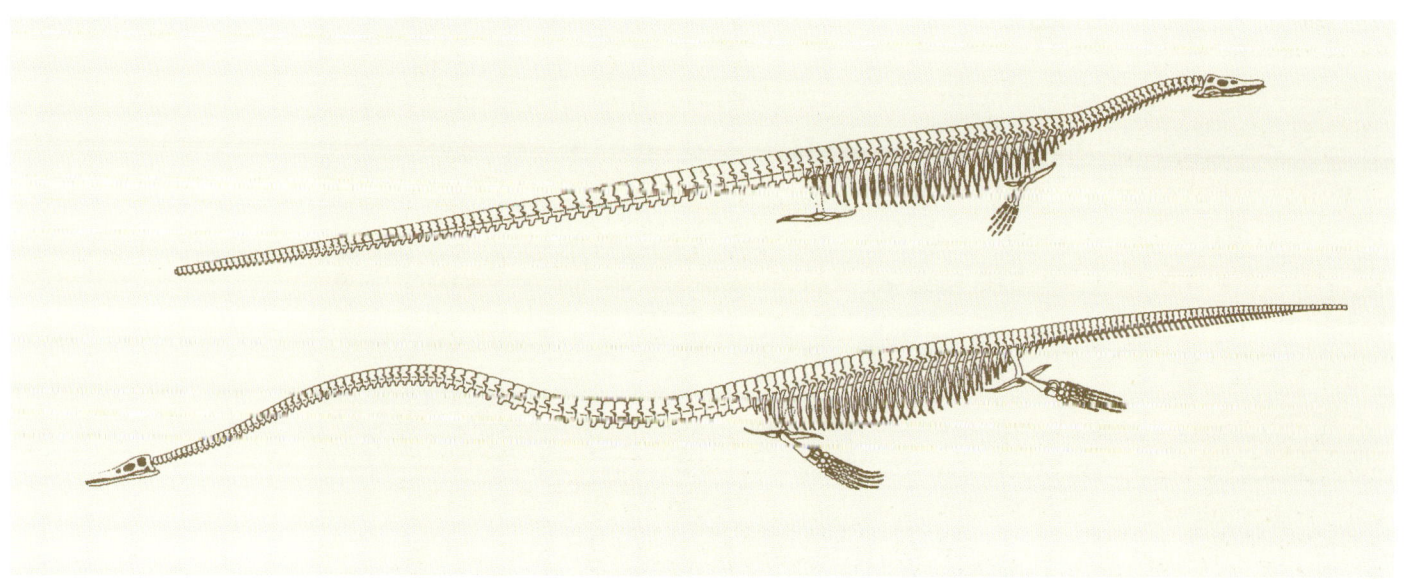

쟁은 더욱 심화되었다. 이들이 콜로라도와 와이오 밍의 후기 쥐라기 지층에서 찾아낸 공룡들은 알로 사우루스, 케라토사우루스, 카마라사우루스, 아파 토사우루스, 디플로도쿠스, 스테고사우루스, 캄프 토사우루스 등이다.

1880년 들어 마시와 코프는 북미 서부지역에 분 포된 백악기 지층으로 관심을 돌렸다. 사실 그들 모두는 초창기 시절 이 지역에서 탐사활동을 한 적 이 있었다. 마시는 이 지역에서 트리케라톱스와 노 도사우루스 같은 새로운 공룡을 찾아냈고, 코프는 1876년 몬태나 지역을 탐사했다.

공룡에 관한 어떤 책을 보더라도 이들의 이름은 꼭 나온다. 분명 서로 간의 경쟁심으로 두 사람은 거의 완전한 골격을 바탕으로 130종의 새로운 공 룡을 기재했으며 공룡연구의 새로운 장을 열었다. 돌로가 한 종의 공룡을 철저히 연구하여 살아 있는 동물로서 공룡을 연구하는 방법을 제시하였다면 코프와 마시는 공룡세계가 얼마나 다양한가를 알 려주었다. 이들 세 사람이 공룡연구에서 남긴 업적 은 결코 다른 누구와도 견줄 수 없는 것이다.

1879년 발굴 중에 그려진 미국 와이오밍주의 코모블러프 전경

6. 카네기의 공룡과 복제품

미국의 대사업가이자 자선가인 카네기(Andrew Carnegie)에 의해 설립된 피츠버그의 카네기자연 사박물관은 공룡화석을 수집하는 데 매우 열성적 이었다. 카네기가 공룡에 대해 남다른 애착을 가지 고 있었기 때문이다. 미국 중부지역에서 새로운 공

카네기의 디플로도쿠스 복제품이 1905년 영국왕 에드워드 7세가 참석 한 가운데 영국자연사박물관에서 공 식적으로 전시되었다.

룡들이 발견되고 있다는 신문기사는 카네기의 주의를 끌었고 그는 곧 박물관 소장 홀랜드(W. J. Holland)에게 박물관에 전시할 거대한 공룡을 발견하고 싶다는 소망을 전했다. 카네기의 지원금을 받아 홀랜드는 1899년 탐사대를 와이오밍주로 보낸다. 탐사대는 두 달 만에 엄청난 발견을 했는데 그것은 두 마리의 디플로도쿠스였다. 두 개체 모두 완전한 것은 아니었지만 홀랜드는 두 개체를 조합해 완전한 하나의 디플로도쿠스를 박물관에 전시할 수 있었다. 이는 당시 가장 큰 공룡 전시였으며 공룡은 카네기의 이름을 따서 디플로도쿠스 카네기아이(*Diplodocus carnegiei*)라 명명되었다.

이 디플로도쿠스의 그림이 스코틀랜드의 카네기 저택에 걸리게 되는데, 1903년 그의 집을 방문한 영국왕 에드워드 7세는 그 그림을 보고 영국도 그

러한 공룡을 가졌으면 한다고 카네기에게 요청했다. 카네기는 이탈리아 기술자들을 고용해 2년 동안 복제품을 만들어 영국에 제공하고, 1905년 비로소 영국자연사박물관에 완전한 복제 디플로도쿠스가 공개되었다. 이 행사는 매우 성공적이어서 카네기는 그 후에도 몇 개의 복제품을 더 만들어 전 세계의 자연사박물관에 전달하였다.

7. 새로운 대륙의 공룡 발견

캐나다에서는 알베르토사우루스의 머리뼈가 알버타주 레드디어강 계곡에서 발견된 1884년이 최초로 공룡이 발굴된 때이다. 그후 이 지역에서 여러 번의 탐사 시도가 있었지만 1910년에 이르러서야 미국의 브라운(Barnum Brown)이 거룻배를 사용한 최초의 내ᄆ보 탐사대를 구성하였다. 이 거룻배로 강을 타고 이동하면서 화석이 있을 만한 곳에 멈춰 탐사를 하였다. 거룻배는 발굴된 화석을 운반하는 아주 이상적인 수단이었다. 기차나 말 등에 실어 화석을 운반하는 일은 손상의 위험이 많기 때문이다. 브라운은 계곡을 따라 몇 해를 보내면서 극히 잘 보존된 코리토사우루스, 스티라코사우루스, 센트로사우루스 같은 공룡을 발굴해냈다.

1907년 한 독일인 기술자가 아프리카 탄자니아에서 작업을 하다가 텐더그루라는 마을 옆에서 거대한 공룡뼈를 우연히 발견하였다. 이 소식은 곧 독일인 베를린박물관 소장에게 전해졌고 그는 대규모의 원정탐사를 준비했다. 텐더그루는 해안에서 64km나 떨어진 곳이어서 정글을 가로지르자면 꼬박 4일이 걸렸다. 길도 운반수단도 없었다. 발굴 장소에는 가족을 동반한 500명 이상의 그 지역 일꾼들이 생활해야만 했다. 따라서 그곳에는 자연스럽게 음식·물·위생시설·집·의약품이 완비된 하나의 완전한 마을이 형성되었다. 탐사기록에 따르면 1909~11년의 첫 3년간 4,300개의 뼈화석이 발

위/브라운은 거룻배를 이용해 레드디어강 유역의 접근 불가능한 화석지를 성공적으로 탐사했다.

오른쪽/수백 명의 원주민들이 4일간 걸어 린디 항구로 옮긴 250톤의 뼈들은 다시 배에 실려 독일로 분반되었다.

독일 훔볼트대학 자연사박물관에 전시된 브라키오사우루스

굴되어 린디 항구로 보내졌다. 운반을 맡은 수많은 일꾼들은 발굴된 뼈를 운반하기 위해 산지와 항구 사이를 5,400번씩 왕복해야만 했다. 결국 250톤의 화석과 암석들이 텐더그루에서 베를린으로 옮겨졌다. 이 발굴은 분명 대규모적이고 성공적이었다. 여기서 발굴된 화석은 지금까지 발견된 것 중 가장 크고 가장 완전한 브라키오사우루스, 켄트로사우루스, 그리고 이족보행의 초식공룡 드리오사우루스이다. 특히 베를린박물관에 전시된 브라키오사우루스는 높이가 12m, 길이가 22.5m로 세계에서 가장 큰 전시공룡으로 기록되고 있는데, 그 옆에 나란히 전시된 카네기의 디플로도쿠스 복제품이 매우 작게 보일 정도이다.

몽골에서의 공룡 발견은 매우 우연하게 이루어졌다. 1922년 미국자연사박물관은 인류의 기원과 원시포유류 화석을 찾기 위해 고비사막을 탐사하는 원정대를 결성하였다. 이 탐사의 책임자 앤드루즈는 수 톤의 식량과 장비, 휘발유를 실은 150마리의 낙타떼와 함께 천천히 사막을 가로질러 나아갔다. 그들은 매일 수백 킬로미터를 지그재그로 진행하며 화석탐사를 시작하였다. 탐사는 잘 진행되었으나 중생대 포유류의 화석을 찾는 데는 실패하였다. 그 대신 1922년에서 1925년까지 매년 계속된 원정에서 이들은 새롭고도 매우 중요한 오비랍토르와 벨로키랍토르 같은 공룡과 프로토케라톱스의 둥지와 알을 찾아냈다. 이로써 공룡이 알을 낳는다는 것이 확인되었다.

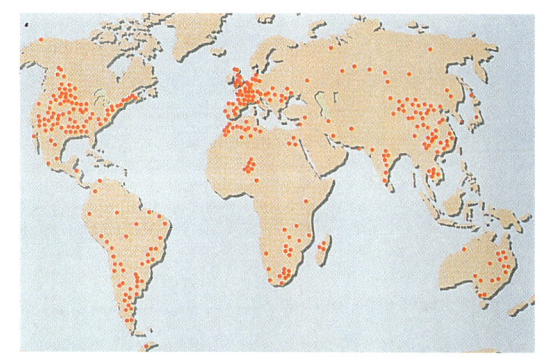

위 / 현재 공룡화석은 알래스카에서 남극에 이르기까지 전대륙에서 발견되고 있다. 지도에 표시된 점은 공룡화석이 발견된 장소.

아래 / 유명한 공룡조각가 체르카스(Czerkas)에 의해 복원된 카르노타우루스. 함께 발견된 피부화석에 의해 거의 완벽하게 복원되었다.

중국에서의 공룡탐사는 1917년 러시아팀이 오리주둥이공룡 길모레오사우루스(*Gilmoreo-saurus*)를 발굴하면서 시작되었고, 이후 1933년에 이르러 양중젠(楊鐘健)이 40년에 걸쳐 중국 공룡탐사를 주도하게 된다. 실제 모든 그룹의 공룡들이 중국에서 발견되었는데 그중에는 놀랍도록 목이 긴 마멘키사우루스와 튜오지앙고사우루스, 그리고 서너 종류의 오리주둥이공룡이 있다.

오늘날 공룡탐사 작업은 전세계에서 진행되고 있으며 실제 모든 대륙에서 공룡이 발견된다. 남아메리카의 아르헨티나에서 커다란 뿔을 가진 수가류 카르노타우루스와 갑옷돌기가 있는 용각류 살타사우루스를 포함하여 많은 수의 공룡뼈들이 산출되고 있다. 후기 백악기 수각류들이 인도의 데칸

왼쪽 / 고비사막을 처음으로 탐사한 미국 자연사박물관장 로이 앤드루즈

고원 지역에서 발견된다. 오스트레일리아에서는 다른 지역에서 발견된 적이 없는 새로운 수각류와 조각류 공룡들이 산출되고 있다. 심지어 조각류의 발자국이 알래스카에서 발견되기도 하며 남극에서는 갑옷공룡과 힙실로포돈 같은 작은 초식공룡들이 최근 발견되었다. 이전에 공룡화석이 없는 곳으로 여겨졌던 한국과 일본에서도 최근에 단편적이나마 공룡뼈들이 발견되기 시작하고 있다.

이러한 발견들은 머나먼 오지에서 이루어지기도 하지만 때로는 주택가 근처 공터에서 중요한 화석이 발견되기도 한다. 동시에 기존에 알려진 화석지를 재조사함으로써 새로운 발견을 이루기도 하고, 신기술을 사용해 수십 년 동안 박물관 창고에서 잠자고 있던 화석들로부터 새로운 사실들이 밝혀지기도 한다. 새로운 해석이 계속 발표되고 있으며 새로운 연구가 수행되고 새로운 이론이 토의된다. 공룡탐사는 여러 가지 형태로 수행되는데 야외에서, 실험실의 현미경 아래에서, 그리고 박물관의 전시관에서 모두 가능하다. 그러나 무엇보다도 그러한 연구의 성공은 공룡의 실체에 좀더 다가가기 위해 계속되는 고생물학자와 아마추어 들의 열정이 있기에 가능한 일이다.

전기 백악기 오스트레일리아의 공룡. 갑옷공룡 민미, 용각류 오스트로사우루스, 이구아노돈류인 무타부라사우루스 등이 복원되어 있다. 이곳에는 다른 지역과는 전혀 다른 공룡군이 나타난다.

2장 공룡학자

공룡을 연구하기 위해서는 여러 가지 특별한 기술이 필요하다. 훌륭한 공룡학자는 동물 기관 각각의 구조와 역할에 관한 상세한 지식이 있어야 함은 물론이고 탐험가, 고고학자, 탐정, 그리고 예술가의 능력도 필요하다. 그렇다면 공룡학자들은 어떤 일을 하며 또한 어떤 식으로 공룡을 연구하는 것일까?

1. 화석의 발굴과 처리

가장 먼저 해야 할 일은 물론 화석을 찾는 일이다. 화석은 퇴적암에서만 발견되기 때문에 공룡화석을 포함할 수 있는 중생대 퇴적암을 찾는 일이 무엇보다 중요하다. 이러한 장소는 세계 각국에 퍼져 있으며 때로는 사람의 접근이 어려운 오지에 분포하기도 한다. 다행스러운 것은 새로운 공룡화석을 포함한 퇴적암들이 바람과 물에 의해 계속 풍화되어 노출된다는 것이다. 그래서 아마추어 화석수집가가 오래된 화석산지나 새로운 곳을 조사하다 우연히 공룡뼈를 발견하는 경우가 있다. 그러나 대부분의 경우는 박물관이나 대학의 탐사팀들이 주의 깊게 선택된 장소에서 대규모로 탐사작업을 행하는데 이 경우 드릴, 발전기, 수많은 발굴도구와 탐사장비 및 운반장비를 갖추어야 한다.

탐사의 목적은 새로운 공룡화석을 발굴하고 연구를 위해 이를 실험실로 가져오는 것이다. 화석이 반쯤 풍화되었더라도 화석 자체는 가장 철저하게 다루어져야 한다. 굴착기로 화석을 포함한 암석을 파헤친 후 칼과 부드러운 붓을 사용해 화석에 접근한다. 마지막 단계에서 화석이 묻힌 암석을 잘라 분리해내고 운반하기 위해 석고로 싼다. 분리된 표본은 보통 트럭에 실어 실험실로 운반하는데 오지에서는 낙타, 노새, 심지어 코끼리가 사용될 때도 있다. 그러나 운반작업에 앞서 현장에서 세심한 야외조사가 수행되어야만 한다. 각각의 뼈가 발견된 정확한 위치가 기록되어야 하는데, 이러한 기록은 후에 공룡의 화석화 과정을 연구하는 데 매우 귀중한 자료가 된다.

실험실로 돌아와 공룡학자 겸 탐험가는 공룡학자 겸 화석처리가로 역할을 바꾸어 화석을 싸고 있는 암석을 제거하기 시작한다. 화석화 과정에서 뼈는 부서지거나 짓눌러지기 때문에 뼈를 감싸고 있는 암석을 제거할 때 뼛조각들을 잃지 않도록 매우

발굴된 화석은 석고로 싸인 채 본격적인 처리작업을 위해 실험실로 옮겨진다.

왼쪽은 파파사우루스 머리뼈의 발굴 당시 상태이며, 오른쪽은 화석처리 전문가의 2개월에 걸친 노력 끝에 완전하게 드러난 머리뼈이다.

왼쪽/미국 유타주 공룡공원의 카네기 채석장. 1909년에 발굴이 시작되어 이 화석시는 보존하는 영구적인 건물이 1958년에 완공되었다. 이곳은 1년에 50만 명이 방문하는 가장 유명한 공룡뼈의 현장박물관이다.

*PVA에 들어 있는 아세톤은 폴리비닐아세테이드와 함께 쉽게 뼈이 틈새로 스며든 후 곧 휘발되어 접착성을 가진 폴리비닐아세테이트만 뼛속에 남아 뼈를 강하게 한다.

조심해야 한다. 따라서 공룡학자들이 가장 좋아하는 암석은 쉽게 제거될 수 있는 부드러운 것이다.

실험실로 옮겨진 암석덩어리는 본격적인 뼈 추리기 작업에 들어간다. 뼈 주위를 두껍게 싸고 있는 암석을 우신 망치나 정, 디이이몬드톱으로 제거하여 최대한 뼈 가까이 접근해간다. 이제부터 여러 가지 새로운 방법을 사용하는데, 만일 암석이 석회암이면 뼈가 부식되지 않을 정도로 엷은 산성용액에 넣어 서서히 석회암을 용해시킨다. 이러한 방법은 특히 조그맣고 섬세한 화석을 다루는 데 유용하지만 진행속도가 매우 느린 것이 단점이다. 만일 암석이 매우 단단하거나 산성용액에 용해되지 않는 종류라면 압축공기로 작동하는 공기파쇄기를 사용하는 것이 일반적이다. 연필 크기의 공기파쇄기를 사용해 암석을 좁쌀만큼 조금씩 떼어낸다. 이렇게 뼈를 상하지 않게 하면서 조심스레 암석조각을 분리해내는 것은 대단한 주의력과 인내심이 필요한 작업이다. 미세한 작업이 필요할 때는 치과용 드릴이나 바늘이 동원된다. 일단 뼈가 드러나면 PVA(폴리비닐아세테이트에 아세톤을 섞은 용액)를 칠해 뼈의 강도를 높인다.*

그러나 공룡뼈들은 이러한 일을 쉽게 수행할 수 있게 매끄럽거나 똑바르지 않다. 많은 구멍과 틈이

있고, 휘어져 있거나 또는 조그만 부분들이 돌출되어 있어 작업을 어렵게 만든다. 현미경 아래에서 일주일 내내 작업해도 단 하나의 척추뼈도 처리하지 못하는 때가 많다. 따라서 만일 디플로도쿠스처럼 척추가 90개가 넘는 커다란 공룡뼈를 처리하자면 몇 년이 걸리는 것이다. 그렇기 때문에 세계의 수많은 박물관에는 아직도 처리하지 못한 채 석고에 싸여 있는 뼈들이 수장고에 가득히 쌓여 햇빛 볼 때만을 기다리고 있는 것이다.

2. 공룡의 복원

이제부터 공룡학자들은 다시 역할을 바꿔 화석에 대한 학술적 연구를 시작해야 한다. 맨 처음 할 일은 각각의 화석조각들이 무슨 뼈인지를 확인하는 것이다. 하나의 공룡에 속한 모든 뼈가 올바른 위치에서 함께 발견되는 일은 극히 드물다. 동물의 시체는 다른 동물에 뜯기거나 강물에 씻겨 운반되며 수백만 년 동안 암석 속에서 재배치되거나 파괴된다. 그 결과 많은 뼛조각이 없어지고 부서진 상태에서 어떠한 안내도면도 없이 복원을 해야 한다.

퍼즐게임처럼 공룡뼈도 중요한 조각부터 맞추기 시작하는데, 고유한 특징들을 가장 많이 가진 머리뼈와 이빨이 가장 중요한 조각이다. 공룡들은 서로 다른 머리뼈를 가지고 있기 때문에 조그만 머리뼈 조각에서도 새로운 특징을 발견할 가능성이 흔히 있다. 이빨은 공룡의 식성에 대한 정보를 주며 척추 또한 각 그룹마다 서로 다르기 때문에 어떤 공룡인지를 확인하는 데 유용하다.

다음 단계에서 공룡학자의 작업은 매우 더디고 조심스럽게 진행되는데 각 뼈를 자세히 기재하고 그림을 그려야 하기 때문이다. 예를 들어 뼈 하나를 기재할 때 다음과 같이 서술한다. "전악골은 콧구멍 아래에서 약간 확장되어 주둥이 앞으로 가면서 서서히 좁아진다. 이 뼈의 윗부분은 콧구멍의

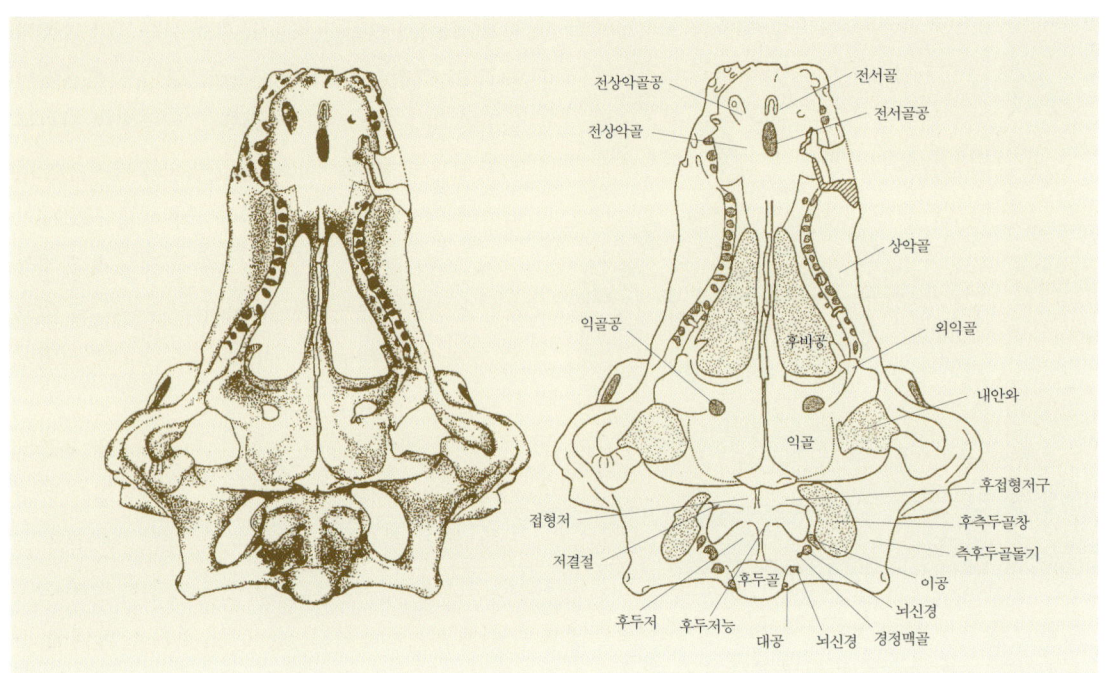

파파사우루스의 자세한 스케치가 완성된 후 각 부분의 해부학적 연구가 뒤따른다.

이미지 라벨 (왼쪽 도면):
전상악골공, 전서골, 전상악골, 전서골공, 상악골, 익골공, 후비공, 외익골, 내안와, 익골, 후접형저구, 접형저, 후측두골창, 저결절, 측후두골돌기, 이공, 뇌신경, 후두골, 후두저, 후두저능, 대공, 뇌신경, 경정맥골

안쪽면과 만나며 뒤와 위쪽으로는 사다리꼴의 코골편과 만난다. 얇은 앞쪽 모서리는 전악골 치열까지 아래쪽으로 휘어져 얕게 파인 전악골 입천장을 형성한다. 각 전악골의 앞쪽 모서리에는 거칠고 조그만 구멍들이 나 있다……" 이 일은 특히 기재해야 할 뼈가 300개가 넘는 큰 표본일 때 매우 힘든 작업이다.

뼈를 그리는 기술은 펜과 잉크를 사용하던 1800년대에서 크게 변하지 않았다. 공룡학자들은 자기가 연구하는 뼈의 그림을 직접 그리거나, 전문가에게 의뢰해 여러 각도에서 관찰한 그림을 완성시킨다. 더 정교한 사진기록을 위해서 때로는 입체사진을 찍기도 한다. 이렇게 각 뼈를 기재하고 그림을 그리는 일은 공룡학자에게 해답을 주는 만큼이나 많은 질문을 야기시킨다. 지금부터는 이러한 질문들을 해결하기 위해 과학적 원리, 유추, 다른 뼈와의 비교, 혹은 현생 동물과의 비교 등 모든 가능한 방법을 사용하는데 때로는 추측에 의존할 때도 있다.

만일 운이 좋다면 반 정도 완전한 조각을 가지고 복원을 할 수도 있다. 없어진 부분은 가지고 있는 뼈를 모델링하여 채운다. 예를 들면 오른쪽 갈비뼈를 통해 똑같은 모양으로 대칭되게 왼쪽 갈비뼈를 만들 수 있다. 만약 오른쪽 다리에 세 개의 발가락뼈가 존재하고 왼쪽 다리에 오른쪽에는 없는 한 개의 발가락뼈가 있다면, 이 모두를 함께 조합하여 완전한 두 다리를 만들 수 있다. 그러나 만일 많은 뼈가 보존되지 않았다면 각 뼈가 실제 발견되었을 당시 어떻게 놓여 있었나를 보기 위해 발굴장소에서 만든 발굴지도를 사용하거나 가장 비슷한 공룡의 골격과 비교하여 그와 유사한 모양으로 채워넣을 수도 있다. 현장조사가 얼마나 중요한지는 두말할 나위가 없는데, 발굴이 부주의하게 진행되면 복원단계에서 터무니없는 실수가 벌어지기 때문이다. 한 장소에 두 종류의 다른 공룡뼈가 함께 섞여 있거나 서로 관계가 없는 뼈들이 완전히 잘못된 위치에 붙어 있는 경우가 있다.*

만일 발견된 뼈가 이미 기재된 종류라면 이전의 연구논문이 매우 유용할 수 있다. 그러나 이는 단지 참고용으로 사용될 뿐이지 전적으로 그 논문을 따를 수는 없다. 왜냐하면 현재의 표본이 이전 표본에는 없던 새로운 뼈를 포함할 수 있고 때로는 그 공룡의 생태에 대해 완전히 새로운 사실이 밝혀

* 실제 마시에 의해 1877년 발견된 아파토사우루스의 골격은 최근까지 카마라사우루스의 머리뼈가 붙은 채 복원되어 있었다. 이는 당시 분리된 머리뼈와 머리 없는 골격이 매우 가까운 장소에서 발견되었기 때문인데, 마시는 이것들이 한 공룡의 뼈라고 가정해버렸다. 1975년에 와서야 이러한 실수가 정정되어 아파토사우루스는 자기 머리를 찾게 되었다.

이구아노돈 복원의 변천사. 코에 엄지앞발톱이 붙여진 채 복원된 1853년 런던 수정궁공원의 이구아노돈은 사자 같은 동물의 자세로, 1940년대 벨기에 베르니사르의 이구아노돈은 꼬리를 땅에 대고 있는 캥거루 같은 자세로 묘사되었다. 마침내 현재에는 몸과 꼬리가 균형을 이루어 이족 또는 사족 보행을 할 수 있는 난련한 자세의 이구아노돈으로 복원되었다.

질 수도 있기 때문이다. 이미 우리는 과거 100년 동안 이구아노돈에 대한 복원이 얼마나 변화되어 왔는지 알고 있다. 심지어 매우 잘 알려진 공룡에서도 늘 새롭게 해석할 여지는 언제나 남아 있으며 이는 공룡학자의 참신한 생각에 달려 있는 것이다. 만약 발견된 화석이 새로운 종류라면 복원은 더욱 어려운 작업이 될 것이며, 비교대상이 될 수 있는 모든 화석에 대한 광범위한 지식이 뒷받침되어야 새로운 해석을 이끌어낼 수 있다.

그림 그리기 작업과 병행하면서 뼈들을 조합하면 다음 일은 각각의 뼈에 맞는 근육을 입히는 것이다. 물론 화석화된 근육은 없다. 먹이를 씹는 것 같은 간단한 움직임에도 많은 근육들이 함께 작용하므로 공룡의 복잡한 근육구조를 파악하려면 현생 동물과 비교하는 것, 즉 비교해부학적 지식을 이용하는 것이 지름길이다. 따라서 현생 동물에 대한 세밀한 해부학적 지식은 모든 공룡학자들에게 필수적이다. 이렇게 3차원적 퍼즐이 완성되고 각 뼈의 위치가 확인되어 없어진 부분이 채워지면 공룡의 크기와 형태에 대한 기본적인 윤곽이 분명해진다. 여기까지 오는 데 몇 년이 걸릴 수도 있다. 이제부터 좀더 추론적인 작업이 가능하며 공룡이 살았을 때 실제 어떠했는지 더 많은 이야기를 할 수 있는 것이다.

이느 탐정에게나 사건의 실마리를 찾는 가장 좋은 장소는 시체가 발견된 현장이다. 화석이 발견된 주변의 암석을 철저히 조사해보면 때로 사체가 모래, 펄 혹은 강의 진흙에 의해 덮였는지 또는 죽은 장소가 범람원이었는지 강가였는지 등을 알 수 있다. 이러한 실마리들은 과거 그 장소에 대한 증거를 제공하며 공룡이 그곳에서 무엇을 하고 있었는가도 알려준다. 때로 암석이 보존하고 있는 증거는 매우 극적이다. 미국 유타주의 한 상소에서 많은 알로사우루스의 뼈들이 스테고사우루스와 카마라사우루스의 잔해와 함께 발견된 적이 있다. 뼈를 포함하고 있던 암석은 당시 이 지역이 자연적 수렁에서 형성되었음을 알려준다. 따라서 빠져나올 수 없는 수렁에 갇힌 초식공룡을 잡아먹기 위해 알로사우루스가 수렁으로 뛰어들었을 수도 있다. 또다른 알로사우루스가 먹이를 한입 베어물기 위해 들어갔다가 차례로 수렁에 갇혀 결국 빠져나오지 못하고 죽었을 것이다. 이러한 자연적인 위험은 몇 년간 계속 존재했을 것이고 계속해서 수많은 공룡들이 죽음으로써 많은 양의 뼈가 한꺼번에 산출되는 장소가 된 것이다.

3. 공룡의 분류와 기재

공룡학자가 필히 해야 할 다음 일은 각 공룡들이 계통발생학적으로 어디에 위치하느냐를 밝히는 것이다. 현재 많은 연구가 이러한 주제에 집중되어 있다. 결국 이 작업의 궁극적인 목적은 공룡 전체의 진화계통을 밝히는 것이다. 이 작업을 수행하기 위해 제일 먼저 해야 할 일은 각 공룡의 차이점과 공통점을 알아내는 것이다. 이러한 특징은 객관적으로 확연히 존재하는 것이어야 한다. 발굴한 뼈와

이빨에서 이러한 특징들을 찾아야 한다.

그러므로 공룡을 분류하는 작업은 각 공룡들을 자세히 살펴보면서 이 공룡은 '이러한 특징을 가지고 있는가'라는 반복된 질문을 계속하는 것이다. 많은 특징을 찾아내 서로 비교해 살펴보는 것이 더 정확한 분류를 이끌어내고 더 신빙성 있는 계통도를 만드는 방법이다. 결국 앞에서 언급했듯이 분기도는 공룡의 특징에 관한 모든 것들을 종합해 구성한 도표로서 서로의 진화관계를 밝히는 역할을 하는 것이다. 실제 우리가 알아보려는 특징이 그 공룡에게 없다면 관계설정은 더욱 어려워진다.

마침내 공룡학자가 자기가 연구 중인 공룡이 어느 그룹에 속하는지 밝혀내면 그 공룡이 이미 알려진 공룡인지 혹은 새로운 공룡인지를 확인하기 위해 모든 알려진 종을 세심히 조사해야 한다. 때로 이미 이름을 부여받은 종이 재조사에 의해 새로운 것으로 판명되는 경우도 있기 때문이다. 기재한 공룡에 이름을 붙이고 논문으로 발표하는 것이 공룡학자의 마지막 임무이다. 하나하나 뼈를 기재하면서 공룡을 기재하는 일은 매우 공식화된 법칙에 의해 행해진다. 과학논문지에 한 편의 논문으로 출판

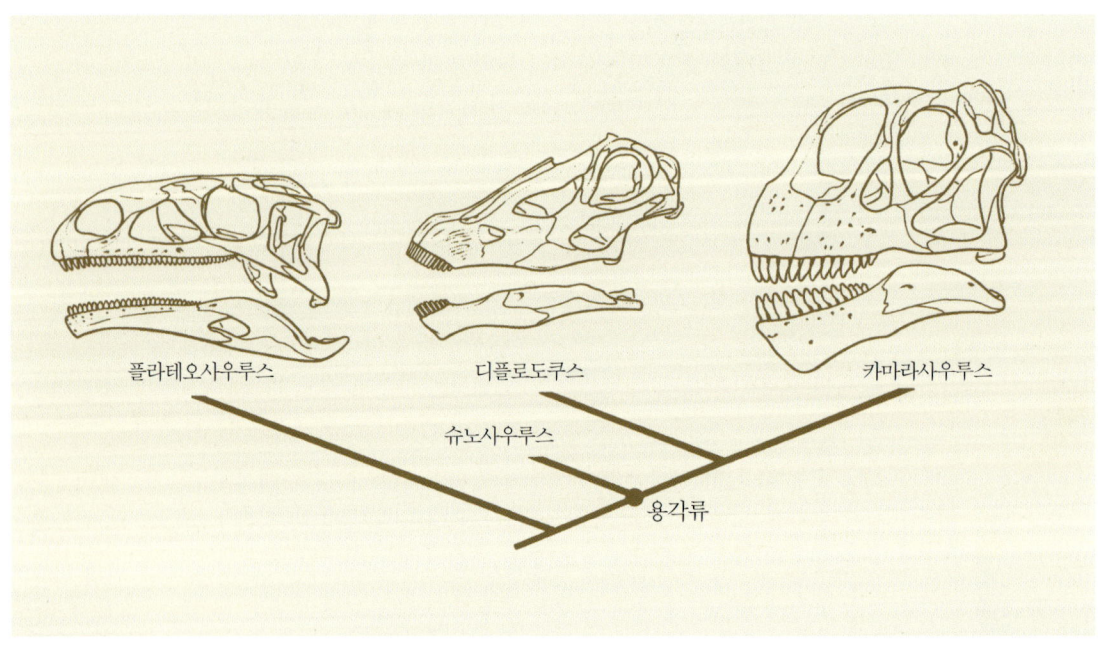

플라테오사우루스   디플로도쿠스   카마라사우루스

슈노사우루스

용각류

최근 발표되는 공룡에 관한 논문 대부분에는 분기도가 들어 있다. 분기도는 연구결과를 가장 객관적이고 쉽게 표현할 수 있는 방법이기 때문이다.

되기 전, 먼저 전문학자 몇 명이 읽고 인정해야만 한다. 새로운 공룡의 존재는 논문에 실린 날짜부터 공식적으로 인정된다. 이러한 일은 매우 큰 노력이 요구되지만 이러한 작업만이 자신의 새로운 연구를 다른 과학자들에게 알릴 수 있는 가장 보편적인 방법이다.

4. 공룡의 전시

관람객을 위하여 공룡을 모델링하고 뼈를 조립·전시하는 것은 더 전문화된 기술을 요한다. 박물관에 전시된 대부분의 공룡 골격은 실제를 그대로 복사한 모조품이다. 화석뼈는 보강 철재를 이용하여 설치할 수도 있으나 뼈의 무게와 파손 위험 때문에 안전하게 전시한다는 것은 매우 어렵다. 유리섬유처럼 가벼운 물질을 이용하여 속이 비게 만들어진 모조품은 실제 뼈보다 크게 무게를 줄일 수

있으며 훨씬 가느다란 철재나 플라스틱으로 전체 위치를 잡을 수도 있고 또한 이러한 보강자재를 뼛속에 안 보이게 설치할 수 있다.

공룡학자들은 공룡을 안전하고 올바른 자세로 전시하기 위해 기술팀과 함께 일한다. 공룡 모델링은 매우 전문화된 작업으로서 이런 일을 하는 기술자는 전세계적으로 몇 명밖에 없다. 전시기술자는 공룡학자가 연구한 뼈와 근육의 복원도를 가지고 공룡의 전체 형태를 잡는 일을 시작한다. 이빨이나 발톱 같은 정교한 부분은 공룡학자가 기재한 내용에 근거하여 복원을 한다. 예를 들면 화석발톱은 사실 발톱 안에 있던 발톱뼈이기 때문에 실제 발톱을 만들 때는 1/3 정도 크게 만든다. 피부조직의 모델링은 흔히 악어 같은 현생 파충류의 피부나 드물게 보존되어 있는 피부화석을 참고한다. 그러나 피부의 색깔은 어떻게 복원할 것인가? 입을 연 상태로 복원할 것인가 아니면 닫은 상태로 복원할 것인가? 눈동자를 새처럼 둥그랗게 만들 것인가 아

공룡연구의 마지막 단계는 박물관에 화석을 전시하는 일이다. 티라노사우루스의 골격을 전시하기 위한 작업이 카네기자연사박물관에서 진행 중이다.

니면 뱀처럼 날카롭게 찢어진 형태로 만들 것인가? 여기에는 정확한 답이 없기 때문에 공룡학자는 이런 문제들을 모델링 기술자들과 협의해 결정해야만 한다. 만약 공룡 모델이나 그림이 배경을 가지고 있다면 정확한 식물군과 풍경 또한 복원되어야 한다.

이렇듯 일반인들을 위해 공룡을 전시하는 일은 매우 시간이 많이 걸리지만 그만큼 값진 일이다. 이것은 바로 힘든 탐사에서부터 몇 년에 걸친 화석 처리 작업, 수백 시간을 들인 연구와 다른 학자와의 의견교환, 그리고 논문의 완성 등 모든 것이 집약된 결과이기 때문이다. 우리는 갑자기 무서운 이빨을 한 빌딩 크기의 육식공룡과 집채만 한 초식공룡, 그리고 떼지어 날렵하게 움직이는 영리한 사냥꾼 공룡들을 보게 된다. 공룡학자들은 수억 년 동안 암석 속에 묻혀 있던 돌덩어리에 생명을 불어넣어 이러한 경이로운 생명체를 우리 앞에 끌어내는 마법 같은 일을 해내는 것이다.

공룡의 겉모양을 복원하기 위해 점토로 완전한 형태를 만든다.

3장 텍사스의 공룡

공룡학자 버드(R. Bird)가 텍사스 글렌로즈에서 발견한 거대한 용각류와 수각류의 발자국을 기초로 당시 상황을 구성하고 있다.

앞에서 탐사에서 전시까지 어떤 단계에 따라 공룡 연구가 진행되는지 살펴보았다. 이 장에서는 좀더 구체적으로 필자가 미국 텍사스주 달라스에 위치한 남부감리대학(Southern Methodist University)에서 6년간 박사학위와 박사후 연구를 수행하면서 직접 탐사·발굴하고 연구한 텍사스의 공룡들을 소개한다.

1억 8000만 년긴 지속된 중생대의 장구한 기간에 오늘날의 육상 척추동물의 내부분, 즉 도마뱀, 거북, 악어, 포유류, 새, 그리고 이미 멸종한 공룡과 익룡이 진화했다. 이러한 동물집단의 진화는 매우 복잡하기 때문에 아직 이들의 진화과정이 명확히 규명되지 못한 상태이다. 특히 후기 백악기의 지배파충류는 전기 백악기와 크게 다르기 때문에 중기 백악기 연구는 매우 중요하다. 더구나 전세계적으로 이 기간에 육성층(陸成層)이 직있고 산출된 화석도 매우 빈약하기 때문에 연구의 필요성이 증대되고 있었다. 따라서 나는 중북부 텍사스에 분소한 중부 백악기 지층인 파파(Paw Paw) 지층과 우드비인(Woodbine) 지층을 연구대상으로 삼았다. 이들 지층으로부터 아직 어떤 지배파충류도 기재된 바가 없었지만 전기에서 후기 백악기로 가면서 공룡과 익룡, 악어 화석군에 어떤 변화가 있었는지를 알 수 있는 중요한 지층이기 때문이다. 나는 이들 두 층에서 산출되는 척추화석을 학위논문 주제로 정하고 본격적인 야외탐사에 들어갔다.

1. 이빨을 가진 백악기 익룡

먼저 파파층에서 발견된 익룡에 관한 것이다. 1992년 여름, 달라스에 거주하는 아마추어 화석채집가 와들리(Chris Wadleigh)가 뼈 한 조각을 들고 나를 찾아왔다. 화석은 포트워스 파파층에서 발견한 익룡의 깨어진 주둥이 앞부분이었다. 특이하게도 주둥이 위에는 둥그런 골즐이 있고 또한 이빨이 있던 자리가 주둥이 가장자리에 규칙적으로 배열되어 있었다.

나는 곧 이 익룡의 실체를 밝히기 위해 문헌조사에 나섰다. 그때까지 북미의 백악기 익룡은 세 종류가 알려져 있었다. 작은 골즐을 가진 닉토사우루스류(Nyctosauridae), 머리 뒤의 큰 골즐이 특징인 프테라노돈류(Pteranodontidae), 긴 목과 낮고 뾰죽한 부리를 가진 아스다크류(Azhdachidae)가 그것인데 이들 모두는 이빨이 없는 익룡이다.

그러나 파파층에서 발견된 것은 이들과는 다르게 부리 가운데 골즐이 있고 이빨을 가지고 있었다. 그러므로 이 익룡은 북미에서 처음으로 발견된 이빨을 가진 백악기 익룡인 셈이다. 주둥이에 골즐이 있는 익룡은 전세계적으로 3속이 알려져 있는데 그것은 브라질 산타나층에서 산출된 안항구에라와 트로페오그나투스, 그리고 영국의 케임브리지 그린샌드에서 발견된 크리오린쿠스(*Criorhynchus*)이다. 그러나 형태학적으로 텍사스에서 산출된 익룡은 이빨의 배열과 골즐의 형태에서 이것들과 쉽게 구별되었다.

문헌을 계속 조사한 결과 텍사스의 익룡은 1874년 오언이 케임브리지 그린샌드에서 기재한 콜로보린쿠스 클라비로스트리스(*Coloborhynchus clavirostris*)와 매우 유사하다는 것을 확인하였다. 그러나 콜로보린쿠스는 1900년대에 크리오린쿠스의 다른 이름(異名, synonym)으로 잘못 처리되어서 분류학적으로 존재하지 않는 이름이었다. 따라서 나는 이 새로운 익룡을 발견자의 이름을 따서 콜로보린쿠

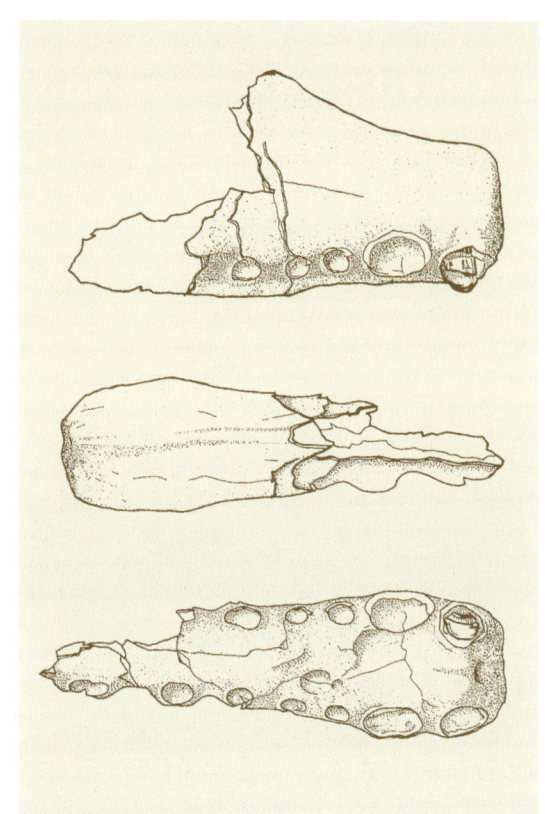

왼쪽/콜로보린쿠스 와들리아이의 표본

아래/콜로보린쿠스 와들리아이의 복원도(맨 아래). 박쥐, 새, 익룡의 날개구조가 다르다는 것을 보여준다.

스 와들리아이(*Coloborhynchus wadleighi*)로 명명하고 콜로보린쿠스라는 이름이 유효함을 입증하였다. 콜로보린쿠스 와들리아이는 처음으로 북미익룡이 영국 익룡과 가까운 관계에 있음을 증명했다는 데 의의가 있다.

2. 공룡뼈와 켄터키 프라이드 치킨

1989년 12살의 모리스(Johnny Maurice)는 열성적인 아마추어 화석채집가인 아버지와 함께 포트워스 북쪽 파파층이 노출된 공터에서 상어 이빨 화석을 찾고 있었다. 잠시 후 모리스는 조그만 뼈 하나를 찾아 아버지에게 보여주었다. 아버지는 그 뼈가 누가 차를 타고 지나가면서 창밖으로 버린 켄터키 프라이드 치킨의 뼈일 거라고 말했다. 그러나 이들은 같은 장소에서 몇 개의 뼛조각을 더 발견하자 혹시 화석뼈일지도 모른다는 생각에 내가 있는 대학을 찾아왔다.

이 뼈들은 놀랍게도 갑옷공룡 새끼의 뼈였다. 대퇴골의 길이는 10cm에 불과했으며 골단부는 아직 완전히 경골화되어 있지 않았다. 척추와 신경배돌기도 확고하게 붙지 않았으며 아직 너무 어려 갑옷공룡의 특징인 골판도 발달하지 않은 상태였다. 화석이 발견된 장소로 달려가 이빨과 머리뼈 조각 등 상당수의 뼈를 더 발견했지만 이미 많은 부분이 없어진 후였다. 각 뼈들을 자세히 관찰해본 결과 특이하게도 몇 개의 뼈에는 긁힌 자국과 구멍이 나 있고 어떤 뼈 표면에는 굴껍질이 붙어 있었다. 이러한 사실은 이 공룡이 죽어 화석이 될 때까지의 과정에 대한 흥미로운 실마리를 제공했다.

추론해본 이 공룡의 운명은 다음과 같다. 1억 년에서 9750만 년 전 사이의 어느 날 당시 북미를 남북으로 가로질러 대륙을 동서로 양분하던 서부 내륙해의 동쪽 해안에 갑옷공룡 한 무리가 알을 낳고 새끼를 기르고 있었다. 어린 새끼 한 마리가 물에

바다에 빠진 파파사우루스의 새끼를 보고 상어와 게들이 달려들고 있다. 흩어진 뼈들은 굴들의 기반으로 이용되었으나 곧 퇴적물에 묻쳐버린다.

빠졌다. 죽어서 쓸려 내려온 것인지 살아 있는 상태에서 물에 빠져 죽은 것인지는 알 수 없다. 파파층은 전적으로 민물환경이 아니라 바닷물 유입에 영향을 받는 곳에서 퇴적된 지층이다. 이러한 환경에 대해서는 이 지층에서 발견되는 풍부한 성게·불가사리 화석, 조개, 게를 포함한 여러 종류의 해양무척추동물 그리고 상어의 이빨화석을 통해 알 수 있다. 죽은 새끼는 곧 바다 밑바닥에 가라앉았다. 새끼의 살은 곧 상어에 의해 뜯기고, 조가나 뼈들에 붙은 살은 게들이 깨끗하게 청소했다. 이 과정에서 여러 형태의 긁힌 자국과 구멍이 뼈에 남았다. 버려진 뼈들은 굴이 알을 낳을 수 있는 딱딱한 기반을 제공했다. 굴들은 뼈 위에서 껍질을 만들어 2cm 정도까지 자란 후 또한 죽을 운명에 처하고 만다. 왜냐하면 계속 퇴적되는 점토와 모래가 뼈를 덮어버리고 말았기 때문이다. 굴의 크기와 성장속도로 판단해보면 뼈 위에 둥지를 튼 굴들은 약 한

달 정도 생존했다. 이렇듯 단지 조그만 뼈를 통해 1억 년 전의 일을 돌이켜볼 수 있다는 것은 고생물학의 또다른 매력이다.

우연히도 1994년에 새로운 노도사우루스류(nodosaurs) 화석이 새끼 뼈가 발견된 지역에서 불과 200m 거리의 같은 지층에서 발견되었다. 이번에는 완전히 자란 성체의 머리뼈였는데 머리뼈는 손상된 부분 없이 완전한 형태로 보존되어 있었다. 심지어 눈을 보호하는 눈꺼풀뼈도 함께 산출되었는데 눈꺼풀뼈는 이전에 갑옷공룡 안킬로사우루스류에서만 나타나는 것으로 보고되어 있었다. 발견된 눈꺼풀뼈는 완전하게 눈동자를 덮을 수 있는 안킬로사우루스류의 눈꺼풀뼈와는 달리 눈 위에 햇빛 가리개처럼 내밀어져 있어 완전하게 눈을 가릴 수는 없었다. 그럼에도 불구하고 낮게 몸을 웅크리고 잘 뒤집혀지지 않는 자세를 취하는 노도사우루스류의 수동적인 방어전략을 생각해볼 때, 이 눈꺼풀뼈는 육식공룡의 날카로운 이빨 공격으로부터 눈을 보호하는 데 크게 기여했으리라 판단된다. 5년 전 발견된 새끼 뼈와 함께 이 화석은 기존에 알려진 노도사우루스류와는 다른 특징들을 가지고 있었으므로 파파사우루스 캠벨아이(*Pawpawsaurus campbelli*)라 명명하였다. 머리뼈가 완벽하게 보존되었기 때문에 두개골의 해부학적 특징에 기초해 처음으로 노도사우루스류의 신경과 혈관 구조를 정확하게 복원할 수 있었다.

필자는 이 작업을 위해 여름방학 동안 의대에서 인간해부학 실습과 척추동물의 비교해부학을 공부하였다. 또한 스미스소니언자연사박물관과 예일대 피바디박물관 그리고 뉴욕의 미국자연사박물관에 보관 중인 5종의 기존 노도사우루스류 화석들과 비교 연구하기 위해 이들 박물관에서 한 달을 머물렀다. 기존의 노도사우루스류와 비교 연구한 결과 매우 흥미로운 사실이 밝혀졌다. 즉, 노도사우루스류의 가장 큰 특징은 이들이 항상 머리를 50° 정도 수그린 채 살았다는 것이다. 이 자세는

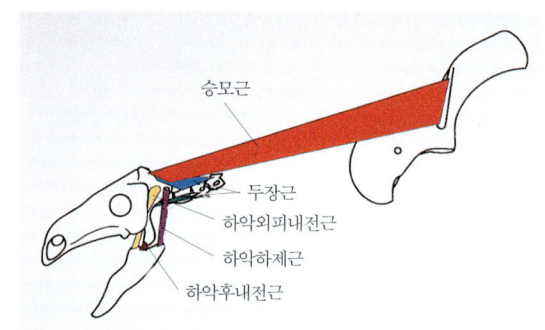

파파사우루스의 근육 복원도

낮게 자라는 식물을 뜯어먹는 데 장점이 있으나, 숙인 머리를 지탱하기 위해 여러 가지 형태학적 변화가 일어났고 그러한 변화는 두개골 구조와 근육 배치에 반영될 수밖에 없었다. 즉, 머리를 항상 뒤쪽에서 당기고 있어야 했기 때문에 노도사우루스류의 머리뼈 뒤쪽은 크게 뒤로 확장되어 있다는 설득력 있는 해석을 제시할 수 있었다.

3. 긴 주둥이를 가진 악어

척추고생물학 연구는 새로운 화석을 발굴하는 야외에서만 이루어지는 것이 아니다. 때로는 아무도 관심을 가지지 않은, 박물관의 창고 속에서 먼지를 뒤집어쓰고 있는 오래된 화석에 의해서도 충분히 가능하다. 나는 우드바인층에서 산출된 화석이 어떠한 것들인지 대학 부설 슐러고생물박물관의 자료를 검색하다가 우연히 수년 전 발굴되어 아직 석고에 싸여 있는 악어 화석이 있다는 것을 알았다. 곧 크고 작은 12개의 석고 껍데기를 열고 암석 속에서 뼈를 추려내는 실험실 작업에 들어갔다. 두 달에 걸쳐 완전히 처리된 악어는 유감스럽게도 머리뼈는 없었지만 아래턱을 포함하여 다리뼈와, 몸을 감싸고 있는 96개의 비늘 등 거의 모든 뼈가 보존되어 있었다.

특이하게도 몸뼈는 이미 멸종한 고니오폴리드(goniopholids)라는 악어의 특징을 가지고 있었으나 이전의 고니오폴리드와는 다르게 긴 주둥이를

우드바인수쿠스와 유사한 종류의 악어 복원도

4. 오리주둥이공룡의 조상

가장 다양한 화석들이 산출되는 우드바인층의 일부는 달라스-포트워스 국제공항 지역에 분포한다. 일주일에 100만 명의 여행객들이 오가는 공항이 바로 풍부한 화석층 위에 건설되었던 것이다. 공항을 남북으로 가로질러 두 개의 층이 만나는데 달라스 쪽은 해양에서 퇴적된 오스틴(Austin) 지층이 분포하며 포트워스 쪽으로는 육성층인 우드바인층이 발달해 있다.

과거 오스틴층에서는 수장룡과 모사사우루스류 같은 해양파충류와, 암모나이트를 포함한 무수히 많은 무척추화석들이 발견되어왔다. 반면에 우드바인층은 해수면이 빠르게 오르내리는 강 하구 환경에서 만들어졌기 때문에 대부분의 뼈는 물에 이리저리 씻겨 잘게 쪼개질 수밖에 없었다. 이렇듯 오르내리는 파도는 여러 가지 퇴적입자들을 키질하게 되있고 굵은 입자층 속에는 지연적으로 많은 뼛조각들이 모이게 된다. 이러한 층을 조사한 결과 몇몇 공룡의 이빨을 포함해 악어, 거북, 개구리, 물고기, 상어, 심지어 포유류의 이빨에 이르기까지 다양한 척추화석을 찾아내게 되었다.

여기서 공룡은 최소한 세 종류가 확인되었는데 수각류 리카르도에스테시아(*Richardoestesia*)의 이빨, 파파사우루스와 다른 새로운 노도사우루스류의 이빨과 상박골(上膊骨, 위팔뼈), 그리고 오리주둥이공룡의 수많은 이빨과 상박골, 종아리뼈가 그것이다. 오리주둥이공룡의 이빨은 수백 개가 보도블록처럼 모여 치판을 이루며 닳은 이빨은 빠지고 새 이빨이 계속 위로 올라오기 때문에 버려진 이빨들이 쉽게 발견된다.

우드바인층에서 오리주둥이공룡의 존재를 확인한 것은 매우 흥미로운 일이다. 왜냐하면 9500만 년이나 오래된 지층에서 오리주둥이공룡이 산출된 적은 없기 때문이다. 지금까지 북미에서 오리주둥이공룡은 8000만 년 이전의 지층에서만 산출되어

하고 있었다. 짧은 주둥이에서 긴 주둥이로 진화되는 것은 악어의 신화사에서 몇몇 그룹만 나타나는 현상이었는데, 우드바인 악어를 통해 고니오폴리드 악어에서도 이러한 진화가 일어났다는 것이 판명되었다. 이 진화 방향은 그들의 먹이습성과 관계 있는데 긴 주둥이의 악어는 물고기를 주식으로 하는 부류의 악어이다. 따라서 이 새로운 악어는 우드바인수쿠스 바이어스모리스아이(*Woodbinesuchus byersmauricei*)라는 새로운 이름을 갖게 되었다.

왔다. 그러므로 우드바인 오리주둥이공룡은 북미에서 가장 오래된 것이며 북미에서 오리주둥이공룡의 첫 출현시기를 1500만 년이나 끌어내린 것이 된다. 또한 당시까지 오리주둥이공룡은 아시아에서 기원해 북미로 넘어와 번성한 것으로 여겨져왔다. 왜냐하면 중국의 8700~7300만 년 전 시기의 지층에서 원시적인 오리주둥이공룡 길모레오사우루스(Gilmoreosaurus)와 박트로사우루스(Bactrosaurus)가 산출되었기 때문이다. 그러나 그보다도 800만 년이나 오래된 오리주둥이공룡이 우드바인층에서 발견됨으로써 이 가설은 수정이 필요하게 되었다. 그러나 이 주장을 확증하기 위해서는 더 좋은 화석을 찾아야만 했다.

우선 공항 주변을 샅샅이 조사했다. 그러나 공항 지역 대부분은 거대한 아스팔트로 덮여 있기 때문에 지층이 표면에 노출된 부분을 찾기 어려웠다. 그러나 공항에서 북쪽으로 10km쯤 떨어진 그랩바인 호숫가를 따라 우드바인 지층들이 잘 노출되어 있어 자주 이곳을 찾아 야외조사를 했다. 그러던 어느 날 한 지역에서 수각류와 함께 조각류의 발자국이 정교하게 찍힌 층리면(層理面)을 발견했다. 이 층리면을 도면에 옮겨 해석한 결과 놀랍게도 한 마리의 새끼를 포함한 커다란 조각류 공룡 네 마리가 9500만 년 전 어느날 공항 쪽으로(당시에는 없었지만) 이동하며 남긴 발자국들이었다. 한 발자국은 직선으로 연속적인 23개의 발자국을 남겼다. 여기서 흥미로운 점은 어린 조각류는 네 발로 걸은 반면 다 자란 커다란 조각류는 두 발로만 걸었다는 것이다.

그렇다면 이 발자국의 주인은 누구일까? 이구아노돈의 발자국으로 보기에는 지층의 시대가 너무 젊고 이구아노돈에서 진화한 오리주둥이공룡의 것으로 보기에는 너무 오래되었다. 물론 전혀 새로운 조각류의 것일 수도 있으나 화석뼈의 증거가 없었다. 이 발자국이 오리주둥이공룡의 것이라고 주장할 근거는 공항 근처에서 낱개로 산출되는 이빨밖

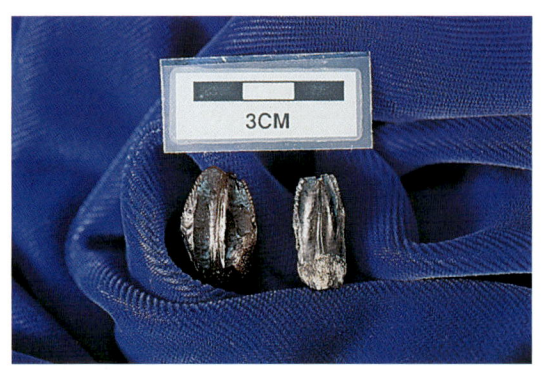

우드바인층에서 산출된 오리주둥이공룡의 이빨

그랩바인 호수에서 발견된 오리주둥이공룡과 수각류, 새 발자국 그림

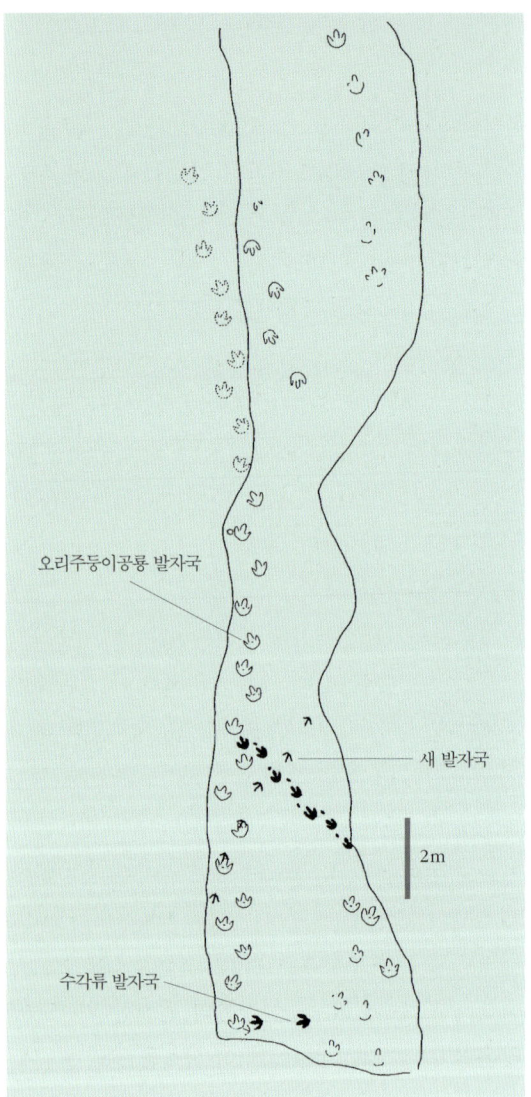

오리주둥이공룡 발자국

새 발자국

2m

수각류 발자국

에 없었다. 발자국 주위의 지층을 몇 주간 정밀탐사하여 나는 같은 층리면에서 92cm 길이의 오리주둥이공룡 정강이뼈와 종아리뼈를 찾아냈다. 마침내 오리주둥이공룡과 발자국의 연결고리가 형성

우드바인층에서 산출된 프로토하드로스 머리뼈

된 것이다.

학위논문 마무리로 바쁘던 1994년 겨울, 지도교수로부터 당장 달라스자연사박물관으로 가보라는 연락을 받았다. 버드(Gary Byrd)라는 아마추어 화석채집가가 그랩바인 호수 근처에서 이상한 뼈를 발견해 박물관에 갖다놓았다는 것이다. 나는 그 몇 개의 뼛조각들에서 완전한 오리주둥이공룡의 뒷발 발톱 한 개를 확인할 수 있었다. 곧 뼈의 발견 장소를 알아내 그곳으로 날려갔다. 우드바인 지층은 9500만 년이나 오래된 지층이라고는 믿을 수 없을 정도로 부드러워 큰 중장비 없이 간단한 손도구로도 파헤칠 수 있다.

발톱이 발견된 장소에서 나는 송곳으로 조심스레 지층을 찔러나갔다. 잠시 후 땅속에서 딱딱한 물체가 송곳 끝에 닿는 느낌이 들었다. 붓과 조그만 삽을 이용해 지층을 조심스럽게 파내자 내가 송곳으로 건드린 것은 놀랍게도 오리주둥이공룡의 아래턱이었다. 순간 짜릿한 흥분으로 심장이 빠르게 뛰기 시작했다. 혹시 완전한 머리뼈가 묻혀 있을지도 모른다는 생각이 머리를 스쳤다. 예감은 적중했다. 나는 오리주둥이공룡의 완전한 머리뼈를 찾은 것이다. 지도교수에게 이 사실을 알리자 그도 흥분을 감추지 못했다. 이 머리뼈는 후에 연구되어 오리주둥이 공룡이 아니라 가장 진화된 이구아노돈류의 머리뼈로 밝혀졌으며, 새로운 이름 프로토하드로스(*Protohadros*)로 명명되었다.

5. 거대한 비밀을 간직한 유대류의 이빨

달라스-포트워스 국제공항의 조그만 강가에서 발견한 하나의 포유류 이빨은 또 하나의 재미있는 이야기이다. 앞에서도 밝혔듯이 중생대에 포유류는 매우 작았는데 오늘날의 생쥐 크기만 했다. 따라서 이들의 뼈는 매우 작고 부서지기 쉬워 화석으로 발견되는 일은 극히 드물다. 대신 에나멜질로 싸여 있는 이빨은 풍화와 마모를 잘 이겨내기 때문에 화석으로 발견될 가능성이 높다. 그러나 문제는 그 크기가 너무 작다는 데 있다. 보통 이빨 한 개의 크기는 이빨뿌리까지 포함해 약 2mm 내외다. 따라서 육안으로 이것을 찾는 것은 백사장에서 바늘을 찾는 것보다도 어렵다.

1960년대에 이러한 조그만 화석을 찾는 방법이 개발되었다. 그 방법이란 한마디로 체로 거르는 것이다. 구멍이 1mm보다 작은 체를 아래에 놓고 그보다 구멍이 큰 체를 위에 포개놓은 후 화석을 포함하고 있을 만한 지층을 채취하여 물을 부으면서 거른다. 그러면 1∼2mm 크기의 입자들이 아래 체에 모이게 되고 이를 말려 조그만 판에 조미료를 뿌리듯 얇고 고르게 뿌린 다음 현미경으로 일일이 보면서 화석을 핀셋으로 집어내는 것이다. 이 방법을 통해 이빨을 찾는 작업이 성공하기 위해서는 화석들이 많이 농집된 지층에서 시료를 얻어야 하기 때문에 공항의 강가에 노출된 우드바인층에서 오리주둥이공룡 이빨들이 함유된 층준을 집중적으로 샘플링하여 처리했다.

그러나 이렇게 화석이 농집된 층준을 찾았다 하더라도 포유류 화석을 찾아내는 것은 쉬운 일이 아니다. 보통 포유류 화석이빨은 1톤의 시료당 한 개가 나올까 말까 할 정도로 귀하기 때문이다. 1톤의 암석가루를 현미경으로 일일이 관찰해야 한다고 생각해보라!

그렇다면 이렇게 발견하기 어려운 중생대의 포유류 화석에 대해 왜 고생물학자들은 그다지도 관심을 가지는 것일까? 트라이아스기에 처음 진화해 오늘날까지 2억 년이 넘는 긴 포유류 진화사에서 우리가 가진 지식의 대부분은 신생대 포유류에 편중되어 있다. 신생대에 갑자스럽게 적응방산한 포유류는 이미 태반류(胎盤類), 유대류(有袋類), 그리고 단공류(單孔類)로 다양하게 진화되어 그들의 기원을 밝히는 일은 매우 어렵다. 자연스럽게 포유류 진화사의 70%를 차지하고 있는 중생대에서 그 해답을 찾을 수밖에 없는 것이다.

역시 많은 노력을 기울였음에도 불구하고 우드바인층으로부터 단 하나의 포유류 이빨만을 찾아냈다. 좁쌀만 한 크기를 가진 이빨의 형태는 전형적인 그러나 매우 원시적인 유대류의 어금니였다. 캥거루로 대표되는 현생 유대류는 현재 오스트레일리아에 많이 분포하지만 유대류는 중생대 후기 백악기 때 북미에서 기원하였다. 전기 백악기에서

화석으로 산출되는 포유류는 유대류도 아니고 태반류도 아닌 이들의 조상 포유류이다. 따라서 우드바인층에서 찾아낸 조그만 이빨 하나로 9500만 년 전에 이미 포유류가 태반류와 유대류로 갈라져 진화해갔다는 사실을 입증한 셈이다.

4장 몽골 고비사막의 공룡탐사

1900년대 초 뉴욕 미국자연사박물관 관장 오스본(Henry Osborn)은 포유류가 신생대 초인 팔레오세(Paleo世)에 이미 다양하게 진화되었다는 사실에 기초하여, 포유류는 이미 중생대 백악기에 중앙아시아에서 기원했다는 가설을 주창하였다. 포유류의 뿌리를 찾기 위해 1921년 뉴욕 미국자연사박물관 관장 앤드루즈를 팀장으로 하는 아시아탐사대가 구성되어 중국을 거쳐 첫 번째 몽골탐사가 시작되었다. 이들은 1921년부터 1930년까지 몽골 고비사막 지역을 탐사했는데 8대의 자동차와 150마리의 낙타를 이끌고 사막을 횡단하였다. 그러나 그들은 처음에 의도한 중생대 포유류 화석이 아니라 수많은 공룡화석을 찾아냈고 세계 최초로 공룡알 둥지를 발견하였다. 이 발견은 공룡이 파충류나 새처럼 알을 낳는다는 것을 화석으로 입증한 것으로 이때부터 몽골 고비사막은 세인의 관심을 끌기 시작했다.

그후 1946~1949년에는 구소련과학원에 의해 공룡탐사와 더불어 이 지역에 대한 상세한 지질조사가 시행되었고, 1963~1971년에는 폴란드팀에 의해 수많은 귀중한 화석들이 발견·연구되었다. 현재에도 몽골은 여러 국가들과 공동연구를 진행하고 있는데, 특히 1990년부터 다시 미국자연사박물관팀과 탐사를 하면서 매우 귀중한 발견과 연구결과를 내놓고 있다.

몽골 고비사막의 중요성은 바로 완벽한 화석 보

오른쪽 위/앤드루즈가 고비사막에서 발견한 공룡알. 이로써 공룡이 알을 낳는 파충류라는 것이 밝혀졌다.

오른쪽 아래/앤드루즈의 고비사막 원정에는 낙타가 주요 이동수단이었다.

아래/고비사막의 바인작은 세계에서 가장 잘 알려진 중생대 포유류 화석산지다. 앤드루즈가 '불타는 계곡'(Flaming Cliffs)이라 불러 더 유명한 곳이다.

존에 있다. 예를 들면, 북미에서 중생대 포유류 연구는 주로 낱개로 발견되는 이빨에 의존해왔다(제3부 3장 참조). 반면에 고비사막에서 포유류 화석은 전체 골격이 완전하게 발견된다. 중생대 포유류의 크기를 생각해볼 때 이렇듯 완벽하게 화석이 보존될 수 있다는 것은 과거 이 지역이 화석 보존에 좋은 조건을 갖추었다는 것을 말해준다. 이러한 사실 때문에 고비사막은 모든 척추고생물학자들이 가고 싶어 하는 화석탐사의 낙원으로 여겨져왔다. 이 장은 필자 이융남이 1996년 6월 14일~7월 19일에 고비사막에서 직접 수행한 공룡탐사를 바탕으로 탐사준비에서 공룡발굴까지를 기행문 형식으로 서술한 기록이다.

*

이 국제공동 공룡탐사의 목적은 동북아시아의 공룡 분포와 그들의 상호연계성을 조사하여 궁극적으로 아시아에서의 공룡의 진화를 밝히는 것이다. 이 탐사의 의의는 최초의 아시아 공룡학자들에 의한 국제공룡탐사라는 것인데, 1996년은 연구의 첫해로서 몽골 고비사막을 탐사했다. 중국팀장은 베이징 척추고생물고인류연구소의 뚱 즈밍(董枝明) 교수, 몽골팀장은 몽골자연사박물관 소장 바스볼드(Rinchen Barsbold) 박사, 일본팀장은 후꾸이현 박물관장 아즈마 요오이찌(東洋一) 박사이다. 나는 아즈마 박사의 요청으로 이 계획에 참가했다. 탐사준비는 몽골의 수도 울란바타르(Ulaanbaatar)의 몽골과학원 지질연구소에서 5일간 진행되었는데, 2대의 소련제 군용지프와 3대의 군용트럭에 50일분의 식량과 텐트, 탐사장비, 2,800리터의 휘발유를 실었다. 나를 비롯하여, 몽골인은 3명의 운전사를 포함하여 7명, 중국인은

네메겟으로 가는 도중 찍은 사진. 왼쪽부터 필자와 바스볼드 박사, 뚱 교수, 몽골기술대학 지질학과 치밋 교수.

베이스캠프와 탐사 위치를 표시한 고비사막 지도

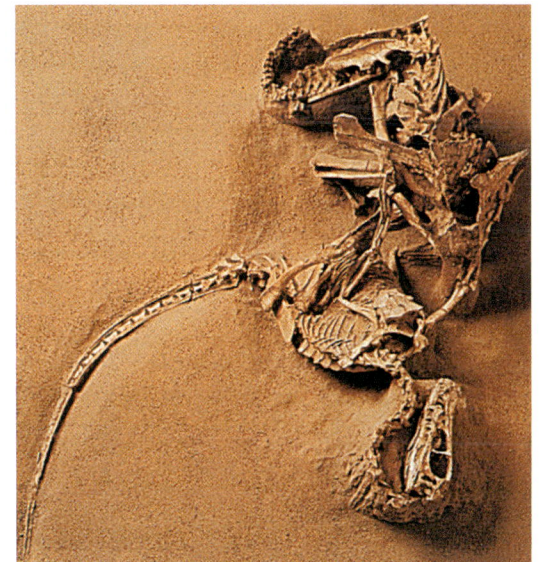

오른쪽/어린 벨로키랍토르가 프로토케라톱스를 공격하다가 앞발을 물린 상태로 모래폭풍에 의해 갑작스레 화석화되었다. 이 놀라운 화석은 고비사막의 투그릭 화석지에서 1971년에 폴란드-몽골 탐사팀에 의해 발굴되었다. 아래는 복원도.

4명, 일본인은 3명, 그리고 요리사 겸 통역인 2명 등 모두 17명으로 탐사팀이 구성되었다.

몽골은 한반도 면적의 7배나 되는 큰 나라인데, 북서지역은 알타이 산맥의 끝자락으로 산악지대이며 남동쪽은 사막지역이다. 중생대 지층은 주로 남부 고비사막에 분포하는데 크게 3개의 층, 작토하(Djactokhta), 바룬고욧(Barun Goyut), 네메겟(Nemegt) 층으로 구성되어 있다. 이 층들은 8700만 년 전부터 6500만 년 전까지, 바람에 의해 강과 호수에 쌓인 퇴적층으로서 공룡과 악어, 거북, 포유류 등 풍부하고도 다양한 육상척추동물의 화석을 포함하고 있다. 이번 탐사의 목적지는 투그릭 지역을 중심으로 알락텍, 자민혼드, 바인작, 그리고 네메겟 분지지역의 네메겟 산맥과 알탄울라였다. 이들 지역 대부분은 해발 1,500m에 위치하고 있다.

1. 모래폭풍의 투그릭

길도 없는 초원지대를 이틀간 계속 달려 도착한 첫 번째 야영지는 투그릭(Toogreek)이었다. 몽골의 화폐 단위인 '투그릭'과 같은 이름을 가진 이곳은 지형적으로 동전처럼 둥그런 분지의 형태를 띠고 있다. 이곳은 풍성(風成) 퇴석층인 삭보하층이 분포하여 매우 중요한 화석들이 산출되는 곳이다.

여기서 발견되는 대부분의 공룡화석들은 약 8000만 년 전 모래폭풍에 의해 갑자기 묻혀 화석화된 것으로 해석된다. 왜냐하면 대부분의 화석들이 산출상태가 완벽하고 또한 죽었을 때의 상황을 그대로 간직하고 있기 때문이다. 그중 가장 잘 알려진 것은 프로토케라톱스와 벨로키랍토르가 서로 생사의 싸움을 벌이나 화석화된 것으로 벨로키랍토르는 그 날카로운 앞발톱으로 프로토케라톱스의 배를 찢고 있고, 프로토케라톱스는 필사의 몸부림으로 벨로키랍토르의 앞발을 물고 있는 상태이다.

프로토케라톱스의 머리뼈 일부가 지층에 노출되어 있다. 뚱 교수가 프로토케라톱스의 코뼈 부분을 만지고 있다.

이 경이로운 화석은 현재 몽골자연사박물관에 전시되어 있다. 이 지역의 또 하나 놀라운 사실은 화석을 함유한 지층이 해변의 모래처럼 부드러워 간단한 손도구로 쉽게 작업이 가능하다는 것이다.*
맨텔이 1822년 우연히 이구아노돈 이빨을 발견한

＊ 암석의 고화도(固化度)는 그 지역이 어떤 지질사를 겪어왔는가에 따라 큰 차이가 난다. 예를 들어 우리나라의 백악기 지층인 경상누층군의 암석들은 단단하게 고화되어 암석용 망치, 끌, 다이아몬드톱, 심지어 크레인이나 굴착기 같은 중장비를 동원해야 하는 경우가 많다.

것으로 공룡화석 발견은 시작되었지만 지금까지도 공룡화석을 찾는 방법은 크게 변한 것이 없다. 화석의 발견은 전적으로 암석표면을 조사하는 지루한 작업에 의해 이루어진다. 지층 속에 묻혀 있는 화석은 그것을 감싸고 있는 지층이 자연적으로 풍화되거나 도로 건설처럼 인위적으로 암석이 지표로 노출되었을 때만 발견이 가능하다. 탄성파 등의 지구물리학적 방법을 이용해 땅속에 묻힌 뼈의 존재 여부를 알아내는 기술이 개발되고 있으나 실제 탐사에 사용되는 경우는 거의 없다. 그러므로 지층 표면으로 드러나지 않은 뼈화석을 찾는 것은 거의 불가능하다.

지표를 빠진 부분 없이 관찰하기 위해 지그재그로 계곡을 훑어 내려가는 것으로 탐사는 시작된다. 공룡을 묻어버린 지층들이 바람과 비에 의해 조금씩 풍화되어 8000만 년의 시간을 깨고 지표로 노출되어 있다. 이렇게 노출된 뼈는 지층과 함께 조금씩 풍화되어 언덕 사면에 흩어져 내리게 된다. 따라서 고비사막처럼 고화되지 않은 지층으로 구성된 지역에서는 대부분 언덕에서 풍화되어 흩어져 내린 뼛조각을 따라 거슬러 올라가면 지층에 박혀 있는 뼈의 임자를 발견하게 된다. 이러한 화석들이 몇천만 년이라는 기나긴 시간을 기다려 잠시 거쳐가는 탐사대의 눈에 발견되는데, 이는 커다란 행운이라고밖에는 말할 수 없다. 만약 여기서 발견되지 않는다면 이 귀중한 화석들은 풍화되는 지층과 함께 서서히 사라지고 말 것이다.

이러한 방법으로 계곡을 따라 뼈의 잔해를 찾아 헤매다 프로토케라톱스의 아래턱 부분이 반쯤 노출되어 지표에 뼈죽이 나와 있는 것을 발견했다. 뼈는 하얀색으로 모래 색깔의 지층과 쉽게 구별되었다. 약 8000만 년인 지층의 나이를 생각할 때 지층의 고화도나 뼈의 상태가 너무나도 좋아 믿기 어려울 정도였다. 일반적으로 중생대 공룡뼈는 오랜 기간 지층 속에 묻혀 있었던 탓에 여러 가지 화석화작용으로 변색되고 단단한 암석처럼 고화되기

마련이기 때문이다. 화석화 작용이란 뼛속으로 광물질이 침전되거나 혹은 뼈 성분이 다른 물질로 치환되는 것을 말한다. 따라서 화석은 본래의 무게보다도 무겁고 단단해져 현생의 뼈와 쉽게 구별되는 것이다. 그러나 놀랍게도 여기서 발견된 뼈들은 현생 동물의 뼈처럼 가볍고 심지어 색깔까지 그대로 유지하고 있었다.

일단 발견된 뼈의 주위부터 조심스레 파서 묻혀 있는 전체 뼈의 크기를 확인한다. 발견된 프로토케라톱스의 머리뼈는 거꾸로 뒤집힌 채로 지층 속에 박혀 있는 상태였다. 주위에 몸뼈가 발견되지 않는 것으로 보아 죽은 후 몸에서 머리뼈가 분리되어 이곳에 묻힌 것으로 판단되었다. 아래턱 주위를 조금씩 파들어가자 아래턱과 굳게 물린 위턱의 이빨들이 보였다. 프로토케라톱스 머리뼈의 특징인 얇은 프릴 부분은 일반적으로 파손되기 쉬운데 조금도 손상된 곳이 없었다. 머리뼈의 길이는 63cm, 폭은 50cm였다.

여기서 발견한 화석처럼 크고 완전한 골격은 묻혀 있는 상태와 규모에 따라 발굴부터 운반까지 필요한 일련의 과정을 거치게 된다. 먼저 노출된 뼈들은 쉽게 부서지기 때문에 PVA를 뼈 표면에 바른다 (제3부 2장 참조). PVA가 뼛속으로 스며들어 굳는 동안 발견된 화석의 위치를 지형도와 야외노트에 기재한다. 화석의 상태, 방향 그리고 화석을 함유한 지층에 대한 지질학적 내용을 기록하는 것이다. 이러한 내용들은 나중에 실험실에서 화석을 처리하고 궁극적으로 공룡을 복원할 때 이용되는 매우 귀중한 정보이다.

일단 기록이 끝나면 석고를 씌우는데 화석을 안전하게 운반하고 보관하기 위해서이다. 이는 팔이 부러졌을 때 병원에서 석고로 깁스를 해서 움직일 수 없게 하는 이치와 똑같다. 이때 중요한 것은 뼈를 포함하고 있는 암석덩어리를 석고로 씌우기 전에 물에 적신 두루마리 화장지를 덮어 뼈와 석고가 직접 붙는 걸 방지하는 일이다. 석고를 씌울 때 강

고비사막에서 프로토케라톱스의 머리뼈를 발굴하는 일련의 과정

도를 높이기 위해 종종 두꺼운 천이나 포대를 잘라 긴 띠를 만들어 석고와 함께 이용한다. 이는 석고 붕대 같은 역할을 한다.

석고 표면이 완전히 굳었을 때 그 표면에 유성펜으로 표본의 방향과 번호를 표시한다. 나중에 정확한 표본의 위치를 복원하기 위해서이다. 그다음 석고로 싼 밑부분을 조심스레 파들어가 송이버섯 모양으로 뒤집기 쉽게 만든다. 물론 뼈보다 깊게 파야 한다. 그후 충분히 파인 석고덩이의 밑을 뒤집어 아래 표면이 깨끗하게 잘 잘렸나 확인한 후 그 위에 다시 석고를 씌우면 완전한 석고껍데기가 완성되고 옮길 준비가 끝난다.

이렇게 야외에서 만들어진 표본은 실험실로 옮겨져 본격적인 실험실 작업에 들어가게 된다. 지금 작업한 표본은 150kg 이상의 무게를 지닌 채 계곡 아래에 있었기 때문에 야영지로 옮기기 위해 굵은 밧줄로 묶어 트럭으로 계곡 위로 끌어올렸다. 이렇게 석고 표본의 크기는 화석의 크기에 비례하기 때문에 커다란 화석을 발굴할 경우 크레인 같은 중장비가 동원되기도 한다.

바람이 점점 더 거세지기 시작했기 때문에 우리

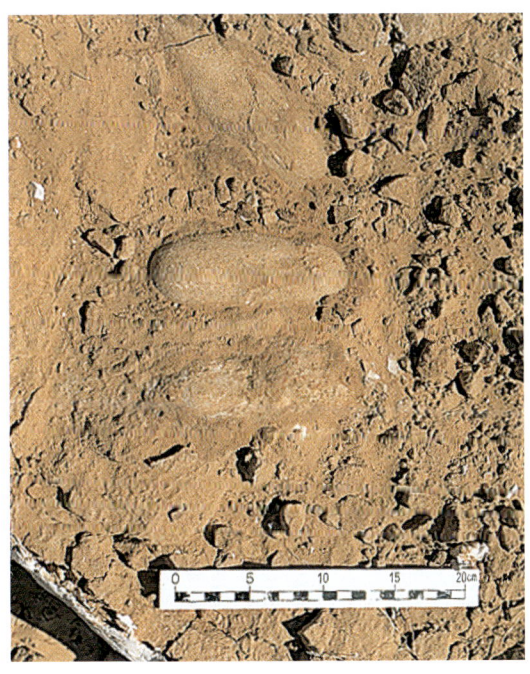

고비사막 자민혼드에서 발굴한 공룡알

는 작업을 서둘렀다. 우려했던 모래폭풍이 드디어 시작되고 있었다. 모래폭풍은 보통 시속 60~80km로 휘몰아친다. 캠프를 강타하는 모래폭풍을 피하기 위하여 차량으로 텐트를 둘러쌌지만 텐트는 국기처럼 펄럭거렸다. 점점 모래 속에 묻히는 텐트를 빠져나와 차 속으로 피신해 있었다. 모래폭풍은 점점 심해져 거의 앞을 볼 수 없을 정도였다. 이런 모진 바람이 며칠간 계속되었다. 음식에선 모래가 버석버석 씹히고 옷 속으로 파고드는 모래와 싸워야 했다. 눈뜨기조차 힘들기 때문에 한 대원은 재빠르게 안경에 테이프를 감싸 사막용 안경으로 개조하기도 하였다.

이러한 악조건 속에서도 탐사대는 나흘 동안 총 8개의 거의 완전한 프로토케라톱스 골격을 발견하였다. 프로토케라톱스는 북미지역에 잘 알려진 트리케라톱스의 조상으로 가장 원시적인 뿔공룡이다. 뿔은 아직 발달되지 않았지만 이 그룹의 특징인 머리 뒤의 프릴이 잘 발달되어 있었다. 특히 투그릭 지역은 프로토케라톱스의 알둥지와 함께 여러 연령층의 화석들이 산출되고 있어 공룡의 집단 서식지였던 것으로 믿어진다. 1995년 다른 탐사팀에 의해 이곳에서 약 30cm 크기의 프로토케라톱스 새끼가 16마리나 함께 발견된 적도 있다.

며칠 후 나를 포함한 5명의 대원은 트럭 한 대에 몸을 싣고 투그릭 베이스캠프로부터 남서쪽으로 2시간 30분 거리에 위치한 자민혼드를 탐사했다. 우리는 이곳의 한 지점에서 많은 공룡알 파편을 발견하였다. 조심스럽게 파편들을 걷어내자 이미 풍화되어 반쯤 깎여나간 지름 60cm가량의 공룡알 둥지가 나타났다. 세어보니 12개의 타원형 공룡알이 동심원상으로 배열되어 있었다. 불행히 지표에 노출된 둥지의 윗부분은 이미 풍화되어 있었지만 지층 속에 박힌 나머지 부분들은 완전하게 보존되어 있었다.

둥지의 완전한 형태를 알아보기 위해 일단 가장 잘 보존된 공룡알 한 개를 조심스레 둥지에서 분리해보니 그 아래에 깨지지 않은 온전한 알들이 촘촘히 묻혀 있었다. 공룡알의 형태는 타원형으로, 앤드루스가 처음 고비사막에서 발견한 공룡둥지의 알과 같은 것이었다. 과거 이러한 형태의 알은 프로토케라톱스의 알로 생각되었으나 최근 같은 형태의 알을 품고 있는 오비랍토르가 발견됨에 따라 알의 주인에 대한 해석이 바뀌게 되었다.

돌아오는 길에 트럭이 고장나 우리는 조난을 당하고 말았다. 그때 시간이 저녁 6시 30분, 해가 저물기 시작하자 우리는 구조대가 발견할 수 있도록 트럭 주위에 불을 피웠다. 초조하게 기다린 지 7시간, 마침내 새벽 1시경 우리는 구조되어 캠프로 돌아올 수 있었다.

사막에서의 이동은 언제나 어렵다. 1920년대 뉴욕 미국자연사박물관팀이 고비사막 탐사에서 사용한 주요 운반수단은 낙타였다. 깊은 모래 때문에 문명의 이기인 자동차가 이런 곳에서는 무용지물로 느껴지게 된다. 역사적 장소인 바인작(Bayn Dzak)으로 가는 길이 바로 그러했다. 바인작은 세계에서 가장 유명한 포유류 화석산지이다. 1960년대 폴란드팀이 150여 개체의 포유류 화석을 이곳에서 발견하여 보고한 바 있다. 그것들이 중생대 포유류의 진화를 밝히는 데 크게 기여했음은 물론이다.

흔히 이 작업은 백사장에서 바늘찾기에 비유되는데 39°C를 오르내리는 폭염 속에서 중생대 포유류 화석을 그토록 많이 발견했다는 것은 실로 놀라운 일이다. 한 지역에서 이처럼 많은 포유류 화석이 완전하게 발견된 곳은 바인작 이외에는 없다.

베이스캠프에서 북쪽으로 약 5km에 위치한 알락텍(Alag Teg)은 투그릭과는 달리 다양한 공룡들이 산출된다. 여기서 우리가 발견한 것은 갑옷공룡 피나코사우루스(*Pinacosaurus*), 오리주둥이공룡, 그리고 용각류 공룡이었다. 1982년 이곳에서 7마리의 새끼 피나코사우루스가 캐나다 – 중국 공룡탐사팀에 의해 발견된 적도 있다. 가장 흥미로운 것

알락텍에서 발굴한 용각류 화석

피나코사우루스의 꼬리뼈. 새끼이지만 꼬리끝에 안킬로사우루스류의 특징인 꼬리곤봉이 발달해 있다.

은 용각류의 발견이다. 지금까지 몽골에서는 네메그토사우루스(*Nemegtosaurus*)와 오피스토코엘리카우디아(*Opisthocoelicaudia*), 두 종류의 목긴 공룡이 네메겟층에서 보고되었을 뿐이다.

그러므로 우리가 작토하층에서 발견한 것은 몽골에서 세 번째로 발견된 목긴 공룡이며 또한 이전에 알려진 것보다도 오래된 것이었다. 이 발견의 시발은 지표에 노출된 3개의 척추뼈였는데 발굴이 진행됨에 따라 두 마리 새끼 용각류가 함께 묻혀 있는 것을 확인하였으나 유감스럽게도 머리뼈는 발견되지 않았다.

두말할 필요 없이 사막지역에서 물은 생명수이다. 12개의 커다란 물통을 싣고 6시간 이상 운전해 가야 하는 인근 유목민 마을에서 물을 길어왔는데 그나마 휴대용 정수기로 걸러 꼭 필요할 때만 먹어야 했다. 이러한 상황에서 샤워는 생각할 수도 없었다. 음식은 유목민들에게서 구한 염소와 양을 잡아 아무 양념 없이 물에 삶아먹는 것이 전부였다. 사막에서 신선한 야채를 구한다는 것은 불가능했고 이러한 비위생적인 음식과 비타민 부족으로 대원들은 배탈과 설사에 시달렸다.

갖은 악조건 속에서도 우리는 이곳에서 긴 꼬리의 거북과 오비랍토르의 머리뼈, 악어, 타르보사우루스의 골격 등 많은 화석을 찾아냈다. 특히 오비랍토르는 매우 드물게 발견되기 때문에 완전한 머리뼈를 찾은 것은 실로 행운이었다. 알탄울라(Altan Ula)는 네메겟 분지에서 가장 넓게 지층이 노출되어 있는 지역으로 지름이 7km에 달한다. 이 지역에 대한 구체적인 탐사기 앞으로 계속될 것이다.

이 탐사에서 발굴한 화석들은 현재 중국의 척추고생물고인류연구소에서 뼈를 추리는 작업이 진행

2. 공룡들의 천국 네메겟

투그릭 베이스캠프를 떠나 네메겟 분지로 향했다. 남쪽으로 내려갈수록 사막은 많아지고 이동하기가 더욱 어려워졌다.

트럭이 지프를 끌고 가야 하는 시간이 많아졌다. 네메겟층에서 잘 알려진 공룡화석은 타르보사우루스(*Tarbosaurus*)이다. 타르보사우루스는 아시아의 티라노사우루스로 불린다.

네메겟 지역에는 갑작스러운 소나기가 자주 내렸다. 소나기가 지나간 계곡은 금세 강으로 변하고 계곡에서 쏟아지는 흙탕물은 텐트를 덮쳤다. 투그릭 캠프에서는 모래폭풍을, 네메겟 캠프에서는 물난리를 겪었다. 또 이곳에는 전갈과 수박씨만 한 흡혈진드기가 많아 야외조사에 어려움이 있었다.

위/몽골자연사박물관에 전시된 타르보사우루스

오른쪽 위/갑작스럽게 내린 비로 물바다가 되어버린 야영지

오른쪽 아래/탐사를 마치고 난 17명의 대원들

중이다. 뼈의 처리가 끝나면 본격적인 학술연구가 시행되어 흥미로운 결과가 밝혀질 것임에 틀림없다. 이러한 국제공룡탐사에 우리나라를 대표하지 못하고 일본팀의 일원으로 참가한 나는 큰 아쉬움이 남았다. 우리나라도 대학이나 자연사박물관에서 국제공룡탐사에 대해 적극적인 관심을 갖고 지원하여 우리가 연구한 공룡을 우리의 국립자연사박물관에 전시할 날이 오기를 기대해본다.

5장 우리나라의 공룡

컴퓨터 그래픽으로 재현한 한반도의 공룡

1972년 공룡알 화석이 경남 하동에서 발견되어 한국 공룡의 존재를 처음으로 암시한 후, 경북 의성에서 몇몇 단편적인 공룡뼈가 발견되어 한반도에도 공룡이 살았다는 것이 확인되었다. 1980년 들어 그때까지 무심히 지나쳤던 이상한 퇴적구조의 대부분이 공룡이 남긴 발자국화석이라는 것이 알려져 현재 한국은 세계적으로 유명한 공룡 발자국화석 산지가 되었다. 발자국화석은 경상누층군*이 드러난 곳을 잘 찾아보면 발견될 수 있을 정도로 많은 지역에서 산출되고 있다. 따라서 나무나 풀로 덮이지 않은 해안가나 하천바닥, 그리고 공사에 의해 지층이 인위적으로 드러난 곳에서 자주 발견된다.

풍부하게 산출되는 공룡 발자국화석에 비해 골격화석의 산출은 아직 미미하다. 그 이유는 경상누층군 지층들이 심한 지각운동을 받아 단단하게 고화되어 있으며 지층들 대부분이 나무와 풀로 덮여 있어 공룡뼈 발견이 쉽지 않은 까닭도 있겠지만, 가장 중요한 것은 지금까지 우리가 한국의 공룡에 대해 많은 관심을 갖지 않았고 체계적인 탐사도 이루어지지 않았기 때문이다. 공룡 발자국화석과 뼈

* **경상누층군** 경상남북도와 전라남도 일대에 분포하는 약 1억 년 전에 형성된 전기와 중기 백악기 시층들로 바다에서 형성된 것이 아니라 강과 호수의 퇴적물이 쌓여 이루어진 육성층이기 때문에 육상동물인 공룡이 화석으로 보존되기에 좋은 지질학적 조건을 갖고 있다.

의 산출빈도가 대부분의 경우 일치하지는 않지만 수많은 발자국화석으로 미루어보아 경상누층군에서 다양한 공룡들이 발견될 가능성은 매우 높다. 현재까지 주로 의성과 합천, 그리고 진주와 남해 등지에서 뼈가 발견되고 있으나 화석들은 주로 골격의 일부이거나 화석화 과정에서 손상을 많이 받아 형태를 구분하기 어려운 것이 대부분이다.

1. 공룡화석

공룡알

우리나라의 공룡연구는 1972년 경북대 양승영 교수가 경남 하동군 금남면 수문동에서 알화석을 찾으면서 시작되었다. 이전에 한반도에는 어떠한 공룡의 흔적도 알려지지 않았기 때문에 그는 독일 본대학에 알화석의 감정을 의뢰, 공룡알이라는 감정을 받았다. 그는 1996년 같은 장소에서 최소한 6개 이상의 공룡알 파편이 회색 이암(泥岩) 속에 박혀 있는 것을 발견하고 채집하였다.

그후 1999년 봄 경기도 시화호에서 지질과 생태 조사를 하던 해양연구소 정갑식 박사와 '희망을 주는 시화호 만들기 시민연대' 최종인 회장은 이상한 구형(球形)의 화석을 발견하고 필자에게 연락을 해왔다. 이곳을 함께 조사한 결과 시화호 내

에는 최소한 2종의 공룡알 화석이 3~12개(직경 11~15cm)씩 모여 수많은 둥지를 이루고 있는 것이 확인되었다. 현재까지 간단한 지표조사를 통해 약 20개 이상의 공룡알 둥지와 150개 이상의 공룡알 위치를 파악했다. 이렇게 여러 층에서 산출되는 공룡알과 둥지로 미루어보아 과거 이곳은 공룡들의 집단산란지였던 것이 분명하며, 또한 공룡알과 함께 나무화석 및 여러 다양한 흔적화석이 산출됨에 따라 공룡 산란지의 정확한 복원 연구가 가능하게 되었다.

이렇듯 공룡알 둥지가 대규모로 발견된 것은 전 세계적으로 매우 드문 일로서 현재 필자와 해양연구소는 경기도와 화성군의 지원을 받아 시화호 일대를 체계적으로 조사하고 있다. 시화호와 함께 최근 전남 보성 득량면 해안과 경남 고성군 고성읍 해안에서도 공룡알이 발견되어 이 지역에 대한 정확한 조사가 이루어지고 있다.

용각류

1973년 경북 의성 탑리에서 처음으로 공룡의 골격화석 일부가 부산대 김항묵 교수에 의해 발견되었다. 발견된 뼈는 그후 경북대 장기홍 교수가 재발견하고 발굴하여 경북대에 보관하고 있다. 이 뼈는 김항묵 교수에 의해 용각류의 오른쪽 아래팔뼈인 척골(尺骨)의 일부로 동정(同定)되어 울트라사

오른쪽/경북 의성고속도로 산사면에 노출되어 있는 용각류의 뼈(가운데 흰 부분)

아래/경기도 화성군 시화호에서 발견된 공룡알 둥지

밝혀지지 않은 가상의 한국 용각류

우루스 탑리엔시스(*Ultrasaurus tabriensis*)라는 새로운 이름이 붙여졌다. 그러나 1997년 이 뼈를 다시 조사한 필자는 이 뼈가 척골이 아니라 왼쪽 상완골의 윗부분이며 또한 뼈가 너무나 불완전하기 때문에 새로운 공룡으로 정의할 수 있는 어떠한 특징이 없음을 밝혔다.

그밖의 용각류 화석은 양승영 교수에 의해 경남 진주 유수리에서 발견된 세 종류의 이빨이 있다. 이들 이빨화석은 한반도에도 다양한 용각류가 서식하고 있었음을 말해준다. 특히 이들 전기 백악기 용각류는 전세계적으로 많이 발견되지 않기 때문에 비록 이빨화석이지만 매우 중요하다. 이 가운데 한 개의 이빨은 중국에서 발견된 것과 동일한 종류의 것으로 키아유사우루스(*Chiayüsaurus*)에 속하는 새로운 종, 키아유사우루스 아시아넨시스(*Chiayüsaurus asianensis*)로 판명되었다. 이는 동일한 종류의 공룡이 중국과 한반도에 살았다는 것을 알려주는 첫 번째 화석기록이란 점에서 중요하다. 키아유사우루스는 쥐라기에 아시아에서 기원한 에유헬로푸스류(*Euhelopodidae*)에 속하는

용가류이다.

그외의 용각류 골격화석으로 추정되는 뼈가 최근 의성고속도로 매표소의 산사면에 박힌 채로 발견되었다. 뼈의 길이는 약 1m로 매우 큰데 유감스럽게도 발견 당시 뼈의 반쪽은 도로 개설 때 이미 잘려나간 상태였다. 이 뼈 주위에는 조그만 뼛조각들이 많이 박혀 있어 뼈가 포함된 층을 따라 발굴을 한다면 우리나라에서 처음으로 대규모의 공룡화석이 발견될 가능성이 매우 높은 곳이다. 그러나 이곳은 연구지원 단체의 무관심 속에서 방치되어 있는 상태이다.

용각류의 발자국은 맨 처음 경남 고성 덕명리 지역에서 발견되었다. 여기서는 지금까지 120개의 용각류 보행열이 산출되었는데 발자국 크기도 20cm에서 1m에 이르기까지 다양하다. 특히 이곳은 세계의 다른 용각류 발자국 산지와 다르게 15cm 이하의 크기를 가진 어린것들이 많이 나타난다. 최근 전남 해남군 우항리에서 발굴된 용각류 발자국은 세계적으로 기존에 보고된 바 없는 매우 독특한 형태이다. 1997년부터 발굴이 시작되었으

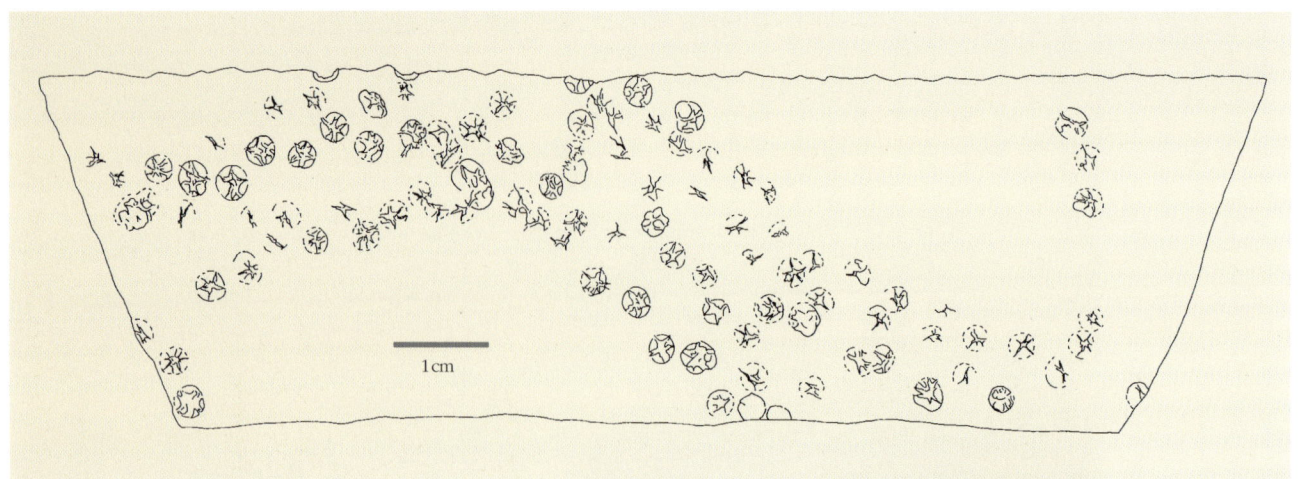

며 여기서 확인된 발자국 수는 총 105개이다. 모든 발자국들은 원형의 윤곽을 가지며 발자국 내부에는 위로 솟아오른 부분이 별 모양으로 불규칙하게 나타나는데, 이것들은 발자국 중심에서 방사향으로 뻗어나가는 공통적인 형태를 가지고 있다.

발굴된 발자국은 모두 용각류의 앞발자국이며 단 하나의 뒷발자국도 남아 있지 않다. 그 이유는 용각류가 물속에서 부력에 의해 뒷발이 뜬 채 앞발로만 걸었기 때문이다. 이러한 유형의 발자국은 미국 텍사스주를 비롯해 세계에서 여러 차례 보고된 바 있는데 특히 우항리의 발자국은 내부에 별 모양을 남긴 점이 독특하다. 이것은 실제 용각류의 발바닥이 어떻게 생겼는가에 대한 중요한 정보를 처음으로 암시해주는 것이다. 발자국들이 폭 6m 범위 내에서 제한되어 나타나므로 보행열은 동시에 만들어진 것으로 해석된다. 보행길이로 판단해보면 발자국을 남긴 용각류의 크기는 최소한 7m가 넘을 것으로 추정된다.

위 / 전남 해남 우항리에서 발굴되어 연구를 위해 도면에 옮겨진 용각류 발자국들. 최소 4개의 보행열이 확인된다.

왼쪽 / 우항리에서 발굴 중인 거대한 용각류 발자국들

수각류

지금까지 경상누층군에서 발견된 수각류의 화석은 불완전한 이빨 네 개와 앞발톱 한 개이다. 모든 육식공룡의 이빨은 단검처럼 매우 단순한 구조이기 때문에 이빨 형태에 의해서 육식공룡을 분류하기는 매우 어렵다. 경남 진주 유수리에서 발견된

텍사스 글렌로즈에 남겨진 용각류 앞발자국 화석에 대한 해석

약 5cm 크기의 이빨도 뒷면에 스테이크칼처럼 작은 톱니형 구조가 나타나는 전형적인 육식공룡의 이빨이다. 앞면은 칼처럼 날카롭게 날이 서 있다. 같은 지역에서 발견된 앞발톱뼈는 약 5cm의 크기로 낫처럼 날카롭게 휘어져 있다. 이러한 단편적인 뼈를 가지고 한반도에 어떠한 육식공룡이 살았는지를 추정하기는 아직 무리다.

수각류의 발자국은 경북 의성 일대와 경남 고성 덕명리에서 산출된다. 이들 수각류의 발자국은 길이가 폭보다 훨씬 길어 조각류의 것과 쉽게 구별된다. 또한 발가락이 매우 가늘고 발가락끝에 날카로운 발톱자국이 남아 있는 것이 특징이다. 일반적으로 수각류의 보폭은 조각류보다 매우 커서 이들이 빠르게 달릴 수 있었음을 알 수 있다.

조각류

유감스럽게도 경상누층군에서 아직 조각류의 것으로 확신할 수 있는 뼈가 하나도 발견되지 않았다. 그러나 조각류 발자국은 우리나라 전체 공룡 발자국 중 80%를 차지할 만큼 많이 발견된다.

특히 경남 고성군 덕명리를 중점 연구한 경북대 임성규 교수는 상족유원지에서 실바위까지 6km의 해안 절벽에 발달하는 약 110m 두께의 진동층

오른쪽 위/경북 의성에서 발견된 수각류의 발자국

오른쪽 아래/경남 고성 덕명리 해안에 나란히 남겨진 조각류의 발자국들

아래/컴퓨터 그래픽으로 복원한 한국의 조각류 골격

을 조사하였다. 이곳에는 총 329개의 발자국을 가진 층리면이 발달하는데 최소한 512개의 공룡 보행열들이 산출된다. 이 가운데 252개의 층리면에서 조각류의 보행열이 확인되었다. 이렇듯 한 지역에서 엄청나게 많은 발자국이 발견된 곳은 전세계적으로도 매우 드물다.

전기 백악기에 살았던 대표적인 큰 조각류로는 테논토사우루스, 이구아노돈, 그리고 중부 백악기의 우리주둥이공룡을 들 수 있다. 경상누층군에 3,000개 이상의 발자국을 남긴 조각류가 어떤 종류인지는 아직 뼈가 발견되지 않았으므로 확실하지 않다. 다만 전기 백악기 조각류의 발자국화석 중 대표적인 카리리크니움(Caririchnium)이라 명명된 발자국은 이족보행과 사족보행을 모두 나타낸다. 또한 발자국을 조사해보면 이들은 매우 느리게 걸었으며 보폭이 매우 좁고 비둘기처럼 안짱다리로 뒤뚱뒤뚱 걸었다는 것을 알 수 있다. 또한 여러 개의 발자국 보행열이 평행하게 나타나 이들이 무리를 지어 다녔다는 것도 알 수 있다.

2. 익룡

익룡은 물론 공룡이 아니라 하늘을 나는 파충류지만, 해양파충류인 어룡·수장룡과 함께 중생대 생태계의 중요한 구성원이었다. 전남 해남군 우항리의 우항리층에서는 공룡 발자국, 새 발자국과 함께 40여 개의 익룡 발자국이 발견되었다. 이곳의 퇴적층은 해안을 따라 10km가량 연장되어 잘 발달했는데 특히 과거에서부터 퇴적층에 협재한 흑색 세일(shale)에 석유 함유 가능성이 있다 하여 주목받은 곳이다.

이곳의 익룡 발자국은 아시아에서는 처음 발견된 것이며 세계에서는 일곱번 째로 발견된 매우 귀중한 화석이다. 발견된 익룡 발자국은 뒷발의 크기가 최대 35cm로서 지금까지 알려진 익룡 발자국 중 가장 크며, 또한 백악기 익룡 발자국에서는 처음으로 쥐라기 익룡 발자국처럼 다섯째 발가락 자국이 나타나는 특징을 보인다.

우항리의 발자국은 익룡이 두 발로 걸었나 아니면 네 발로 걸었나 하는 격렬한 논쟁에서 익룡이

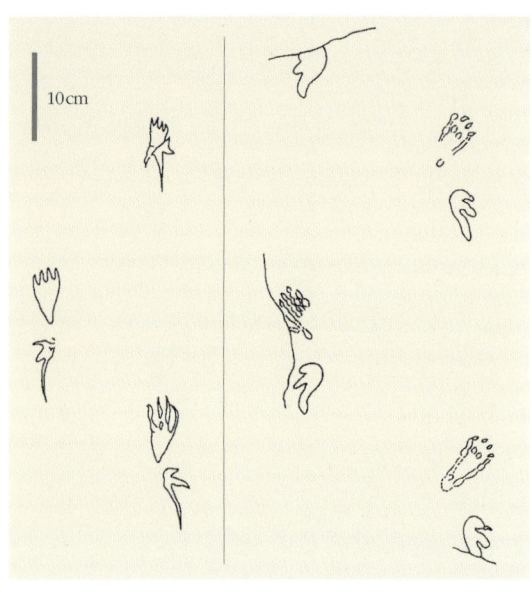

미국 애리조나주와 와이오밍주에서 발견된 전형적인 익룡 발자국

사족보행을 했음을 분명히 보여준다. 익룡의 발자국은 앞발과 뒷발이 서로 전혀 다른 형태를 가지고 있는데 앞발자국은 첫째, 둘째, 셋째 발가락으로만 만들어지기 때문에 사람의 귀와 같은 형태이며 반면에 뒷발자국은 사람의 발자국처럼 길쭉한 타원형이다.

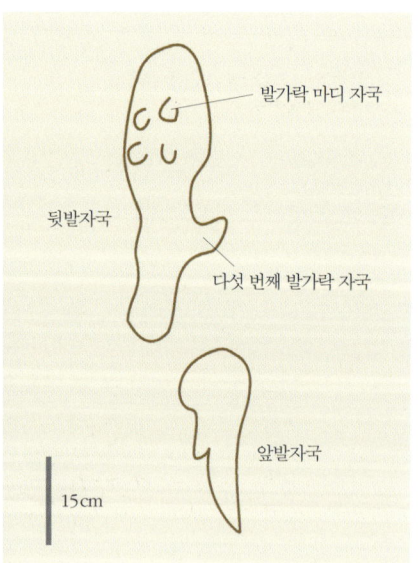

발가락 마디 자국

뒷발자국

다섯 번째 발가락 자국

앞발자국

위 / 전남 해남 우항리에서 발견된 아시아 최초의 익룡 발자국

왼쪽 / 컴퓨터 그래픽으로 복원한 한국의 익룡 골격

3. 새

경상누층군에서 공룡 발자국화석들이 계속 발견되던 중 경남 고성군 덕명리에 공룡 발자국과 함께 새 발자국이 존재해 학계의 관심을 끌었다. 그러나 우리나라에서 맨 처음 새 발자국이 기재된 것은 1969년 서울대 김봉균 교수에 의해서였다. 마산시 북쪽 12km 지점에 노출되어 있는 함안층에서 발견된 것인데, 당시는 그 발견이 가지는 중요성에 대해서 알지 못했다.

현재 경상누층군에서 발견되는 다양한 새 발자국은 학술적으로 매우 중요하다. 후기 쥐라기에 시

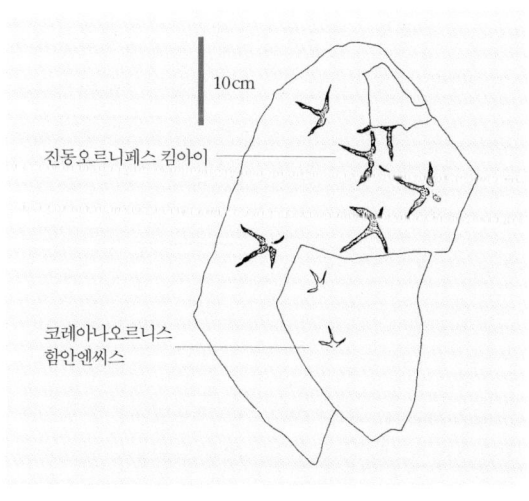

진동오르니페스 킴아이

10cm

코레아나오르니스
함안엔씨스

한국에서 처음으로 명명된 4종류의 새 발자국

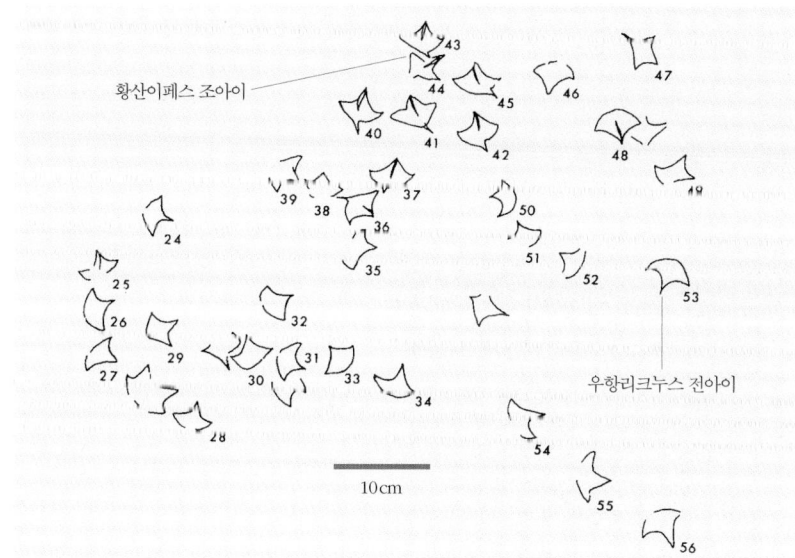

황산이페스 조아이

우항리크누스 전아이

10cm

조새가 처음 출현한 후, 백악기 새의 골격화석은 매우 드물기 때문에 중생대 새의 진화에 대한 충분한 증거가 없는 상태이다. 따라서 골격화석은 아니지만 백악기에 존재하는 새 발자국들은 간접적으로 중생대 새의 진화에 관한 귀중한 정보를 제공한다. 1931년 미국 콜로라도의 백악기 지층에서 맨 처음 새 발자국화석이 기재된 후 새 발자국화석은 북미와 아시아에서 드물게 발견되어왔다.

경상도에서 발견된 새 발자국은 두 종류로서 코레아나오르니스 함안엔시스(*Koreanaornis hamanensis*)와 진동오르니페스 킴아이(*Jindongornipes kimi*)이다. 코레아나오르니스는 크기가 2.5~4.4cm로 작아 발자국을 남긴 새는 현생 물떼새와 비슷한 새로 추정된다. 반면에 진동오르니페스는 상당히 큰 네 발가락의 새 발자국으로 첫째발가락 자국이 아주 잘 보존되어 있다. 발자국 폭은 6.5~7.5cm이며 길이는 첫째발가락을 포함하면 8cm에 이른다.

전남 해남군 우항리에서 발견된 새 발자국은 두 종류로 모두 발가락 사이에 물갈퀴가 있다. 우항리크누스 전아이(*Ubangrichnus chuni*)는 둘째와 셋째, 셋째와 넷째 발가락 사이에 분명한 물갈퀴 자국이 나타난다. 첫째발가락의 흔적 없이 세 발가락만이 남아 있다. 발자국의 평균 폭은 4.58cm이고 길이는 3.7cm이다. 이러한 발자국을 남긴 새는 상대적으로 크기가 매우 작아 호숫가에 서식하던 새로 추정된다. 발자국의 크기와 형태는 현생 오리류와 매우 유사하다. 많은 발자국이 좁은 공간에 찍혀 있는 것으로 보아 몇 마리가 먹이를 찾아 이리저리 천천히 움직였을 것이다. 다른 한 종류는 황산이페스 조아이(*Hwangsanipes choughi*)로 우항리크누스가 보존된 층준에 함께 나타난다. 그러나 우항리크누스처럼 둘째와 넷째 발가락 사이에는 물갈퀴가 있으나 우항리크누스와는 다르게 뒤쪽으로 잘 발달된 첫째발가락 자국이 나타난다. 발자국의 평균 폭은 6.26cm이고 첫째발가락을 제

외한 길이는 4.86cm이다.

이들 새 발자국화석은 기존에 알려진 중생대의 새 발자국과는 달리 물갈퀴를 가졌다는 점에서 특이하다. 이는 기존 화석보다 4000만 년 정도 오래된, 세계에서 가장 오래된 물갈퀴새 발자국이다. 과거에 물갈퀴를 가진 물떼새는 후기 백악기의 조상에서 신생대 중기에 첫 번째 오리로 진화했다고 여겨져왔다. 따라서 물갈퀴새는 공룡시대인 중생대에는 아직 진화하지 않은 것으로 여겨졌다. 그러나 우항리크누스와 황산이페스의 존재로 이미 중부 백악기에 이들이 진화해 공룡과 익룡을 포함한 다른 파충류들과 서식지를 공유했음이 확인되었다. 최근 진주시 경남과학고 구내 공사장과 거제도 일대 해안에서 수천여 개의 새 발자국이 새로 발견됐다. 여기서는 우항리크누스가 코레아나오르니스, 진동오르니페스와 같은 층준에서 함께 산출된다. 이에 따라 물갈퀴 발자국과 물갈퀴 없는 발자국을 남긴 새들이 서식지를 공유했음을 알 수 있다.

이렇듯 다양한 새 발자국이 산출됨으로써 한국은 세계에서 가장 중요한 새 발자국 기록을 가진 나라가 되었다. 지금까지 백악기 지층에서 알려진 새 발자국 7속 7종 중 한국에서 처음으로 이름 붙여진 4속 4종의 새 발자국화석이 경상누층군에서 보고되어 당시 다양한 새가 한반도에 서식하고 있었음을 말해준다. 이들은 또한 중부 백악기에 이미 다양한 물떼새가 진화했음을 증명하고 있다. 특히 우항리의 새 발자국은 익룡 발자국과 함께 나타남으로써 익룡과 새가 서식지를 공유한다는 사실이 처음으로 밝혀졌다. 이들이 같은 장소에서 같은 먹이를 섭취했는지는 알 수 없다. 그러나 우항리에서 산출된 익룡은 35cm의 발자국 크기로 판단하면 굉장히 큰 동물이기 때문에 주로 물고기를 먹었을 것이다. 최근 다양한 물고기화석이 경상누층군으로부터 보고되고 있어 이를 뒷받침해준다.

*

요약해보면 우리나라는 공룡화석을 포함한 육상 척추화석이 산출될 좋은 지질학적 조건을 갖고 있다. 현재까지 경상누층군으로부터 공룡·익룡·새의 풍부한 발자국화석이 발견되고 있으며 그 학술적 가치도 세계적이다. 발자국화석에 비해 뼈화석은 아직 단편적이지만 공룡뼈 이외에도 거북·악어·물고기 뼈 등이 발견되고 있어 한반도에는 지금까지 우리가 생각했던 것보다 매우 다양한 척추동물들이 서식했다는 것을 알 수 있다.

계속적인 관심을 기울이고 연구를 한다면 앞으로 새로운 공룡이 발굴될 가능성은 매우 크다. 그 좋은 예가 최근 시화호에서 발견된 공룡의 집단산란지이다. 이러한 공룡 화석지의 발견은 전세계적으로 매우 드문 경우이며 공룡생태의 비밀을 풀 수 있는 귀중한 자료로서, 우리나라 공룡연구의 수준을 한 차원 높이는 계기가 될 것이다.

참고문헌

Alexander, R. McNeill (1994). *Bones: The Unity of Form and Function*. A Peter N. Nevraumont Book.

Andrews, R.C. (1932). *The New Conquest of Central Asia*. Natural History of Central Asia, Vol I. The American Museum of Natural History.

Benton, Michael J. (1990). *Vertebrate Paleontology*. Unwin Hyman Ltd.

Bird, Roland T. (1985). *Bones for Barnum Brown: Adventures of a fossil hunter*. Ed. V. Theodore Schreiber. Texas Christian University Press.

Carpenter, K., Hirsch, K.F., and Horner, J.R. eds. (1994). *Dinosaur Eggs and Babies*. Cambridge University Press.

Carroll, Robert L. (1988). *Vertebrate Paleontology and Evolution*. W. H. Freeman and Company.

Carroll, Robert L. (1997). *Patterns and Processes of Vertebrate Evolution*. Cambridge Paleobiology Series 2. Cambridge University Press.

Currie, P.J., and Padian, K. eds. (1997). *Encyclopedia of Dinosaurs*. Academic Press.

Currie, Philip J., and Zhao, Xi-Jin. (1993). "A new carnosaur (Dinosauria: Theropoda) from the Jurassic of Xinjiang, People's Republic of China." *Canadian Journal of Earth Sciences*, 30 (11&12): 2037~81.

Czerkas, Sylvia J., and Czerkas, Stephen A. (1995). *Dinosaurs: A Global View*. Barnes & Nobles Books.

Czerkas, Sylvia J., and Olsen, Everett C. eds. (1987). *Dinosaurs: Past and Present*. Vol I~II. Natural History Museum of Los Angeles County.

Dingus, Lowell (1996). *Next of Kin*. Rizzoli International Publications, Inc.

Dixon, Dougal (1993). *Dougal Dixon's Dinosaurs*. Boyds Mills Press.

Dodson, Peter (1990). "Counting dinosaurs: How many kinds were there?" *Proceedings of the National Academy of Sciences, USA* 87: 7608~12.

Dodson, Peter (1996). *The Horned Dinosaurs*. Princeton University Press.

Farlow, James O. (1981). "Estimates of dinosaur speeds from a new trackway site in Texas." *Nature*, 294: 747~48.

Fukui Prefectural Museum (1995). *Dinosaurs of the Tetori Group in Japan*. Fukui Prefectural Museum.

Gillette, David D. (1994). *Seismosaurus: the Earth Shaker*. Columbia University Press

Hecht, M.K., Ostrom, J.H., Viohl, G., and Wellnhofer, P. eds. (1985). *The Beginning of Birds*. Freunde des Jura-Museums, Eichstatt.

Heilman, G. (1926). *The Origin of Birds*. Appleton.

Horner, J. R., and Gorman, J. (1988). *Digging Dinosaurs*. Workman Publishing.

Jacobs, Louis L. (1993). *Quest for the African Dinosaurs: Ancient Roots for the Modern World*. Villard Books.

Jacobs, Louis L. (1997). *Lone Star Dinosaurs*. Texas A & M University Press.

Janus, Horst (1992). *Guide to the Löwentor Museum*. Stuttgarter Beiträge zur Naturkunde, Series C, Nr. 27 (E). Staatliches Museum für Naturkunde Stuttgart and Gesellschaft zur Förderung des Naturkundemuseums in Stuttgart, e. V.

Lee, Yuong-Nam (1994). "The Early Cretaceous pterodactyloid pterosaur Coloborhynchus from North America." *Paleontology* 37 (4): 755~63.

Lee, Yuong-Nam (1996). "A new nodosaurid ankylosaur (Dinosauria: Ornithischia) from the Paw Paw Formation (late Albian) of Texas." *Journal of Vertebrate Paleontology* 16 (2): 232~45.

Lee, Yuong-Nam (1997). "Archosaurs from the Woodbine Formation (Cenomanian) in Texas." *Journal of Paleontology*, 71 (6): 1147~56.

Lee, Yuong-Nam (1997). "Dinosaur and bird footprints from the Woodbine Formation (Cenomanian), Texas." *Cretaceous Research* 18 (6): 849~64.

Lessem, D., and Glut, D. F. (1993). *The Dinosaur Society's dinosaur encyclopedia*. Random House.

Lockley, Matin G. (1991). *Tracking Dinosaurs: A New Look at an Ancient World*. Cambridge University Press.

Lucas, Spencer G. (1993). "Dinosaur remains put state on map." *New Mexico*, 71 (1): 48~53.

Maisey, John G. ed. (1991). *Santana Fossils: An Illustrated Atlas*. T. F. H. Publications, Inc.

Maisey, John G. (1996). *Discovering Fossil Fishes*. Henry Holt and Company.

Norman, David (1985). *The Illustrated Encyclopedia of Dinosaurs*. Crescent Books.

Norman, David (1991). *Dinosaurs!* Prentice Hall.

Novacek, M. J. (1996). *Dinosaurs of the Flaming Cliffs*. Anchor/Doubleday.

Ostrom, J. H., and McIntosh, J. S. (1966). *Marsh's Dinosaurs: The Collection from Como Bluff*. Yale University Press.

Paul, Gregory S. (1988). *Predatory Dinosaurs of the World: A Complete Illustrated Guide*. A New York Academy of Sciences Book.

Preiss, B., and Silverberg, R. eds. (1992). *The Ultimate Dinosaur*. Bantam Books.

Psihoyos, Louie. (1994). *Hunting Dinosaurs*. Random House.

Publication International, Ltd. (1990). *Encyclopedia of Dinosaur*. Publication International, Ltd.

Romer, Alfred S. (1956). *Osteology of the Reptiles*. The University of Chicago Press.

Rosenberg, G. D., and Wolberg, D. L. eds. (1994). *Dino Fest*. The Paleontological Society Special Publication.

Sereno, Paul C., and Novas, Fernando E. (1992). "The complete skull and skeleton of an early dinosaur." *Science*, 256: 1137~40.

The Natural History Museum (1993). *The Natural History Museum Book of Dinosaurs*. Carlton Books Limited.

Wallace, Joseph (1994). *The American Museum of Natural History's Book of Dinosaurs and Other Ancient Creatures*. Prion.

Weishampel, D. B., Dodson, P., and Osmolska, H. eds. (1990). *The Dinosauria*. Univeristy of California Press.

Wellnhofer, Peter (1991). *The Illustrated Encyclopedia of Pterosaurs*. Crescent Books.

Ziegler, Willi (1988). *Nautral History Museum Senckerg Guide*. Klenie Senckenberg-Reihe Nr. 2.

Zimmer, Carl (1994). "Masters of an Ancient Sky." *Discover*, 15 (2): 42~54.

유정아(1998)『공룡들의 천국』, 푸른숲.

공룡일람표

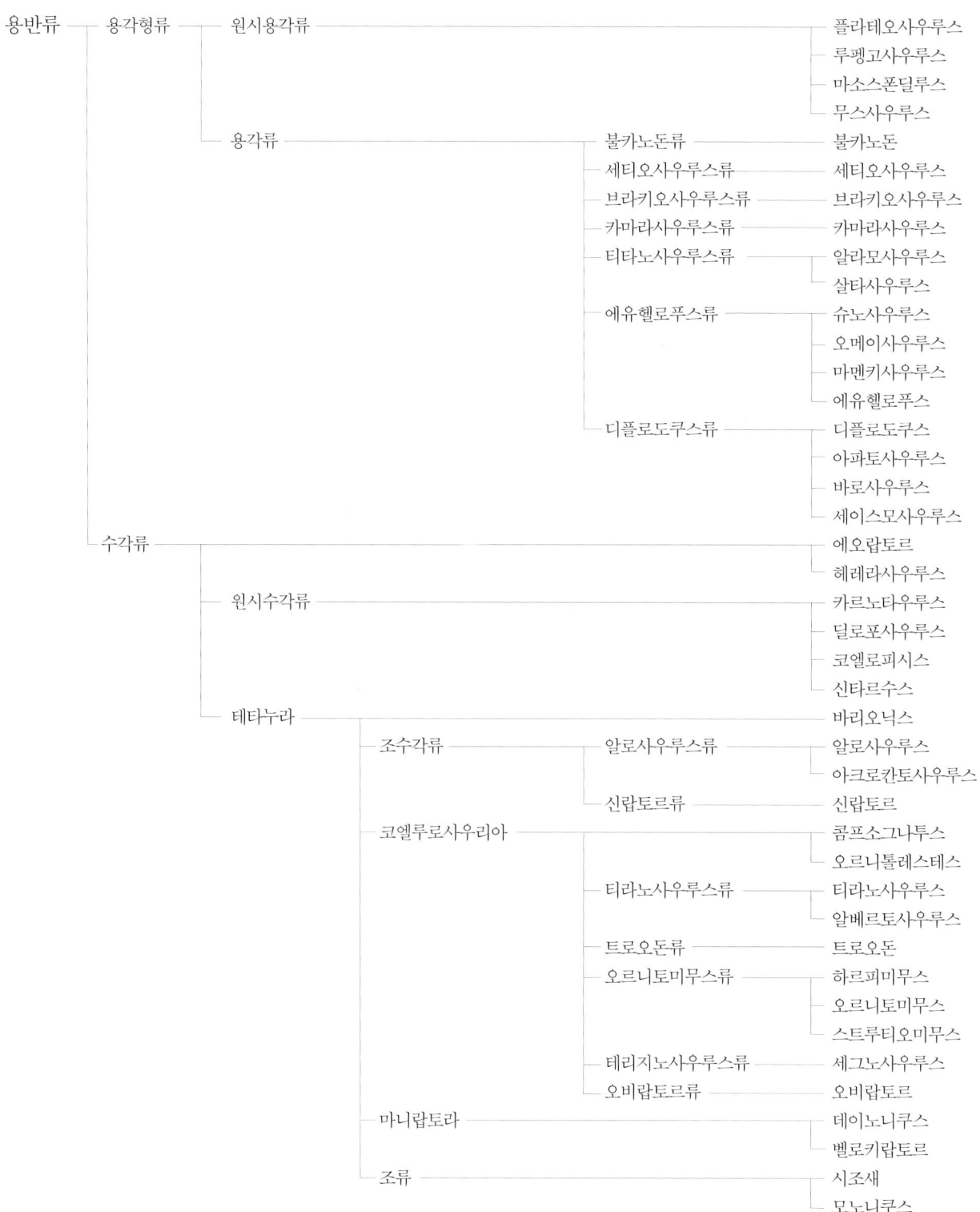

용반류 ─┬─ 용각형류 ─┬─ 원시용각류 ───────────── 플라테오사우루스
        │   │   루펭고사우루스
        │   │   마소스폰딜루스
        │   │   무스사우루스
        │   └─ 용각류 ─┬─ 불카노돈류 ──── 불카노돈
        │   │ 세티오사우루스류 ── 세티오사우루스
        │   │ 브라키오사우루스류 ── 브라키오사우루스
        │   │ 카마라사우루스류 ── 카마라사우루스
        │   │ 티타노사우루스류 ─┬ 알라모사우루스
        │   │   └ 살타사우루스
        │   ├─ 에유헬로푸스류 ─┬ 슈노사우루스
        │   │   │ 오메이사우루스
        │   │   │ 마멘키사우루스
        │   │   └ 에유헬로푸스
        │   └─ 디플로도쿠스류 ─┬ 디플로도쿠스
        │   │ 아파토사우루스
        │   │ 바로사우루스
        │   └ 세이스모사우루스
        └─ 수각류 ─┬─────────────────── 에오랍토르
                    │   헤레라사우루스
                    ├─ 원시수각류 ────── 카르노타우루스
                    │   딜로포사우루스
                    │   코엘로피시스
                    │   신타르수스
                    └─ 테타누라 ─┬───── 바리오닉스
                                 ├─ 조수각류 ─┬ 알로사우루스류 ─┬ 알로사우루스
                                 │   │   └ 아크로칸토사우루스
                                 │   └ 신랍토르류 ───── 신랍토르
                                 ├─ 코엘루로사우리아 ─┬ 콤프소그나투스
                                 │   │ 오르니톨레스테스
                                 │   │ 티라노사우루스류 ─┬ 티라노사우루스
                                 │   │   └ 알베르토사우루스
                                 │   │ 트로오돈류 ──── 트로오돈
                                 │   │ 오르니토미무스류 ─┬ 하르피미무스
                                 │   │   │ 오르니토미무스
                                 │   │   └ 스트루티오미무스
                                 │   │ 테리지노사우루스류 ── 세그노사우루스
                                 │   └ 오비랍토르류 ──── 오비랍토르
                                 ├─ 마니랍토라 ─────── 데이노니쿠스
                                 │   벨로키랍토르
                                 └─ 조류 ──────────── 시조새
                                                       모노니쿠스

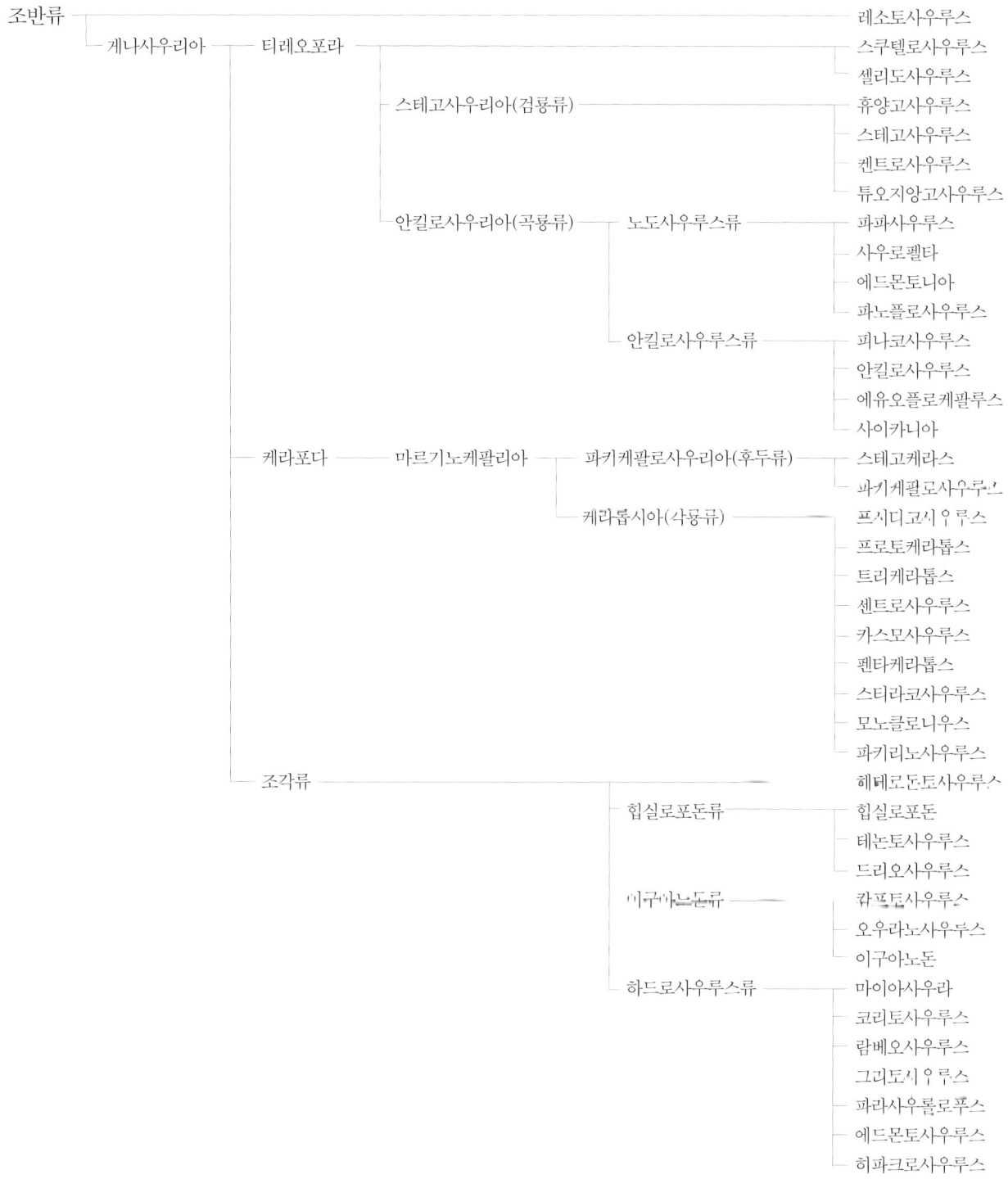

조반류
게나사우리아 ─ 티레오포라 ─ 레소토사우루스
                        ─ 스쿠텔로사우루스
                        ─ 셀리도사우루스
            ─ 스테고사우리아(검룡류) ─ 휴양고사우루스
                        ─ 스테고사우루스
                        ─ 켄트로사우루스
                        ─ 튜오지앙고사우루스
            ─ 안킬로사우리아(곡룡류) ─ 노도사우루스류 ─ 파파사우루스
                                        ─ 사우로펠타
                                        ─ 에드몬토니아
                                        ─ 파노플로사우루스
                        ─ 안킬로사우루스류 ─ 피나코사우루스
                                        ─ 안킬로사우루스
                                        ─ 에유오플로케팔루스
                                        ─ 사이카니아
케라포다 ─ 마르기노케팔리아 ─ 파키케팔로사우리아(후두류) ─ 스테고케라스
                                        ─ 파키케팔로사우루스
                        ─ 케라톱시아(각룡류) ─ 프시타고사우루스
                                        ─ 프로토케라톱스
                                        ─ 트리케라톱스
                                        ─ 센트로사우루스
                                        ─ 카스모사우루스
                                        ─ 펜타케라톱스
                                        ─ 스티라코사우루스
                                        ─ 모노클로니우스
                                        ─ 파키리노사우루스
조각류 ─ 헤테로돈토사우루스
        ─ 힙실로포돈류 ─ 힙실로포돈
                    ─ 테논토사우루스
                    ─ 드리오사우루스
        ─ 이구아노돈류 ─ 캄프토사우루스
                    ─ 오우라노사우루스
                    ─ 이구아노돈
        ─ 하드로사우루스류 ─ 마이아사우라
                    ─ 코리토사우루스
                    ─ 람베오사우루스
                    ─ 그리포사우루스
                    ─ 파라사우롤로푸스
                    ─ 에드몬토사우루스
                    ─ 히파크로사우루스

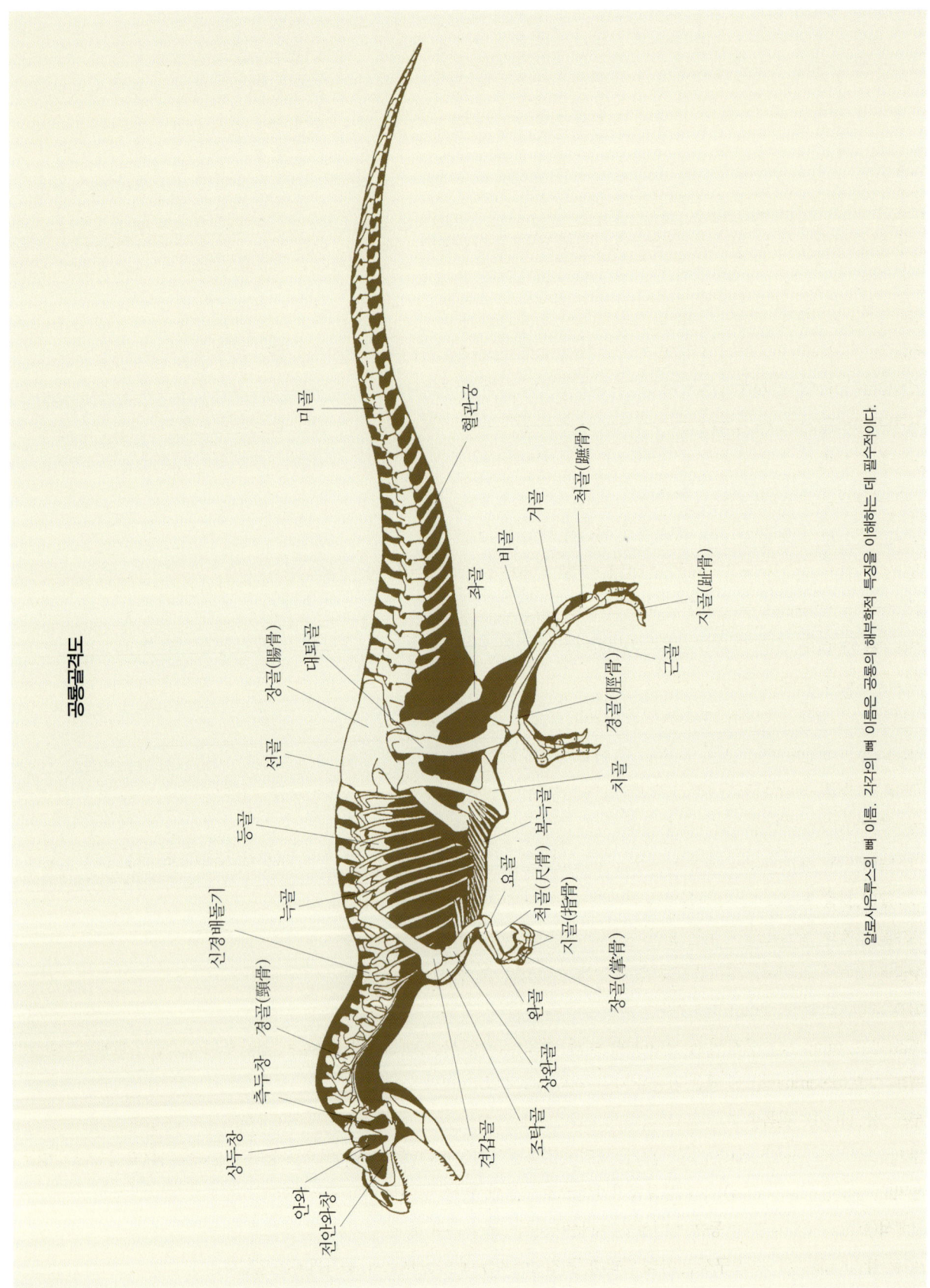

공룡골격도

상두장
안와
전안와창
측두창
조탁골
전안와창 경골(頸骨)
신경배돌기
늑골
등골
신골
장골(腸骨)
대퇴골
미골

상완골
완골
지골(指骨)
장골(掌骨)
전완골
척골(尺骨)
요골
보늑골
치골

좌골(坐骨)
비골
경골(脛骨)
거골
근골
지골(趾骨)
지골(跖骨)
환관구

앞도사우루스의 뼈 이름. 각각의 뼈 이름은 공룡이 해부학적 특징을 이해하는 데 필수적이다.

212

용어 해설

거골(距骨, astragalus): 경골, 근골과 함께 연결된 부절(節, tarsal)뼈로 발목을 형성한다.

견갑골(肩胛骨, scapula): 견대에 있는 뼈 중의 하나로 상완골로 이어진다.

경골(頸骨, cervical vertebra): 목뼈

경골(脛骨, tibia): 두 개로 구성된 아래 다리뼈 중 비골(종아리뼈) 앞에 있는 뼈로서, 정강이뼈를 말한다.

계통발생(系統發生, phylogeny): 생물들이 원시상태에서 현재까지 거쳐온 진화의 과정

계통분류학(系統分類學, phylogenetic systematics): 생물의 다양성과 그들 사이의 관계를 다루는 학문

고유종(固有種, endemic species): 어느 특수한 지역이나 환경에 국한하여 분포하는 종

골단(骨端, epiphysis): 긴 뼈의 끝부분

골즐(骨櫛, crest): 파충류, 조류, 포유류의 머리에 발달한 돌기 덩어리

골판(骨板, dermal plates): 피부를 덮고 있는 커다란 판 모양의 뼈

골편(骨片, dermal scutes): 피부를 덮고 있는 작고 얇으며 납작한 뼈

광충작용(鑛充作用, permineralization): 뼛속의 조그만 공간에 광물질이 침전되어 화석하되는 작용

구개골(口蓋骨, palatine): 입천장뼈

구와관절(球窩關節, ball-and-socket): 볼과 볼을 감싸는 구조로 구성된 접합관절

근골(跟骨, calcaneum): 발의 뒷부분 혹은 뒤꿈치를 형성하는 뼈

냉혈성(冷血性, ectothermy): 신진대사를 위해 외부환경으로부터 대부분의 열에너지를 얻는 능력

늑골(肋骨, rib): 갈비뼈

단궁형(單弓型, synapsids): 파충류 중 안구 뒤에 하두창(下頭窓)이 발달한 동물로, 포유류형 파충류와 포유류가 이에 속한다.

대퇴골(大腿骨, femur): 척추동물의 넓적다리뼈로 요대와 연결되는 잇다리뼈

두개골(頭蓋骨, braincase): 뇌를 둘러싸 보호하는 머리뼈 부분

무궁형(無弓型, anapsids): 파충류 중 안구 뒤에 두창(頭窓)이 없는 동물로, 거북이 이에 속한다.

미골(尾骨, caudal vertebra): 꼬리뼈

배갑(背甲, carapace): 동물의 몸 전체나 윗부분을 덮고 있는 키틴질이나 골격의 껍데기로, 거북 등의 경골편이 이에 해당한다.

벨렘나이트(belemnites): 딱딱한 껍질을 가진 두족류(頭足類)의 하나

부골(骨, tarsal): 발목뼈

분기분류학(分岐分類學, cladistics): 생물군 형질의 진화된 특징을 통해 계통발생학적으로 상대적 진화에 의해 분류하는 방법론

분기도(分岐圖, cladogram): 분기분류학의 방법으로 계통발생학적 관계를 나타내는 그림

분화석(糞化石, coprolite): 동물의 배설물, 즉 분이 화석으로 보존된 것

비골(骨, fibula): 두 개로 구성된 아래 다리뼈 중 정강이뼈 뒤에 있는 뼈로서, 종아리뼈를 말한다.

뼈화석층(bone bed): 화석뼈나 뼛조각, 혹은 다른 유기물이 매우 높게 집적된 퇴적층

뼈힘줄(ossified tendon): 척추돌기를 감싸고 있던 힘줄이 화석화된 것

사족보행(四足步行, quadrupedality): 앞다리와 뒷다리를 모두 사용해 걷는 방식

상두창(上頭窓, supratemporal fenestra): 파충류의 머리뼈 중 눈 뒤의 머리 위쪽으로 난 구멍

상완골(上腕骨, humerus): 위팔뼈

생흔화석(生痕化石, trace fossil or ichnofossil): 생물의 활동에 의해 남은 흔적이 화석화된 것

서골(鋤骨, vomer): 코 부분의 뼈로 코뼈의 중심에 있는 뼈

선골(仙骨, sacrum): 요추와 꼬리뼈 사이에 위치하며 3~5개의 교착된 척추로 요대와 연결된다.

성긴 뼈(spongy bone): 치밀하지 않게 사이가 뜬 뼈

성이형성(性二形性, sexual dimorphism): 같은 종에서 암컷과 수컷이 서로 구별되는 특징을 가진 것

셀레늄(Se, Selenium): 황 그룹에 속하는 비금속원소

쇄골(鎖骨, clavicles): 흉골에서 견갑골까지 뻗은 가슴대의 뼈

수렴진화(收斂進化, convergent evolution): 종류가 다른 생물이 독특한 환경에서 살면서 유사한 구조를 갖게 되는 진화 경향

수장룡(首長龍, plesiosaurs): 중생대에 번성했던 긴 목과 지느러미 모양의 발을 가진 해양파충류

슬건(膝腱, hamstring): 무릎 뒤쪽에 있는 근육

신경배돌기(神經背突起, neural spine): 신경궁의 돌기

안와(眼窩, orbit): 눈구멍

암모나이트(ammonites): 연체동물 중 머리가 발달한 두족류 생물로 지질시대를 통해 해양퇴적층에서 풍부하게 산출되며, 복잡한 선 구조가 빠르게 진화해 지층의 시대 결정에 많이 이용된다.

어룡(魚龍, ichthyosaurs): 중생대의 바다에 살던 해양파충류

엄지발가락(hallux): 첫 번째 발가락

에나멜질(enamel): 치관의 표면을 덮어 상아질을 보호하는 조직

온혈성(溫血性, endothermy): 자신의 신진대사를 통해 체온을 조절하는 능력

완골(腕骨, carpal): 손목뼈

완전모식표본(完全模式標本, Holotype): 새로운 종의 서술 기준이 되는 단일 기준표본

완족류(腕足類, brachiopods): 무척추동물에 속하는 하나의 독립된 문(門)으로 해저 바닥에 붙어 살며 크기가 다른 두 개의 껍데기를 갖는다.

요골(橈骨, radius): 팔꿈치뼈 앞에 있는 아래팔뼈

요대(腰帶, pelvic girdle): 골반대. 어류의 배지느러미나 사지동물의 뒷다리를 지지하는 뼈로 장골, 좌골, 치골로 구성

위석(胃石, gastroliths): 소화를 돕기 위해 공룡의 위장 속에 들어 있는 돌

유양막류(有羊膜類, amniotes): 양막을 가진 육상 척추동물로 파충류, 조류, 포유류가 이에 속한다.

이궁형(二弓型, diapsids): 파충류 중 안구 뒤에 측두창(側頭窓)과 머리 위에 상두창(上頭窓)이 발달한 동물로 공룡, 악어, 익룡이 이에 속함

이리듐(Ir, Iridium): 원자번호 77로서 백금속 그룹에 속하는 원소

이명(異名, synomym): 같은 생물이나 사물에 서로 다르게 부여된 명칭

이족보행(二足步行, bipedality): 뒷다리로만 걷는 걸음걸이

익룡(翼龍, pterosaurs): 중생대에 살던 하늘을 나는 파충류

일차뼈(primary bone): 생물이 성장하면서 형성된 뼈

장골(掌骨, metacarpus): 완골과 지골 사이의 손바닥뼈

장골(腸骨, ilium): 요대뼈를 이루는 세 뼈 중 선골과 연결되는 뼈

적응방산(適應放散, adaptive radiation): 동일 계통의 생물이 여러 가지 환경에 분포하여 사는 동안 각각의 환경에 적응하는 과정에서 기능상의 분화가 일어나 형태적으로 다른 여러 계통으로 분기하는 현상

전안와창(前眼窩窓, antorbital fenestra): 눈 앞에 발달한 구멍

전하악골(前下顎骨, predentary): 앞아래턱뼈

조탁골(鳥啄骨, coracoid): 파충류의 견갑골 아래 표면에서 흉골까지 확장된 뼈로, 포유류에서는 크게 감소되어 견갑골의 일부가 된다.

좌골(坐骨, ischium): 요대뼈를 이루는 세 뼈 중 앉을 때 사용되는 뼈로 뒤쪽에 위치한다.

주둥이(rostrum): 동물의 부리나 주둥이, 부리 같은 돌기물

지골(趾骨, phalanges): 뒷발가락뼈

지골(指骨, phalanges): 앞발가락뼈

차골(叉骨, furcula or wishbone): 쇄골이 유합되어 포크형의 구조로 생성된 뼈

척골(脊骨, dorsal vertebra): 등뼈

척골(蹠骨, metatasus): 발목뼈와 발가락뼈 사이에 있는 뼈

척골(尺骨, ulna): 팔꿈치뼈

즉궁형(側弓型, eurypsids): 파충류 중 머리 위에 상누장이 발달한 동물로, 해양파충류가 이에 속한다.

측두창(側頭窓, lateral temporal fenestra): 파충류의 머리뼈 중 눈 뒤의 뺨 쪽으로 난 구멍

치골(恥骨, pubis): 요대뼈를 이루는 세 뼈 중 좌골 앞에 위치한 뼈

치밀한 뼈(compact bone): 공간이 거의 없이 빽빽한 조직으로 구성된 뼈

치질(齒質, dentine): 이빨의 주요 성분으로 에나멜질과 치근 밑에 있는 뼈 같은 조직

치판(齒板, dental batteries): 쐐기 모양의 작고 길죽한 많은 이빨들이 서로 확고하게 연결되어 턱의 전체를 차지하는 독특한 이빨 구조

캣 스캔(CAT scan, computerized axial tomography): 컴퓨터 축 단층사진 촬영장치

판게아(Pangea or Pangaea): 후에 로렌시아와 곤드와나 대륙으로 쪼개지기 전 모든 대륙이 한데 모여 있던 대륙

포유류형 파충류(哺乳類型爬蟲類, mammal-like reptiles): 삼첩기에 번성하다 멸종한, 포유류의 조상인 파충류

프릴(frill): 뿔공룡의 머리뼈 중 정수리뼈가 머리 뒤와 위쪽으로 확장되어 커다란 골판을 형성한 것

플루로실(pleurocoels): 용각류 척추에 척추의 무게를 줄이기 위해 깊숙이 파인 공간들

하버시안뼈(Haversian bone): 치밀한 뼈(compact bone)나 성긴 뼈(spongy bone)를 이차적으로 치환한 뼈로 뚜렷한 동심원의 관(Haversian canals)이 발달한다.

혈관궁(血管弓, hemal arch): 꼬리 척추의 아래에 있는 V자 형의 뼈

흉골(胸骨, sternum): 사족동물의 가슴뼈로 견대나 늑골 또는 모두를 잇는 경골과 연골의 구조

흉대(胸帶, pectoral girdle): 물고기의 가슴지느러미 혹은 사지동물의 앞다리를 지지하는 연골이나 뼈로 된 구조로, 사람에서는 견갑골과 쇄골이 이에 포함된다.

흡반(吸盤, acetabulum): 사족동물의 골반뼈들이 만나는 지점에 생긴 구멍으로 대퇴골의 머리와 연결된다.

그림 및 사진 출처

Dinosaurs of the East Coast. (The Johns Hopkins University Press 1996). 169b

Dinosaurs of the Tetori Group in Japan. (Fukui Prefectural Museum 1995). 87a, 149b, 160b

Dinosaurs! (Prentice Hall 1991). 15a, 15b, 19, 27a, 27b, 28a, 29a, 29b, 29c, 30, 31a, 31b, 32a, 34a, 41a, 41d, 43a, 48b, 60a, 70, 71, 73, 74, 97, 102a, 120a, 135b, 159, 161b, 163, 170b, 173b

Dinosaurs: A Global View. (Barnes & Nobles Books 1995). 28b, 34b, 35b, 55, 56, 58b, 61, 85a, 87b, 88, 107a, 119b, 133c, 182, 187

Dinosaurs: Past and Present. Vol I~II. (Natural History Museum of Los Angeles County 1987). 37, 42b, 59b, 104b, 108~109, 110b, 141b, 149a, 150a, 162b, 174

Discover. (The Walt Disney Company, Feb 1994). 81

Discovering Fossil Fishes. (Henry Holt and Company 1996). 33b

Encyclopedia of Dinosaurs. (Academic Press 1997). 42a, 44a, 49a, 125, 128b, 129a, 131a

Encyclopedia of Dinosaur. (Publication International, Ltd. 1990). 13, 23a, 23b, 50~51, 59c, 92, 95b, 104a, 105a, 105c, 107b, 108a, 111b, 112b, 118a, 120c, 123b, 129b, 130b, 131a, 132a, 138a, 139b, 140a, 140b, 142b, 144a, 145a, 145b, 146a, 146c, 147a, 148, 150a, 150c, 152a, 153a, 154a, 154c, 155a, 156a, 157b, 160c, 161a, 162a

Lone Star Dinosaurs. (Texas A & M University 1997). 183

National Geographic. (National Geographic Society, May 1996). 62a

New Mexico. (New Mexico Magazine, Jan 1993). 36c

Seismosaurus: the Earth Shaker. (Columbia University Press 1994). 24a, 24b, 39, 40, 115b, 175

The American Museum of Natural History's Book of Dinosaurs and Other Ancient Creatures (Prion 1994). 60b, 81c, 136a, 171a, 191b, 191c

The Dinosaur Society's Dinosaur Encyclopedia. (Random House 1993). 18a, 53b, 111a, 118b, 119b, 121b, 133a, 138b, 142a, 146b, 152b, 156c, 157a, 161c

The Illustrated Encyclopedia of Pterosaurs. (Crescent Books 1991). 31c, 32b, 79a, 79b, 81a, 81b, 82a, 82b, 82c, 82d, 82e, 82f, 83

The Natural History Museum Book of Dinosaurs. (Carlton Books Limited 1993). 17a, 18c, 44b, 91, 93a, 94a, 153b, 166b, 167a

The Ultimate Dinosaur. (Bantam Books 1992). 59a

© Dennys Ovenden 64

© Eleanor M. Kish 21, 113

© Gregory S. Paul 20a, 36b, 117a, 120b, 123a, 126b, 127, 132b, 134b, 135a

© Karen Carr 25, 36a, 124, 143b, 156b, 184b, 185, 190

© Kenneth Carpenter 143a

© Louie Psihoyos 14b, 20c, 43b, 46, 47b, 49a, 53c, 69, 80, 114, 115a, 151a, 151c, 165a, 165b, 166a, 167b, 169a, 170a, 172, 173c, 176, 193b

© Michael Skrepnick 45, 77, 128a, 141a

© Natural History Museum, London 18b, 41b, 41c, 44c, 48a, 51b, 54a, 54b, 57a, 57b, 122, 179

© Senckenbergische Naturforschende Gesellschaft 89a

© Staatliches Museum für Naturkunft Stuttgart 85b, 85c

© Timothy Rowe, Ron Tykoski and John Hutchison 117b

© KBS 199, 201, 203a, 204a

© 해남 192a, 193a, 194a, 194b, 194c, 194d, 195, 196a, 196b, 197b, 197c, 200a, 200b, 202b, 203b, 203c

찾아보기